中等职业教育示范校建设精品教材系列
编写指导委员会

中等职业教育
计算机专业系列教材

Windows Server 2008
配置与管理

中等职业教育计算机专业系列教材编委会

主　编　邱方家
副主编　刘先荣　李开强　黄培君
编　者　杨治成　吴仁桂　蒋富林
　　　　孙楠川

重庆大学出版社

内容提要

本书以 Windows Server 2008 为例,以构建网络应用为目标,讲解应用 Windows Server 2008 架构网络服务平台的方法及网络服务的配置与管理。本书突出技能培养,强化工程能力训练,培养上手快、技术全面的应用型技术人才。教材编写贯彻"工学结合""做中学"的指导思想,以项目为驱动,按应用功能划分学习单元,每个模块后都配有习题和实训设计,帮助读者对书中内容进行验证,具有很强的实践性。

本书蕴含了作者丰富的教学、网络设计与管理实际工程经验,既可以作为中等职业学校计算机、网络等相关专业的网络操作系统实训教材,也可供从事计算机网络工程设计、管理等的技术人员作为参考资料使用。

图书在版编目(CIP)数据

Windows Server 2008 配置与管理/邱方家主编.
—重庆:重庆大学出版社,2013.9(2018.1 重印)
中等职业教育计算机专业系列教材
ISBN 978-7-5624-7573-6

Ⅰ.①W… Ⅱ.①邱… Ⅲ.①Windows 操作
系统—网络服务器—中等专业学校—教材
Ⅳ.①TP316.86

中国版本图书馆 CIP 数据核字(2013)第 155633 号

中等职业教育计算机专业系列教材
Windows Server 2008 配置与管理
主 编 邱方家
副主编 刘先荣 李开强 黄培君
责任编辑:章 可 版式设计:章 可
责任校对:谢 芳 责任印制:赵 晟
*
重庆大学出版社出版发行
出版人:易树平
社址:重庆市沙坪坝区大学城西路 21 号
邮编:401331
电话:(023) 88617190 88617185(中小学)
传真:(023) 88617186 88617166
网址:http://www.cqup.com.cn
邮箱:fxk@ cqup.com.cn(营销中心)
全国新华书店经销
重庆升光电力印务有限公司印刷
*
开本:787mm×1092mm 1/16 印张:17 字数:425 千
2013 年 9 月第 1 版 2018 年 1 月第 2 次印刷
印数:2 001—2 600
ISBN 978-7-5624-7573-6 定价:35.00 元

前　言

计算机网络已成为信息化发展的重要基础设施,Internet飞速发展极大地影响和改变着我们的生活和工作方式,社会对网络技术人才的需求不断扩大。

计算机网络技术和产品不外乎包括硬件和软件,硬件是基础,如路由器、交换机、服务器、防火墙等,软件是灵魂,通过软件提供网络服务,实现网络应用。

计算机网络操作系统是构建计算机网络的核心软件,也是提供网络服务的基础,本书以目前较为成熟的网络服务器平台之一Windows Server 2008为例,以构建网络应用为目标,讲解应用Windows Server 2008架构网络服务平台的方法、网络服务的配置与管理。

本书的内容组织注重系统性和全面性,较全面地讲解Windows Server 2008的主要功能,内容讲解突出实用性,使读者掌握利用Windows Server 2008组建和管理计算机网络的方法,从而更好地理解计算机网络的工作原理与应用。

本书主要面向中职教育层次,突出技能培养,强化工程能力训练,以培养上手快、技术全面的应用型技术人才为目标。教材编写中贯彻"工学结合""做中学"指导思想,以项目为驱动,按应用功能划分学习单元,每章后配有习题和实训设计,并提供免费电子教案及案例等网络教学资源,便于教学组织。

本书既可作为中职学校计算机网络等相关专业的网络操作系统实训教材,又可作为技术参考资料供计算机网络工程设计、管理等技术人员使用。

本书由邱方家主编,刘先荣、李开强、黄培君任副主编,模块一、模块四、模块十三由刘先荣编写;模块十四由李开强编写;任务十八由黄培君编写;模块二、模块八由杨治成编写;模块三、模块五、模块六、模块九、模块十二、模块十五由邱方家编写;模块七由蒋富林编写;模块十、模块十一、模块十六、模块十七由吴仁桂编写。全书由刘先荣统稿。

在编写过程中得到重庆市银拓信息技术有限责任公司技术员孙楠川的指导;文利、彭长英、韩仕梅、蔡晓霞、刘先志、谢定清、熊渝、郑梅等同志参与了本书的校对和排版工作,在此表示感谢。

由于时间仓促及编者水平有限,书中难免有不妥甚至错误之处,恳请广大读者批评指正。

目 录

模块一

安装 Windows Server 2008

Windows Server 2008 是微软公司于 2008 年初推出的新一代面向服务器端的操作系统,它在安全技术、网络应用、虚拟化技术以及用户操作体验等方面较以前版本的 Windows 操作系统有显著的提高。本模块将学习 Windows Server 2008 的基础知识,安装 Windows Server 2008 的方法及其基本配置,创建 Windows Server 2008 为操作系统的虚拟计算机的方法及优化设置,为后续深入学习 Windows Server 2008 打下坚实基础。

具体学习目标如下:

- 了解 Windows Server 2008 的概况;

- 掌握 Virtual Box 的安装与配置;

- 掌握 Windows Server 2008 的安装;

- 掌握 Windows Server 2008 的基本设置。

任务一　Windows Server 2008概述

1. Windows Server 2008 简介

Windows Server 2008 是微软服务器操作系统的名称,它是继 Windows Server 2003 后的新一代服务器操作系统。Windows Server 2008 在进行开发及测试时的代号为"Windows Server Longhorn"。

Windows Server 2008 是一套相等于 Windows Vista(代号为 Longhorn)的服务器系统,两者有很多相同功能;Vista 及 Server 2008 与 XP 及 Server 2003 间存在相似的关系(XP 和 Server 2003 的代号分别为 Whistler 及 Whistler Server),Microsoft Windows Server 2008 代表了下一代 Windows Server。

IT 专业人员对其服务器和网络基础结构的控制能力更强,从而可重点关注关键业务需求。Windows Server 2008 通过加强操作系统和保护网络环境提高了安全性。通过加快 IT 系统的部署与维护,使服务器和应用程序的合并与虚拟化更加简单,提供更直观管理工具,Windows Server 2008 还为 IT 专业人员提供了灵活性。Windows Server 2008 为任何组织的服务器和网络基础结构奠定了最好的基础。Windows Server 2008 具有新的增强的基础结构,先进的安全特性,以及改良后的支持活动目录用户和组 Windows 防火墙的完全集成。

Windows Server 2008 在虚拟化工作负载、支持应用程序和保护网络方面向组织提供最高效的平台。它为开发和可靠地承载 Web 应用程序和服务提供了一个安全、易于管理的平台。从工作组到数据中心,Windows Server 2008 都提供了令人兴奋且很有价值的新功能,对基本操作系统做出了重大改进。

Windows Server 2008 完全基于 64 位技术,在系统的性能和管理等方面整体优势相当明显。在推出之前,由于企业对信息化的重视越来越强而造成的服务器整合压力也越来越大,因此应用虚拟化技术已经成为大势所趋。

2. Windows Server 2008 的版本选择

(1)Windows Server 2008(Win 2008)作为服务器操作系统,分为以下几个版本,分别是:
- Windows Server 2008 Standard 标准版
- Windows Server 2008 Enterprise 企业版
- Windows Server 2008 Datacenter 数据中心版
- Windows Server 2008 Standard(Server Core Installation)标准版(服务器核心安装)
- Windows Server 2008 Enterprise(Server Core Installation)企业版(服务器核心安装)
- Windows Server 2008 Datacenter(Server Core Installation)数据中心版(服务器核心安装)

家庭桌面应用以及配置一般的入门用户推荐安装 Windows Server 2008 Standard 标准版,

该版本的系统服务相比于另外的版本,占用内存较少。

有一定经验并且计算机配置为主流的推荐安装 Windows Server 2008 Enterprise 企业版。

如果不是高要求的服务器应用,不推荐安装后 3 种带有 Server Core Installation(服务器核心安装)的版本。

(2)Windows Server 2008 Server Core 服务器核心。Windows Server Core 即服务器核心是 Windows Server 2008 新的默认安装选项,没有资源管理器(Windows 外壳程序),仅包含简单 Console 窗口和一些管理窗口,但是可以运行 MMC。它可以用作域控制器活动目录 ActiveDirectory、DNS 域名解析服务器、FTP 文件服务器、Print 打印服务器、Streaming Media 流媒体服务器或 Web 服务器等,它的特点是占用内存小,安全高效,类似于没有安装 x-windows 的 Linux,不推荐普通用户使用。

3. Windows Server 2008 的硬件配置要求

(1)处理器:最低 1.0 GHz x86 或 1.4 GHz x64,推荐 2.0 GHz 或更高,安腾版则需要 Itanium 2。

(2)内存:最低 512 MB,推荐 2 GB 或更多;内存最大支持 32 位标准版 4 GB、企业版和数据中心版 64 GB,64 位标准版 32 GB,其他版本 2 TB。

(3)硬盘:最少 10 GB,推荐 40 GB 或更多;内存大于 16 GB 的系统需要更多空间用于页面、休眠和转存储文件。

(4)显示器:要求至少 SVGA 800×600 分辨率,或更高。

(5)键鼠:兼容设备。

(6)备注:光驱要求 DVD-ROM。

还有一条比较重要的是,除安装版之外的 Windows Server 2008 64-bit 系统都必须安装经过数字签名的核心模式驱动程序,否则会被拒绝。要禁用数字签名驱动功能,可以在系统启动的时候按下 F8,然后选择高级启动选项,再选择禁用驱动签名检查即可。

【小结】

Windows Server 2008 是微软公司于 2008 年初推出的新一代面向服务器端的操作系统,它在安全技术、网络应用、虚拟化技术以及用户操作体验等方面都比以前版本的 Windows 操作系统有着显著的提高。

【练一练】

到网上或市场上去了解一下 Windows Server 2008 的相关知识和版本情况。

任务二 VirtualBox-4.0.4 的安装

VirtualBox 是一款开源虚拟机软件,支持多种操作系统,使用者可在其上安装并运行多种操作系统。

1. 软件 VirtualBox-4.0.4 的安装过程

打开"计算机",找到 VirtualBox-4.0.4 的安装文件,双击安装文件,如图 1.1 所示。

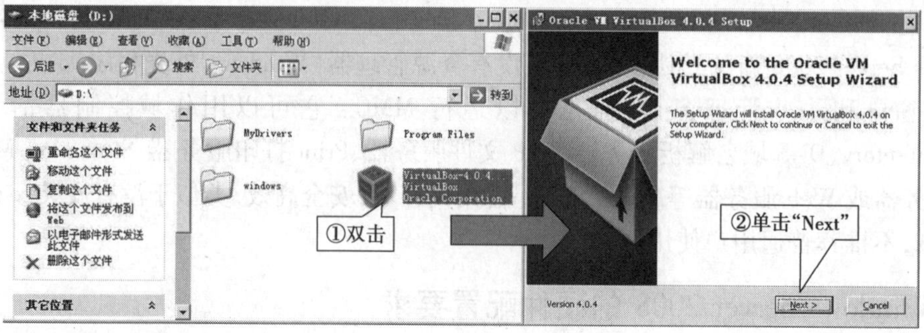

图 1.1　VirtualBox-4.0.4 安装界面

2. 创建虚拟计算机并进行相关配置

完成 VirtualBox-4.0.4 的安装后,然后从程序菜单或桌面的快捷方式中启动该应用程序,如图 1.2 和图 1.3 所示,完成创建虚拟计算机的配置过程。

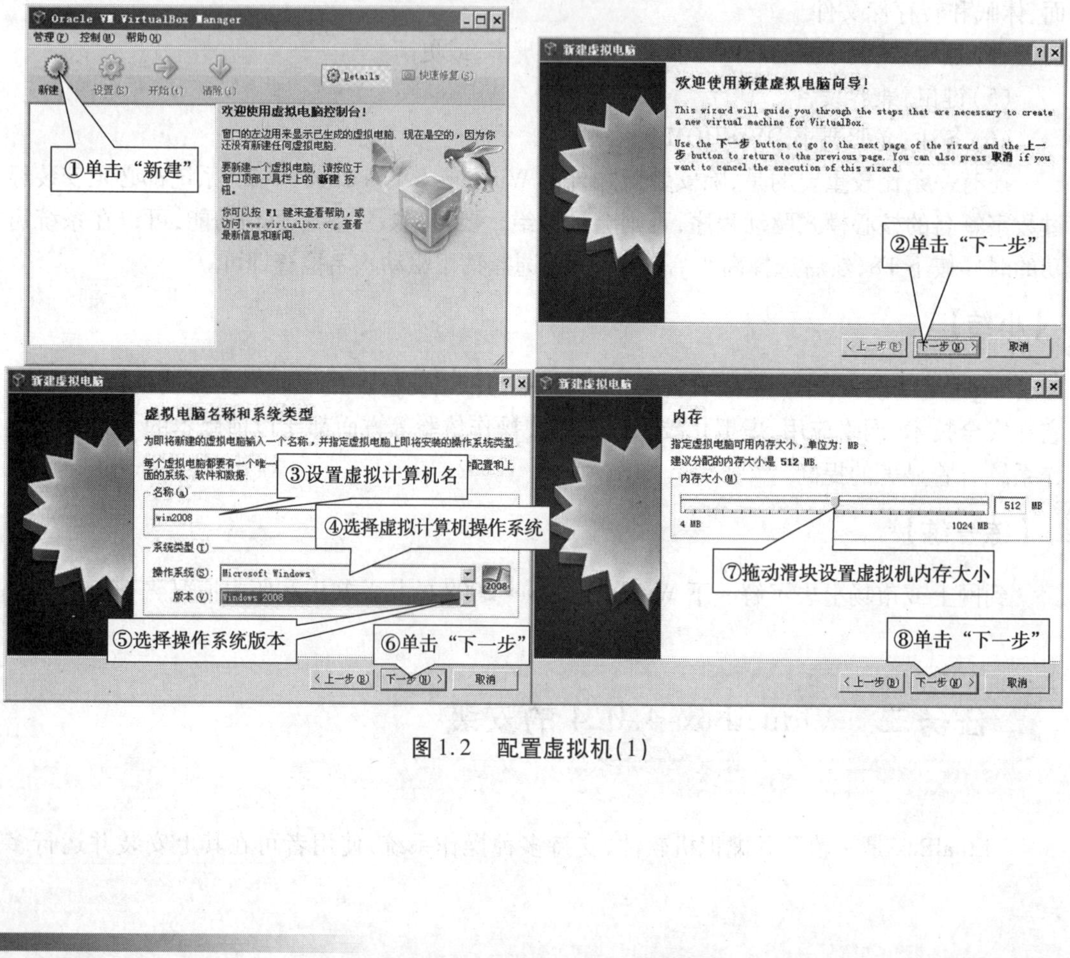

图 1.2　配置虚拟机(1)

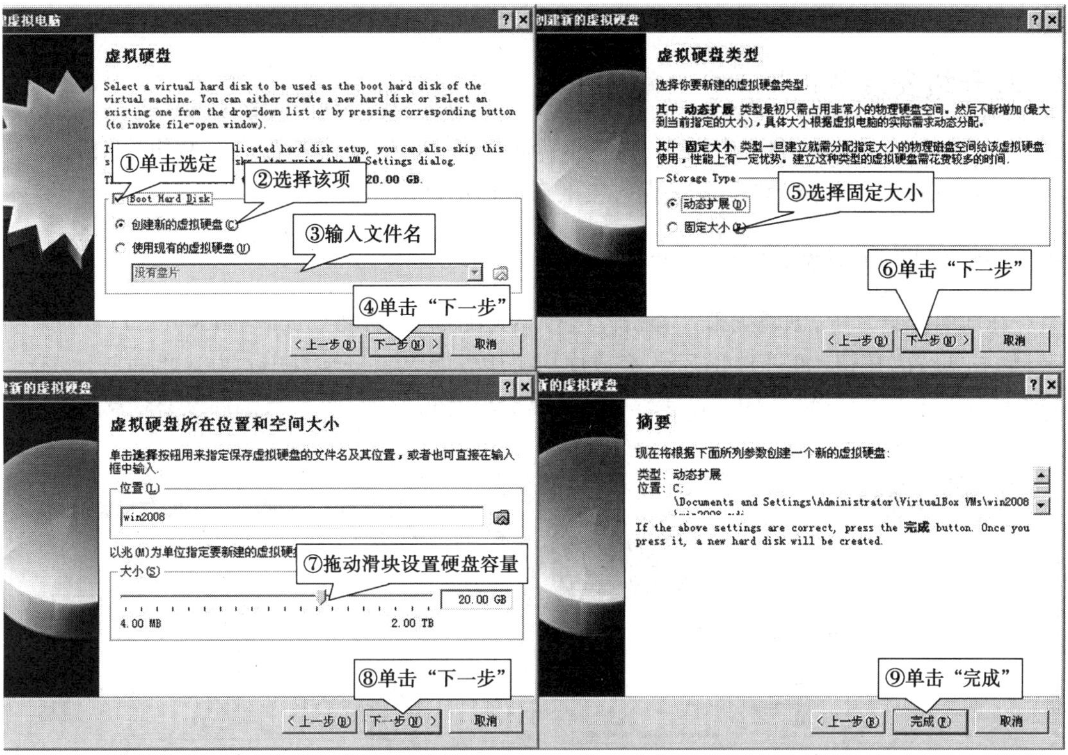

图 1.3　配置虚拟机(2)

【小结】

　　VirtualBox 号称最强的免费虚拟机软件,它不仅具有丰富的特色,而且性能也很优异。它简单易用,可虚拟的系统包括 Windows(从 Windows 3.1 到 Windows 8、Windows 2012 为止所有的 Windows 系统都支持)、Mac OS X(32bit 和 64bit 都支持)、Linux(2.4 和 2.6)、OpenBSD、Solaris、IBM OS2 甚至 Android 4.0 系统等操作系统。使用者可以在 VirtualBox 上安装并且运行上述的这些操作系统。

【练一练】

　　自己亲自动手在自己的计算机上完成创建虚拟计算机的配置过程。

任务三　Windows Server 2008 的安装

1. 从光盘引导进行全新安装 Windows Server 2008

　　准备好一张 Windows Server 2008 的安装光盘,设置计算机从光盘启动,把安装光盘放入计算机光驱,光盘启动计算机,接下来根据提示进行操作。

2. 升级安装 Windows Server 2008

在 Windows Server 2003 中插入 Windows Server 2008 的安装光盘。安装页面会自动弹出,单击"现在安装",选择"升级安装",接下来按提示操作。

3. 在虚拟机中安装 Windows Server 2008

在前面任务二中,创建虚拟计算机并进行相关配置后,启动 Oracle VM VirtualBox 应用程序,单击"设置"按钮,如图 1.4 所示,完成虚拟机中安装 Windows Server 2008 的过程。

图 1.4　虚拟机中安装 Windows Server 2008 的过程

【小结】

安装时如果把文件拷贝到硬盘上,可以把系统引导到 DOS 状态进行全新安装,如果用的虚拟光驱的话可以在现有操作系统中再装一个 Windows Server 2008,也可以直接在现有系统上全新安装,当然如果是 Win 2003 标准版可以直接升级安装,不过全新安装会更干净,整个安装过程基本上可以单击"下一步"按钮就能完成。

【练一练】

练习 Windows Server 2008 的安装。

任务四　Windows Server 2008 的基本设置

1. 更改计算机名

右击桌面上的"计算机",选择"属性"→"高级系统设置"→"计算机名"选项卡→"更改",在"计算机名"框中输入计算机名,然后单击"确定"按钮后重新启动计算机即可成功修改计算机名,如图 1.5 所示。

图 1.5　更改计算机名

2. 配置网络

(1)设置 TCP/IP。右击桌面上的"网络",选择"属性"→"网络管理连接"→"本地连接"→"属性",打开 TCP/IP 属性对话框如图 1.6 所示,最后根据实际需要设置好 IP 地址和 DNS 服务器地址就可以,如图 1.7 所示。

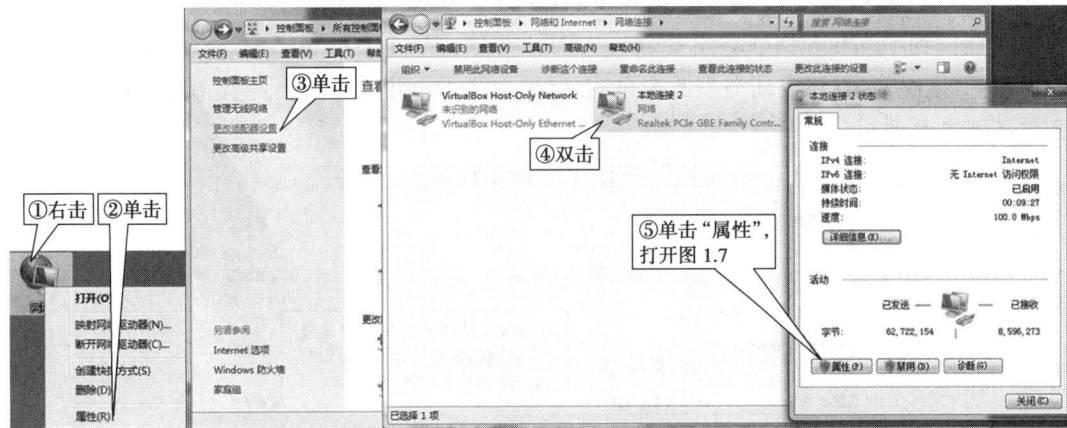

图 1.6　设置 TCP/IP(1)

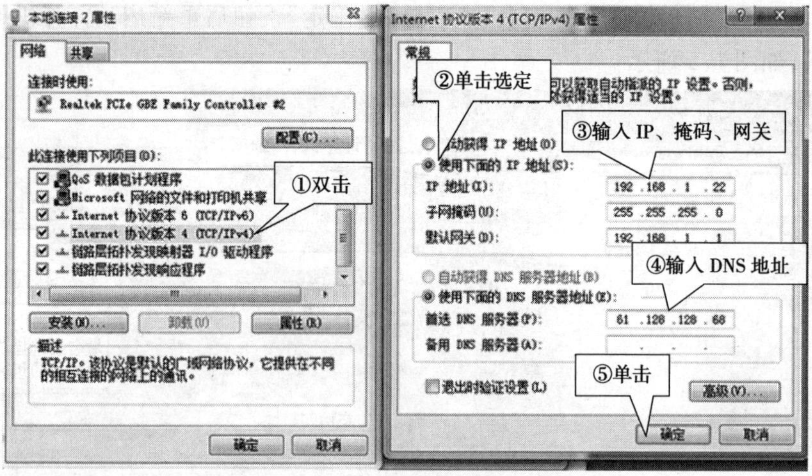

图 1.7　设置 TCP/IP(2)

【知识链接】

　　Windows Server 2008 作为网络操作系统肯定要联网,那么就要考虑如何设置网络连接的环境,比如设置 IP 地址、子网掩码、网关、DNS 等相关 TCP/IP 的参数,具有 TCP/IP 地址之后才可以联网。TCP/IP V4 和 V6,这两个版本协议都是默认安装的,图 1.6 和图 1.7 是在 Windows Server 2008 中设置 V4 地址的方法。

　　(2)开启网络发现、文件共享和密码保护共享。通过"控制面板"→"管理工具"→"服务",分别找到 Function Discovery Resource Publication、Upnp Device Host 、SSDP Discovery 这三个服务,依次双击,将启动类型改为自动,然后单击"应用",再把服务状态改为启动,这时开启了网络发现。

　　在桌面上右击"网络"→"属性",按图 1.8 所示设置。

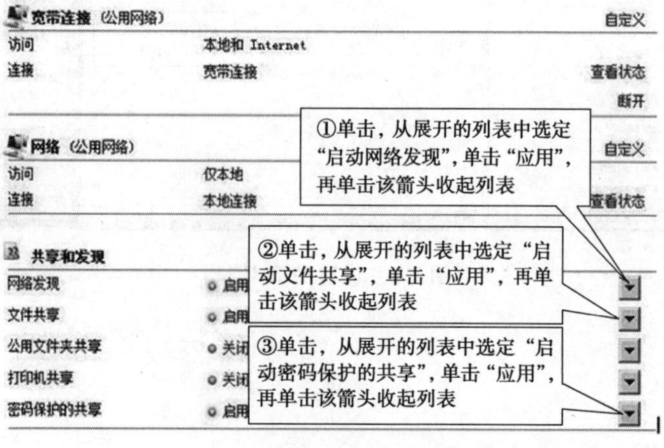

图 1.8　开启网络发现

【小结】

本任务的内容是 Windows Server 2008 的基本设置,包括更改计算机名、配置网络和自动更新,虽然都是简单的操作,但在很多情况下都要对以上内容进行设置,是必须掌握的。

【练一练】

练习 Windows Server 2008 基本设置的操作。

【模块自测题】

一、应知(35 分)

填空题(每题 7 分,总 35 分)

(1)Windows Server 2008 是微软_____操作系统的名称,它继承_____。Windows Server 2008 在进行开发及测试时的代号为_____。

(2)Windows Server 2008 的开始菜单中包含了_____。在 Windows Vista 的早期测试用户中,就有开始菜单上的_____的存在。

(3)Windows Server 2008 作为_____操作系统肯定要联网,那么就要考虑如何设置_____的环境,比如设置_____、_____、_____、DNS 等相关 TCP/IP 的参数,具有 TCP/IP 地址之后才可以联网。

(4)可以采用从_____和从_____窗口中配置 Windows 自动更新设置。

(5)为了能够在第一时间堵住 Windows Server 2008 系统最新的_____,微软公司也是马不停蹄地为最新发现的_____提供了_____,要是能够及时下载安装这些_____,那么 Windows Server 2008 系统的_____就能被控制在一个很低的水平。

二、应会(65 分)

实操题

安装虚拟机管理平台,在虚拟平台中创建 Windows Server 2008 虚拟机,并安装操作系统,进行相关设置:

(1)计算机名用自己姓名的全拼命名;

(2)IP 地址为 192.168.7.学员编号,网关:192.168.7.254,DNS:61.128.128.68。

管理本地用户和组

本地用户和组位于计算机管理中,用户可以使用这一组管理工具来管理单台本地或远程计算机。可以使用本地用户和组保护并管理存储在本地计算机上的用户账户和组。可以在特定计算机上(只能是这台计算机)分配本地用户账户或组账户的权限。

具体学习目标如下:

- 掌握管理本地用户账户;
- 掌握新建/删除本地用户;
- 掌握更改账户名和密码;
- 掌握禁止和激活本地账户;
- 理解用户组的类型;
- 掌握创建本地组;
- 掌握管理组成员;
- 掌握管理所属用户的组;
- 掌握删除本地组;
- 了解账户的安全管理。

任务一　管理本地用户账户

　　张三是锐捷公司的员工,平时需要在服务器上处理一些文件,如果你是网络管理员,请在服务器上为张三创建用户并对该用户进行管理,以便于张三工作。

1. 管理本地用户账户

　　首先要以管理员的账号登录本计算机,然后按以下步骤逐步进行操作,右击"计算机",在弹出的快捷菜单中选择"管理"命令,然后按图2.1所示进行操作。

图2.1　展开本地用户和组

2. 新建/删除用户

　　(1)新建用户。如图2.2所示,在"本地用户和组"中右击"用户",在弹出的快捷菜单中选择"新建用户"命令,接下来按图2.3操作。

图2.2　展开用户　　　　　　　　　　图2.3　新建用户

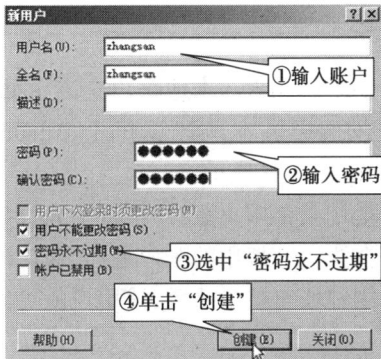

本地账户的命名规则：
- 账户名必须唯一。
- 账户名不能包含以下字符：* ; /\ : = , + < >
- 账户名最长不能超过 20 个字符。

（2）删除用户。在图 2.2 右边的用户列表中选中要删除的用户，右击，在弹出的快捷菜单中选择"删除"命令即可。

3. 更改账户名和密码

（1）更改账户名。与重命名文件（文件夹）的方法相同。在图 2.2 右边的用户列表中选中要更名的用户，右击，在弹出的快捷菜单中选择"重命名"命令，输入新用户名，在空白处单击即可。

（2）更改或设置密码。在图 2.2 右边的用户列表中选中要设置密码的用户，右击，在弹出的快捷菜单中选择"更改用户密码"命令，接下来按图 2.4 操作。

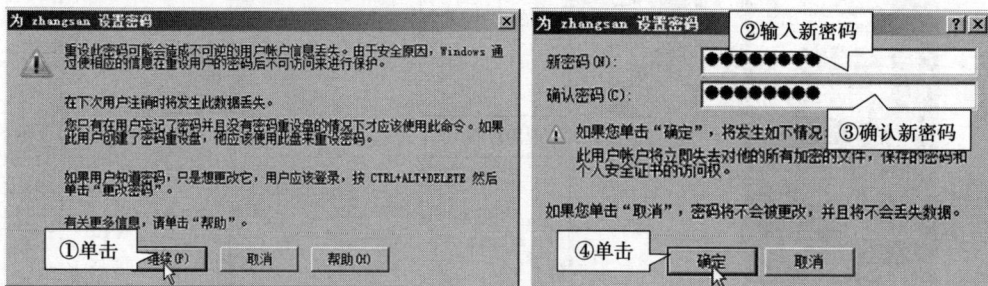

图 2.4　更改或设置账户密码

4. 禁用和激活本地账户

右击选中用户后在弹出的快捷菜单中选择"属性"命令，在弹出的对话框中选中"账户已禁用"，然后单击"确定"按钮即可，如图 2.5 所示（去掉"账户已禁用"前的"√"即可重新激活账户）。

若要禁用和激活本地账户应该注意以下事项：
- 必须提供本地计算机上 Administrator 账户的凭据，或必须是本地计算机上 Administrator 组的成员。
- 禁用某个用户账户时，将不允许该用户登录。
- 在激活已禁用的账户之前，应该确保该账户不是因为安全原因而被锁定的。
- 用户账户被激活后，该用户就可以正常登录。

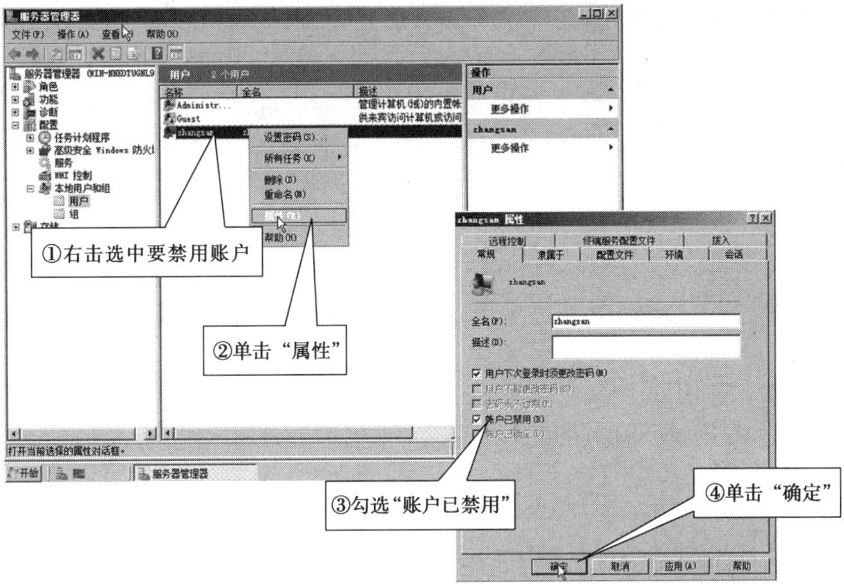

图 2.5 禁用账户

【知识链接】

1. 账户的类型

账户有以下 3 种不同类型:标准、管理员、来宾,每种账户类型为用户提供不同的计算机控制级别。

2. 标准用户账户

标准用户账户允许用户使用计算机的大多数功能,使用标准账户时,可以使用计算机上安装的大多数程序,但是无法安装或卸载软件和硬件,也无法删除计算机运行所需的文件或者更改计算机上会影响其他用户的设置。

3. 管理员账户

管理员账户就是允许进行将影响其他用户的更改的用户账户。管理员可以更改安全设置,安装软件和硬件,访问计算机上的所有文件。管理员还可以对其他用户账户进行更改。设置 Windows 时,将要求创建用户账户。此账户就是允许用户设置计算机以及安装用户想使用的所有程序的管理员账户。

4. 来宾账户

来宾账户是供在计算机或域中没有永久账户的用户所使用的账户。它允许让用户使用计算机,但没有访问个人文件的权限。使用来宾账户的人无法安装软件或硬件、更改设置或创建密码。

Windows Server 2008 支持两种用户账户:域账户和本地账户。域账户可以登录到域上,并获得访问该网络的权限;本地账户只能登录到一台特定的计算机上并访问其资源。

　　本地账户分为系统内置账户和用户新建的账户，Windows Server 2008 的内置账户有 Administrator 账户和 Guest 账户。使用 Administrator 账户可以对整台计算机或域配置进行管理。Administrator 账户可以更名但是不能删除。一般临时用户可以使用 Guest 账户进行登录并访问资源。为保证系统的安全，Guest 账户默认是禁用的。

【小结】

　　本任务主要介绍了如何创建用户账户，如何设置用户的密码。

【练一练】

　　创建一个用户李四，密码设置成 123456。

任务二　管理本地用户组

　　张三的用户创建好以后，发现在服务器上有的操作不能执行，这让张三很烦恼，为了便于张三在服务器上进行相应的操作，作为管理员的你应该怎样在服务器上进行设置呢？

1. 认识默认组

　　在 Windows Server 2008 中组分为系统内置的默认组合和用户自己建立的组，我们可以通过"服务器管理器"→"配置"→"本地用户和组"→"组"来查看默认组，常用的默认组包括以下几种：

　　(1) Administrators。此组的成员具有对计算机的完全控制权限，并且他们可以根据需要向用户分配用户权利和访问控制权限。Administrator 账户是此组的默认成员。当计算机加入域时，Domain Admins 组会自动添加到此组中。因为此组可以完全控制计算机，所以向其中添加用户时要特别谨慎。

　　(2) Backup Operators。此组的成员可以备份和还原计算机上的文件，而不管保护权限如何。这是因为执行备份任务的权限要高于所有文件的权限。此组的成员无法更改安全设置。

　　(3) Cryptographic Operators。已授权此组的成员执行加密操作。没有默认的用户权利。

　　(4) Distributed COM Users。允许此组成员在计算机上启动、激活和使用 DOM 对象。没有默认的用户权利。

　　(5) Guests。该组的成员能在登录时临时配置文件，在注销时，此配置文件将被删除。来宾用户（默认情况下已禁用）也是该组的默认成员。没有默认的用户权利。

　　(6) IIS-IUSRS。这是 Internet 信息服务（IIS）使用的内置组。没有默认的用户权利。

　　(7) Network Configuration Operators。该组的成员可以更改 TCP/IP 设置并且可以更新和发布 TCP/IP 地址。该组中没有默认成员。没有默认的用户权利。

（8）Performance Log Users。该组的成员可以从本地计算机和远程客户端管理性能计数器、日志和警报，而不用成为 Administrators 组的成员。没有默认的用户权利。

（9）Performance Monitor Users。该组的成员可以从本地计算机和远程客户端管理性能计数器，而不用成为 Administrators 组的成员。没有默认的用户权利。

（10）Power Users。默认情况下，该组的成员拥有不高于标准用户账户的用户权限。在早期版本的 Windows 中，Power Users 组或 Performance Log Users 组的成员。没有默认的用户权利。

（11）Remote Desktop Users。该组的成员可以远程登录计算机。允许通过终端服务登录。

（12）Replicator。该组支持复制功能。Replicator 组的唯一成员是域用户账户，用于登录域控制器的复制器服务，不能将实际的用户账户添加到该组中。没有默认的用户权利。

（13）Users。该组的成员可以执行一些常见的任务，例如运行应用程序、使用本地和网络打印机以及锁定计算机。该组的成员无法共享目录或创建本地打印机。默认情况下，Desktop Users、Authenticated Users 以及 Interactive 组是该组的成员。因此，在域中创建的任何用户账户都将成为该组的成员。

2. 创建本地组

如果默认组不能满足用户的授权要求，则需要创建新的组，在"本地用户和组"中右击"组"，在弹出的快捷菜单中选择"新建组"，然后按图 2.6 操作。

图 2.6　创建用户组

3. 管理用户组

（1）添加用户到组。在图 2.7 中可以看到该组的成员，单击"添加"按钮可以添加用户到组，按图 2.7 操作。

（2）删除组中用户。在服务器管理器窗口中展开组，找到对应组并双击打开其属性对话框，在成员列表中找到要删除的用户账号并单击"选定"按钮，然后单击"删除"按钮。

（3）删除组。在服务器管理器窗口中展开组，找到对应组并单击"选定"按钮，然后单击"删除"按钮。

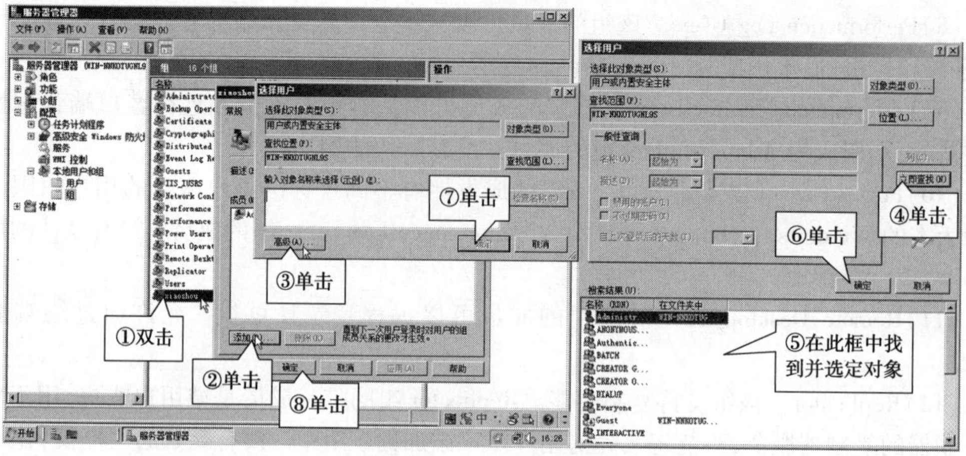

图 2.7　添加用户到组

友情提示

- 无法删除系统默认组。
- 不能恢复已删除的组。
- 删除某个本地组将仅删除该组,而不会删除作为该组成员的用户账户、计算机账户或组账户。
- 如果删除某个组,然后用相同的组名创建另一个组,则必须为新组设置新的权限,新组将不会继承分配给旧组的权限。

4. 账户的安全管理

账户对于本地计算机的安全来说极为重要,我们可以通过下面的方法对账户进行安全管理,以便于更好地保护本地计算机的安全:

- 限制 Administrators 组中的用户数量。因为本地计算机中 Administrators 组的成员拥有对该计算机的完全控制权限。

- 禁用 Guest 账户。Guest 账户由在这台计算机上没有实际账户的人使用。Guest 账户不要求密码,因此存在安全隐患。默认情况下将禁用 Guest 账户,并且建议将其保持禁用状态。

- 分配给特定默认本地组的某些用户权限可能允许这些组的成员获得计算机的额外权限,包括管理权限。因此必须信任属于 Administrators 和 Backup Operators 组的所有人员。

- 若没有禁用 Administrator 账户,则一定要给 Administrator 账户指定一个密码,以防止他人随便使用该账户。

- 密码最多可包含 127 个字符,推荐密码最小长度 8 位。

- 密码应设置为强密码,即由大小写字母、数字以及合法的非字母数字的字符混合组成。

【小结】

本任务主要讲了用户组的类型、创建本地组、管理组成员、删除本地组。

【练一练】

1. 创建一个用户组和一个本地组。

2. 添加用户到组中,删除本地组。

【模块自测题】

一、应知(43分)

1. 填空题(每题2分,总18分)

(1)账户有3种类型分别是_____、_____、_____。

(2)Windows Server 2008支持两种用户账户:_____和_____。

(3)Windows Server 2008的内置账户有_____和_____。

(4)组是_____的集合,利用组可以管理对_____的访问。

(5)默认情况下,_____、_____以及_____组是Users组的成员。

(6)强密码是由_____、_____以及_____混合组成。

(7)_____组是Internet信息服务(IIS)使用的内置组。

(8)_____组的成员具有对计算机的完全控制权限,并且他们可以根据需要向用户分配用户权利和访问控制权限。

(9)我们可以通过_____→_____→_____→_____来查看默认组。

2. 简答题(每题5分,总25分)

(1)简述本地账户的命名规则。

(2)禁用和激活本地账户应该注意什么?

(3)简述账户安全管理的方法。

(4)删除本地组时应注意什么?

二、应会(57分)

实操题

为了维护服务器的安全,请根据下列要求设置服务器:

(1)创建管理员用户guanliyuan并将该用户添加到Administrators组中。

(2)创建普通用户putong并将该用户添加到Power Users组中。

模块三

Windows Server 2008 的域和活动目录

在 Windows Server 2008 网络中,活动目录(Active Directory)是它的核心。活动目录是一种分布式目录服务,它提供了存储有关网络对象的信息及使用这些信息的方法。域(domain)是将网络中多台计算机在逻辑上组织起来,并集中管理。域是组织与存储资源的核心管理单元。在域中至少要有一台域控制器,域控制器中保存着整个域的用户账户和安全数据库。

具体学习目标如下:

- 理解域服务和活动目录;
- 掌握域服务和活动目录的安装;
- 掌握活动目录的备份与恢复;
- 掌握额外域控制器的安装;
- 掌握子域的创建;
- 掌握创建域控制器间的信任关系;
- 掌握 RODC 域控制器的安装;
- 将客户计算机加入到域中;
- 掌握域用户账户和域用户组的管理。

任务一 域服务和活动目录的安装与配置

1. 安装 Active Directory 域服务

要安装 Active Directory 域服务,必须以管理员用户身份登录到 Windows Server 2008。然后按以下操作提示逐步进行安装。

(1)打开"服务器管理器"对话框,如图 3.1 所示。

图 3.1 打开"服务器管理器"窗口

(2)在图 3.2 中单击"角色",再单击"添加角色"链接后打开添加角色向导之"开始之前"对话框。在该对话框中直接单击"下一步"按钮,进入添加角色向导之"选择服务器角色"对话框,如图 3.3 所示。

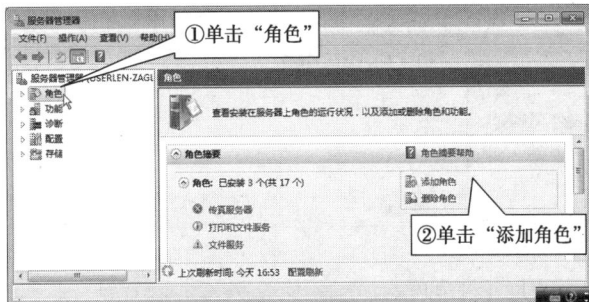

图 3.2 启动添加角色向导

(3)在图 3.3 中单击"下一步"按钮,弹出"Active Directory 域服务"对话框,直接单击"下一步"按钮;打开安装信息的"确认"对话框,确认无误后单击"安装"按钮,开始安装"Active

Directory 域服务",安装进度条如图 3.4 所示。

（4）安装完成后单击"关闭"按钮,完成"Active Directory 域服务"安装并返回"服务器管理器"窗口。

图 3.3　选择服务器角色(选 Active Directory 项)

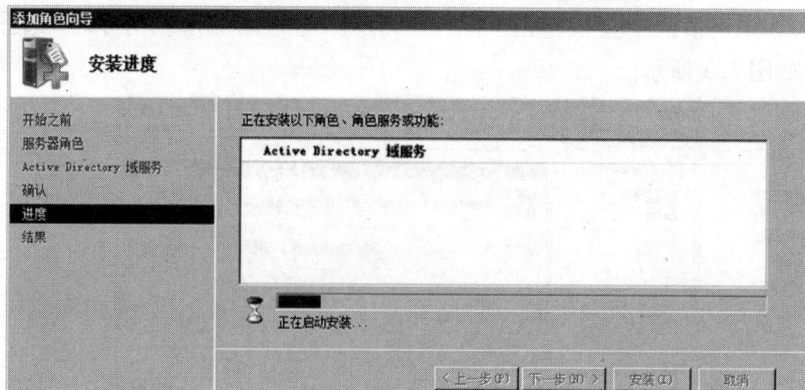

图 3.4　安装进度

【练一练】

1. 在图 3.2 中，收起和展开相关列表。
2. 自己动手安装"Active Directory 域服务"。

【知识链接】

1. 域和活动目录的概念

域(Domain)是将网络中多台计算机逻辑上组织起来，集中管理，并区别于工作组的逻辑环境。

活动目录(Active Directory)是 Windows Server 2008 网络的核心。活动目录是一种分布式目录服务，它提供了存储有关网络对象的信息及网络用户使用这些数据的方法。

2. 活动目录的结构

活动目录的结构是指网络中所有用户、计算机以及其他网络资源的层次关系，就像一个大型仓库中分出若干个小储藏间，每一个小储藏间分别用来存放东西。通常活动目录的结构可以分为逻辑结构和物理结构，分别包含不同的对象。

(1)逻辑结构。活动目录的逻辑结构非常灵活，目录中的逻辑单元包括域、组织单元、域树和域林。

●域。域既是 Windows Server 2008 网络系统的逻辑组织单元，也是 Internet 系统的逻辑组织单元。

●组织单元(OU)。OU 是一个容器对象，域中的对象可以组织成逻辑组，以简化管理工作。OU 可以包含各种对象(比如用户账户、用户组、计算机和打印机等)，还可以包括其他的 OU，所以我们可以利用 OU 把域中的对象形成一个逻辑上的层次结构。

●域树。Windows Server 2008 网络操作系统中考虑了在大型企业构建和扩展网络的需要。在这样的企业中可能会有分布在各地的很多公司和部门存在，企业中可能有十万的用户。这时用一个域来管理整个企业的网络显然是不够用的了。因此可以将网络划分成若干个小的域，分别由各自的域控制器来进行用户管理和身份认证，这些关系按照层次关系组成一个树型结构。

●域林。域树中的域的名称是按照 DNS 域名来建立的，因为域中的计算机使用 DNS 来定位域控制器和服务器以及其他计算机等，如果一个企业申请了多个 DNS 域名，则需要相应建立多个域树，这就形成了域林。森林中的域树不共享连续的命名空间。森林中的每一域树拥有它自己唯一的命名空间。在森林中创建的第一棵域树缺省地被创建为该森林的要根树。如图 3.5 所示，域 abc.com 是一个域树的根域，其下有两个子域 bj.abc.com 和 sh.abc.com；还有一个域树，其根域为 xyz.com，其下也有两个子域 eu.xyz.com 和 us.xyz.com；这两个域树共同组成了一个域林。

(2)物理结构。活动目录的物理结构与逻辑结构是彼此独立的两个概念。逻辑结构侧重于网络资源的管理，而物理结构则侧重于网络的配置和优化。物理结构的两个重要概念是站点和域控制器。

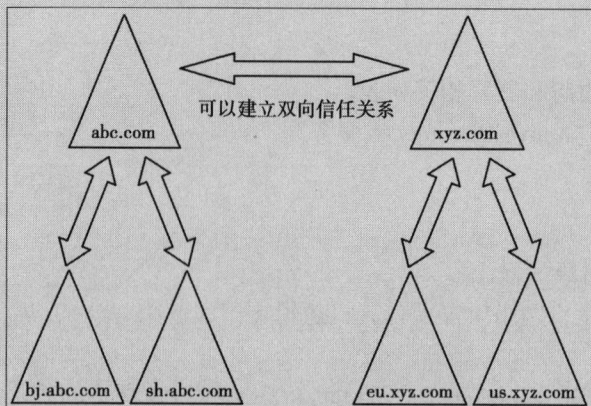

图 3.5　域的森林

● 站点。站点由一个或多个 IP 子网组成,这些子网通过高速网络设备连接在一起。站点往往由企业的物理位置分布情况决定,可以依据站点结构配置活动目录的访问和复制拓扑关系,使得网络更有效地连接,并且可使复制策略更合理,用户登录更快捷,活动目录中的站点与域是两个完全独立的概念,一个站点可以有多个域,多个站点也可以位于同一个域中。

● 域控制器。域控制器是指运行 Windows Server 2008 的服务器,它保存了活动目录信息的副本。域控制器管理目录信息的变化,并把这些变化复制到同一个域中的其他域控制器上,使各域控制器上的目录信息同步。域控制器负责用户的登录过程以及其他与域有关的操作,如身份鉴定、目录信息查找等。一个域可以有多个域控制器,规模较小的域可以只有两个域控制器,一个实际使用,另一个用于兼容性检查,规模较大的域则使用多个域控制器。

2. 安装活动目录

打开"服务器管理器"窗口操作方法如图 3.1 所示。接下来按以下步骤操作。

(1)启动"Active Directory 域服务安装向导"窗口,如图 3.6 所示。

图 3.6　启动"Active Directory 域服务安装向导"窗口

📞 **友情提示**

也可以在"运行"窗口中运行"dcpromo. exe"命令,启动"Active Directory 域服务安装向导"。

(2)安装向导的第一步是"欢迎"界面,在欢迎界面中单击"下一步"按钮,进入"操作系统兼容性"界面,单击"下一步"按钮进入"选择某一部署配置"界面,如图 3.7 所示。命名林根域,设置林功能级别,设置域功能级别分别如图 3.8、图 3.9 和图 3.10 所示。

图 3.7 选择某一部署配置

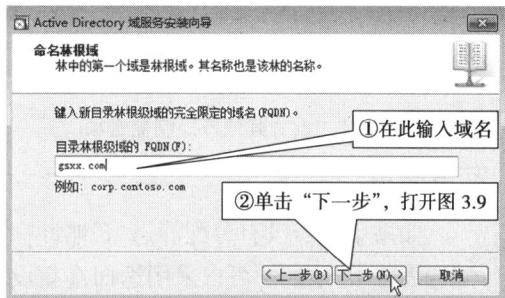

图 3.8 命名林根域

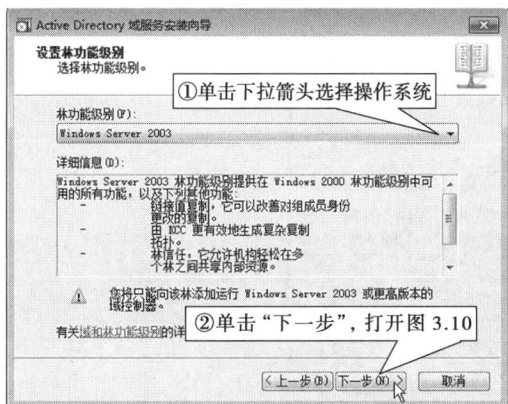

图 3.9 设置林功能级别

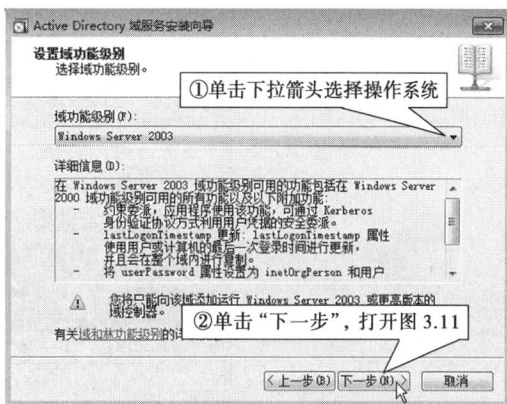

图 3.10 设置域功能级别

⏳ **【想一想】**

如果网络中已经存在其他域控制器或林,那么在图 3.7 中该选择哪个选项?

⏳ **【知识链接】**

- 不同的林功能级别可以向下兼容不同平台的 Active Directory 服务功能,选择"Windows 2000"则可以提供 Windows 2000 平台以上的所有 Active Directory 功能;选择"Windows Server 2003"则可提供 Windows Server 2003 平台以上的所有 Active Directory 功能,用户可以根据自己实际网络环境选择合适的功能级别。
- 设置不同的域的域功能级别主要是为兼容不同平台下的网络用户和子域控制器,例如设置为"Windows Server 2003",则只能向该域中添加 Windows Server 2003 平台或更高版本的子域控制器。

（3）设置其他域控制器选项、DNS 委派提示如图 3.11 和图 3.12 所示。

图 3.11　设置其他域控制器选项

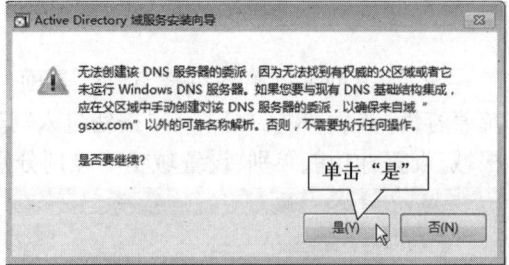

图 3.12　DNS 委派提示

友情提示

　　如果服务器没有分配静态 IP 地址,此时就会显示"静态 IP 分配"对话框,提示需要配置表态 IP 地址。可以采用返回重新设置,也可选择只使用动态 IP 地址。

（4）在图 3.12 中单击"是(Y)"按钮,显示"数据库、日志文件和 SYSVOL 的位置"对话框。直接单击"下一步"按钮,打开如图 3.13 所示的"目录服务还原模式的管理员密码"对话框。

图 3.13　"目录服务还原模式的
Administrator 密码"对话框

【知识链接】

　　1. 默认位于"c:\Windows"文件夹下,也可以单击"浏览"按钮更改为其他路径。其中,数据库文件夹用来存储互动目录数据库,日志文件夹用来存储活动目录的文化日志,以便于日常管理和维护。需要注意的是,SYSVOL 文件夹必须保存在 NTFS 格式的分区中。

　　2. 由于有时需要备份和还原活动目录,且还原时必须进入"目录服务还原模式"下,所以此时要求输入"目录服务还原模式"时使用的密码。由于该密码和管理员密码可能不同,所以一定要牢记该密码。

（5）配置完成后,显示如图3.14所示的"完成 Active Directory 域服务安装向导"对话框,表示 Active Directory 已安装成功。单击"完成"按钮,并选择重新启动计算机。

图3.14　"摘要"对话框

【练一练】

安装域控制器。

3.活动目录的备份与恢复

网络中所有的用户信息都存储在"Active Directory"中,如果网络中只有一台域控制器,或者要安装一台新的域控制器,备份与恢复活动目录成为一项非常重要的工作。

（1）安装 Windows Server Backup。

按图3.1所示方法步骤打开"服务器管理器"窗口,按图3.15所示操作。

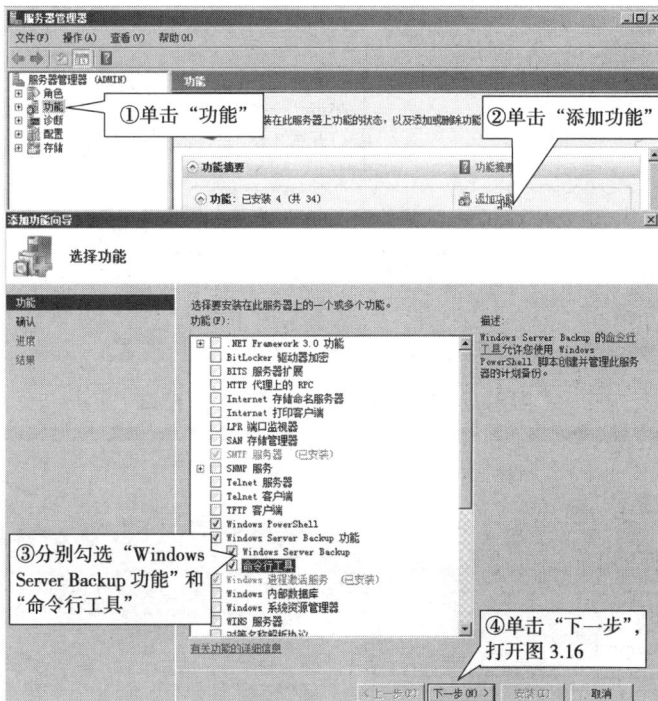

图3.15　选择"Windows Server Backup 功能"

在图 3.16 中单击"安装"按钮,开始安装 Windows Server Backup 功能,安装结束后单击"关闭"按钮。

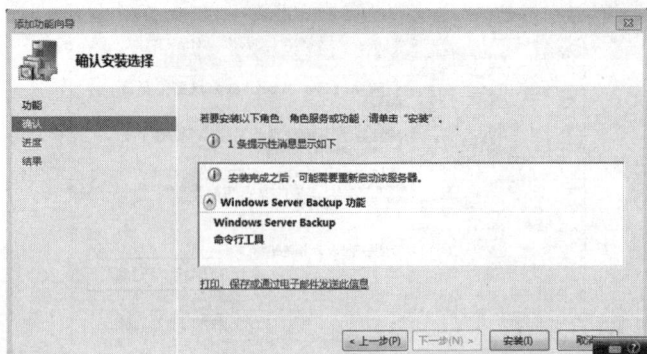

图 3.16 确认安装

(2)备份。Windows Server 2008 的域控制器备份与以往 Windows 服务器备份不同,备份工具提供了关键卷备份、完整备份和计划备份等方法。下面以完全备份为例介绍备份域控制器的基本方法。

单击"开始"→"管理工具"→"Windows Server Back",打开如图 3.17 所示的"Windows Server Backup"窗口,也可以在"运行"对话框中运行"wbadmin. msc"命令启动备份工具。按图 3.18 操作。

图 3.17 "Windows Server Backup"窗口

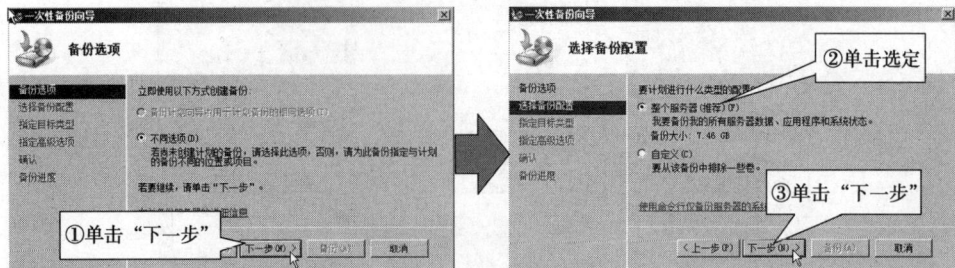

图 3.18 备份选项

友情提示

- 备份计划:运行该向导可以设置服务器定期运行备份程序进行自动备份。
- 一次性备份:运行该向导可选择整盘备份或自定义备份。
- 恢复:运行该向导从以前创建的备份中恢复文件、应用程序、卷或系统状态。
- 整个服务器备份:备份所有服务器数据、应用程序和系统状态。
- 自定义备份:选择自定义卷、文件用于备份。

指定备份文件的存储位置如图 3.19 所示。

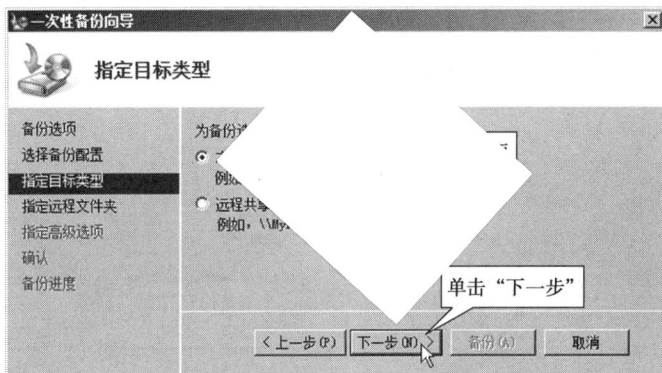

图 3.19　指定备份文件的存储位置

友情提示

建议备份保存在 DVD 驱动器或远程共享文件夹中,这样安全程度相对较高。如果保存在本地磁盘,则将自动从备份目标中删除作为保存目录的磁盘分区,并且服务器出现磁盘故障时,备份数据将丢失,这里选择"远程共享文件夹"。

后续操作步骤如图 3.20 至图 3.23 所示。

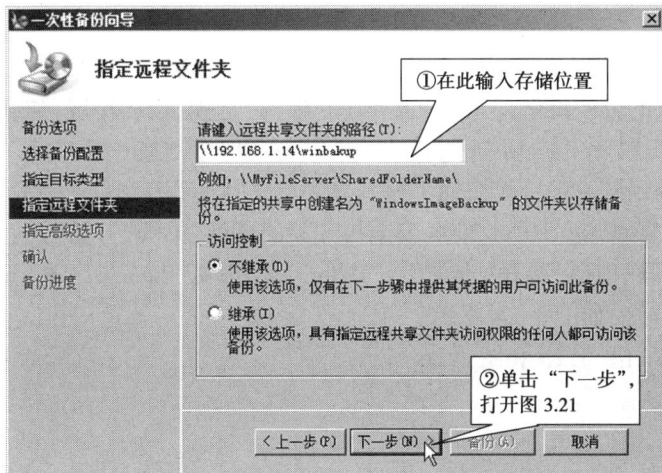

图 3.20　设置备份文件的存储位置

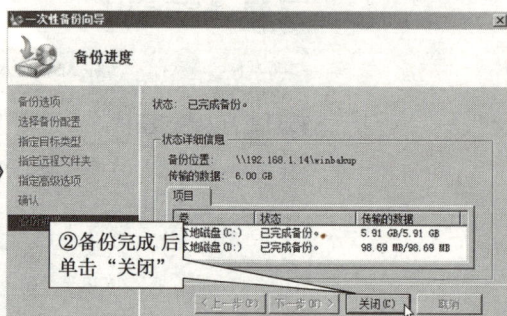

图 3.21 提供用于备份的用户凭据

图 3.22 指定高级选项

图 3.23 开始备份

友情提示

　　在"访问控制"选项框中选择"不继承"单选按钮,可以为特定的用户账户赋予访问此备份的权限;选择"继承"单选按钮,任何用户账户都可以访问备份文件。

　　(3)恢复。由于操作不当或系统故障而导致服务器无法正常工作时,就可以利用备份进行恢复。恢复操作要比备份操作系统复杂,而且为了系统安全,应在"目录服务还原模式"下进行还原。

　　重新启动系统,在进入 Windows Server 2008 启动界面前按 F8 键,进入"高级启动选项"界面。通过键盘上的方向键选择"目录服务还原模式"选项,按回车键,加载操作系统文件并启动;在登录窗口中单击"切换用户"→"其他用户",在"用户名"文本框中键入"Administrator",登录到本地计算机而不是登录到域,在"密码"文本框中输入目录还原密码。按回车键,启动到 Windows Server 2008 安全模式下的桌面;单击"开始"→"服务器管理器",打开"服务器管理器"窗口,展开"存储"→"Windows Server Backup",在"服务器管理器"窗口中单击"恢复"链接,如图 3.24 所示。

　　后续操作步骤如图 3.25 和图 3.26 所示。

图 3.24　指定备份文件的时间和存储位置

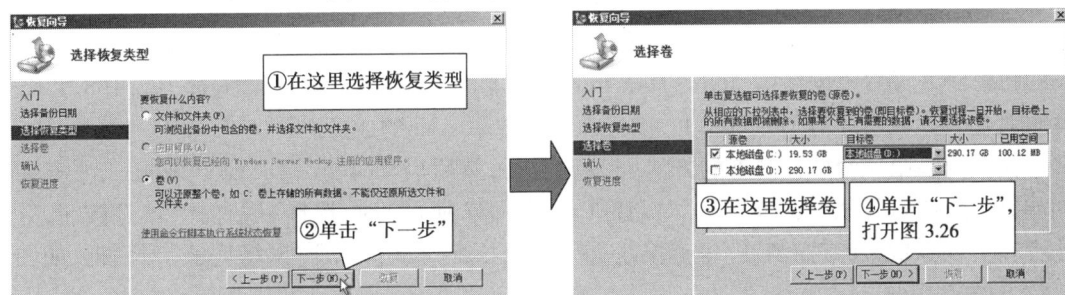

图 3.25　选择恢复类型和卷

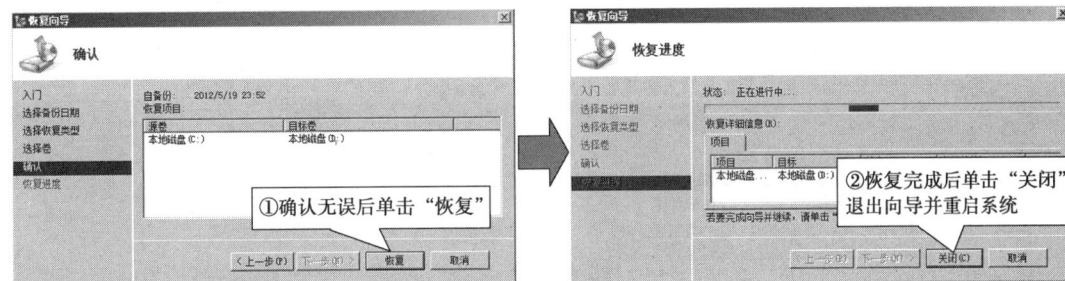

图 3.26　确认恢复信息,恢复进度

友情提示

执行卷恢复后,目标卷上的数据将全部丢失。

【小结】

本任务主要介绍了 Windows Server 2008 域服务和活动目录(域控制器)的安装与配置以及活动目录的备份和恢复等操作。

【练一练】

1.备份域控制。

2.制订一个备份计划。

3. 恢复域控制器。

任务二　安装额外域控制器和创建子域

1. 安装额外域控制器

额外域控制器是指除第一台域控制器之外的其他域控制器(可以多台计算机),主要用于主域控制器出现故障时及时接替工作,继续提供各种网络服务,不致造成网络瘫痪。额外域控制器有提高用户登录的效率、提高容错功能和无需备份活动目录等优点。

为安装 Active Directory 服务器的成员服务器(额外域控制器),设置静态 IP 地址 192. 168.1.5,DNS 设置为网络中 Active Directory 服务器(主域控制器)的 IP 地址 192.168.1.4,并将其加入到域服务器 192.168.1.4 中,成为域 gsxx.com 的成员。

按照安装第一台域控制器的方法安装域服务,然后启动 Active Directory 域控制器安装向导,当显示"选择某一部署配置"对话框(如图 3.27 所示)时,选择"现有林"单选按钮,并选择"向现有域添加域控制器"单选按钮,单击"下一步"按钮,打开"网络凭证"对话框,如图 3.27 所示。

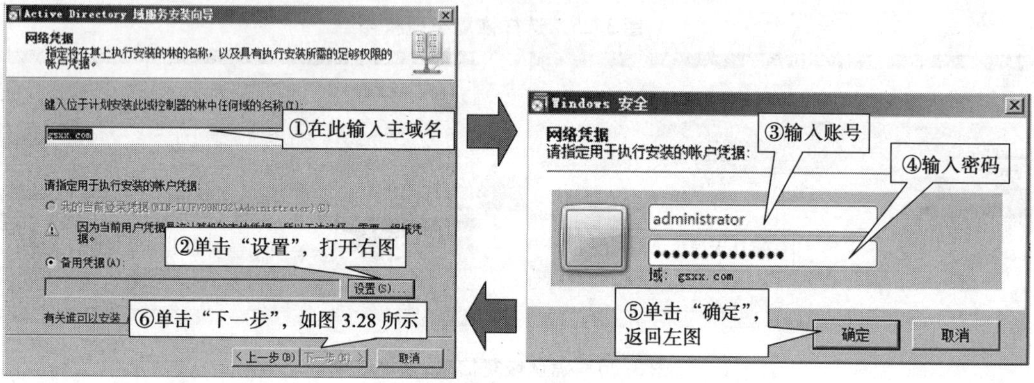

图 3.27　指定主域名和网络凭证

友情提示

在图 3.27 中指定的网络凭证可以是通过相应主域控制器验证的用户凭据,该用户账户必须是 Domain Admins 组,拥有域管理员权限。

后续操作步骤如图 3.28 和图 3.29 所示。

在图 3.30 中单击"下一步"按钮,完成设置数据库、日志文件和 SYSVOL 的位置,并设置目录服务还原模式的 Administrator 密码等(与前述与控制器安装时相同),然后开始安装并配置 Active Directory 域服务。

配置完成以后,在弹出的"完成 Active Directory 域服务安装向导"对话框中单击"完成"

按钮,域的额外域控制器安装完成。根据系统提示重新启动计算机,并使用域用户账户登录到主域 gsxx. com 中。

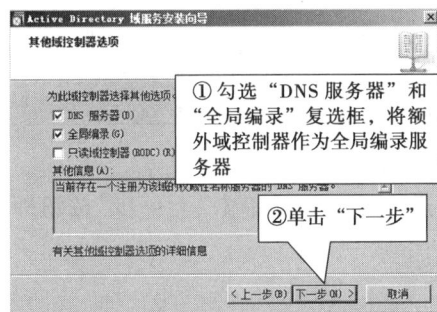

①网络中可能有多个域,选择一个作为额外域控制器的域

②单击"下一步",打开图 3.29

图 3.28 为额外域控制器选择域

①选择的域中可能有多个站点,在此列表中选择一个站点

②单击"下一步",打开图 3.30

图 3.29 选择一个站点

成功登录后,单击"开始"→"管理工具"→"Active Directory 站点和服务",依次展开如图 3.31 所示窗口(win 2008 为主域控制器的计算机名),右击"自动生成的"弹出快捷菜单,选择"立即复制副本"命令。

①勾选"DNS 服务器"和"全局编录"复选框,将额外域控制器作为全局编录服务器

②单击"下一步"

图 3.30 其他域控制器选项

图 3.31 Active Directory 站点和服务

友情提示

额外域控制器安装完成以后,客户端计算机的 DNS 服务器也要添加额外域控制的 IP 地址,否则无法联系额外域控制器并获取相应信息。

2. 创建子域

在企业网络的管理中,管理员可以根据内部分工的不同为每个部门创建不同的域,进而为同一部门下属部门创建子域,这样不仅可以方便管理,而且可以对不同分部进行横向比较。

创建子域以后,子域名称中均包含父域名称,如父域的名称是 gsxx. com,其 IP 地址为 192.168.1.4,创建子域时设置的名称为 xx,则子域的域名为 xx. gsxx. com,其 IP 地址为 192.168.1.6。将 IP 地址为 192.168.1.6 这台计算机加入到域 gsxx. com 中。创建子域的具体方法步骤如下:

(1)安装 Active Directory 域服务,安装完成后启动"Active Directory 安装向导",在"选择某一部署配置"对话框中选择"现有林"和"在现有林中新建域"单选按钮,单击"下一步"

按钮。

（2）在打开的"网络凭据"对话框的"键入位于计划安装此域控制器的林中任何域的名称"文本框中键入当前域控制器的父域名；选择"备用凭据"单选按钮，单击"设置"按钮。

（3）在"Windows 安全"对话框中输入指定用于执行安装的账户凭据，单击"确定"按钮，返回"网络凭据"对话框，单击"下一步"按钮，打开"命名新域"对话框，如图 3.32 所示。

（4）单击"下一步"按钮，打开"设置域功能级别"对话框，用户可以根据自己网络环境的需要设置功能级别。设置完成后，单击"下一步"按钮，显示如图 3.33 所示的"请选择一个站点"对话框，在"站点"列表框中为新域控制器选择站点。

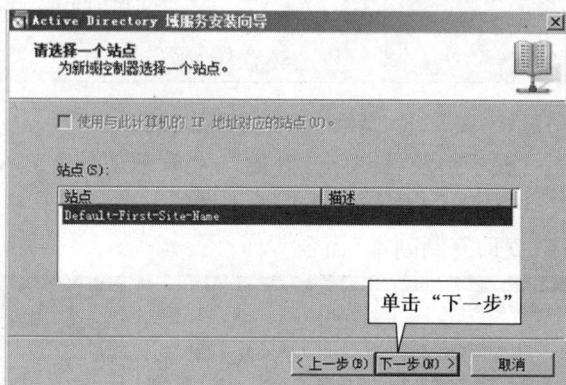

图 3.32　命名新域　　　　　　　　　　　图 3.33　请选择一个站点

接下来的操作和额外域控制器的安装完全相同，只需要按照向导单击"下一步"按钮即可。安装完成后，根据提示重新启动计算机，即可登录到子域中。

【小结】

本任务主要介绍了安装额外域控制器和创建子域的方法。

【练一练】

1. 创建额外域控制器。
2. 创建子域控制器。

任务三　创建域控制器间的信任关系

如果网络中存在多个不同的域，为了使用户可以登录到每个域中并使用各个域中的资源，不同的域之间就需要创建信任关系。信任关系是两个域控制器之间实现资源互访的重要前提，其中信任域负责受信任域的登录验证，受信任域中定义的用户账户和全局组可以获得信任域的权限，即使该用户账户或组不在信任域的目录中。

域 gsxx.com 的 IP 地址为 192.168.1.4，域 jnxx.com 的 IP 地址为 192.168.1.6。下面就以这两个域为例，建立它们之间的信任关系。

⚙ 1. 对域 gsxx.com 的操作

单击"开始"→"管理工具"→"Active Directory 域和信任关系",从主窗口中右击域名,从打开的快捷菜单中选择"属性",打开"域属性"对话框,单击"信任"标签,如图 3.34 所示。后续操作步骤如图 3.35 至图 3.44 所示。

图 3.34 启动"新建信任关系"向导

图 3.35 信任名称

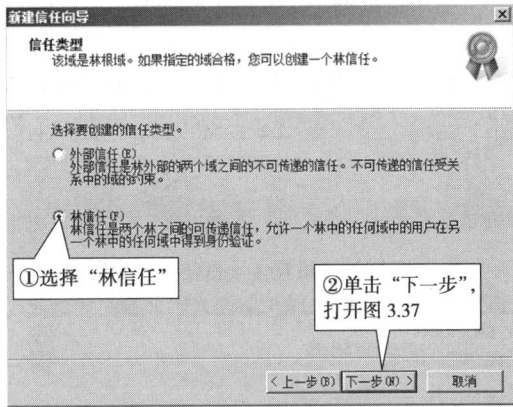

图 3.36 信任类型

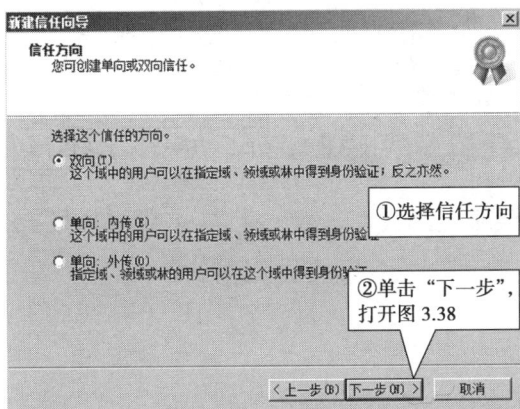

图 3.37 选择信任方向

图 3.38 设置信任方

友情提示

• 图 3.37 中信任方向有 3 个选项可供选择："双向"传递信任,该域中的用户可以在指定域、领域或域林中得到身份验证,反之亦然;单向传递又可以划分为"单向:内传"和"单向:外传",分别表示该域中的用户可以在指定的域、领域、域林中得到身份验证和指定域、领域或域林的用户可以在该域中得到身份验证,这两种情况均是单身信任,返之则不成立。这里选择"双向"单选按钮。

• 如图 3.38 所示的"信任方"对话框,如果仅与这一个域建立信任关系,可选择"只是这个域"单选按钮;如果也与指定域建立信任关系,则选择"此域和指定的域"单选按钮。

后续操作步骤如图 3.39、图 3.40、图 3.41、图 3.42 和图 3.43 所示。

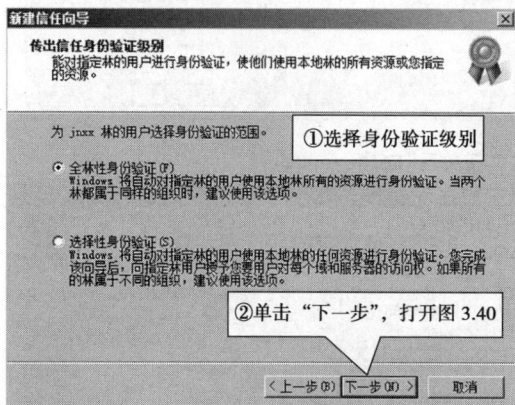

图 3.39　设置传出信任身份验证级别

图 3.40　设置信任密码

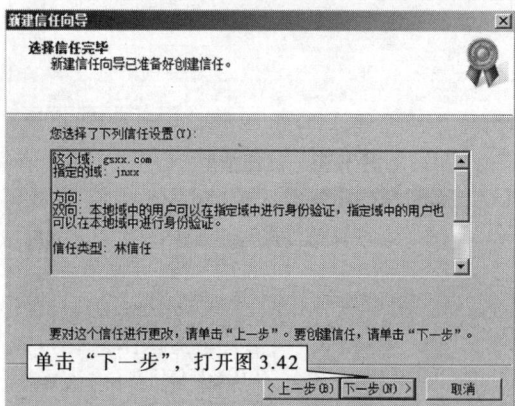

图 3.41　选择信任完毕

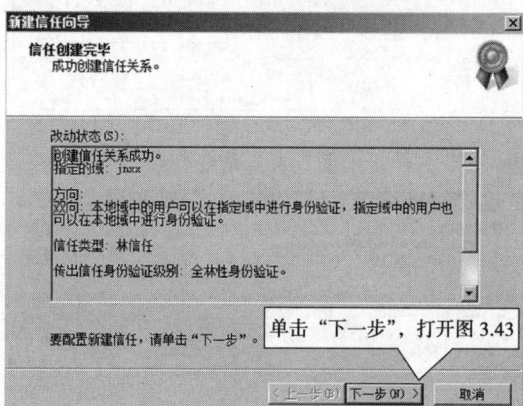

图 3.42　信任创建完毕

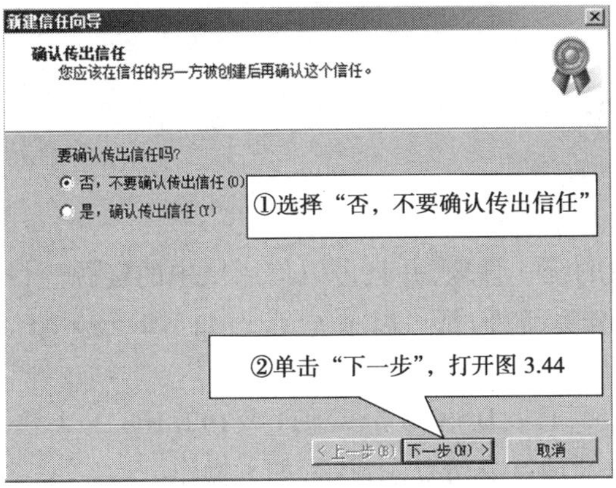

图 3.43 确认传出信任

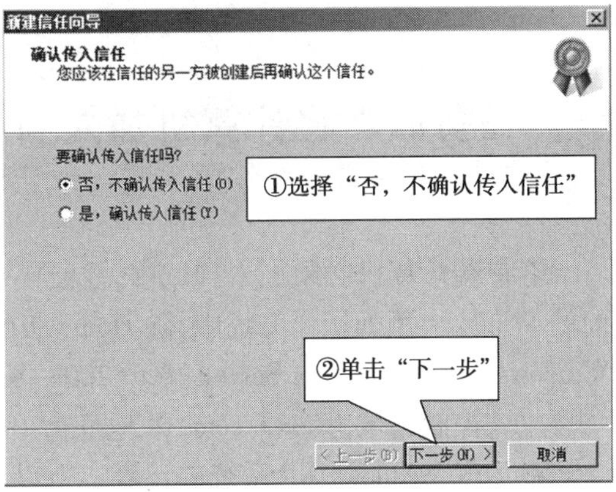

图 3.44 确认传入信任

友情提示

- 选择"全域性身份验证"单选按钮,可以自动对指定域的用户使用本地域的所有资源进行验证,如果两个域属于同样的组织可选择该项。
- 选择"选择性身份验证"单选按钮,将不会自动对指定的域的用户使用本地域的所有资源进行身份验证,需向指定域用户授予访问权限,如果域之间属于不同组织时,建议使用该选项。

在图 3.44 单击"下一步"按钮,打开"正在完成新建信任向导"对话框,提示创建信任关系成功。单击"完成"按钮创建完毕,返回如图 3.34(左)所示的"域属性"对话框,此时在"受此域信任的域"和"信任此域的域"列表框中均可看到才创建的信任关系。单击"确定"按钮保存并退出。

2. 对域 jnxx.com 的操作

上述操作步骤仅仅是针对其中的一台域控制器而言,要想完全建立两台域控制器之间的信任关系,则必须在另一台域控制器上进行相同的设置,但是在键入"信任名称"时,必须是对方域控制器的名称。

至此,两台域控制器之间成功建立信任关系,这两个域的用户可以自由访问另外一个域的信息。

【小结】

域信任关系解决用户多个域中可以登录到每个域中并使用各个域的资源;信任关系分为可传递信任和非传递信任两种。本任务还介绍了如何创建域控制器间的信任关系。

【练一练】

为两台域控制器之间建立信任关系。

任务四　将计算机加入到域中

客户端计算机必须加入到域中,才能接受域的统一管理,并且可以使用域中的资源。目前的 Windows 系列操作系统中,除 Home 版的操作系统外,都可以添加到域,如 Windows XP、Windows Vista、Windows Server 2003/2008 等。

主域控制器域为 gsxx.com,IP 地址为 192.168.1.4,DNS 服务器地址为 192.168.1.4。

在运行 Windows XP 系统的计算机上以本地管理员身份登录,执行如下操作。

(1)设置客户机网卡 IP 地址。将每一台工作站的 DNS 服务器设置为 Active Directory 域控制器的 IP 地址,如图 3.45 所示。

(2)将客户机加入域。右击"计算机"图标,在弹出的快捷菜单中选择"属性"命令,显示"系统属性"对话框,选择"计算机名"选项卡,单击"更改"按钮,如图 3.46 和图 3.47 所示。

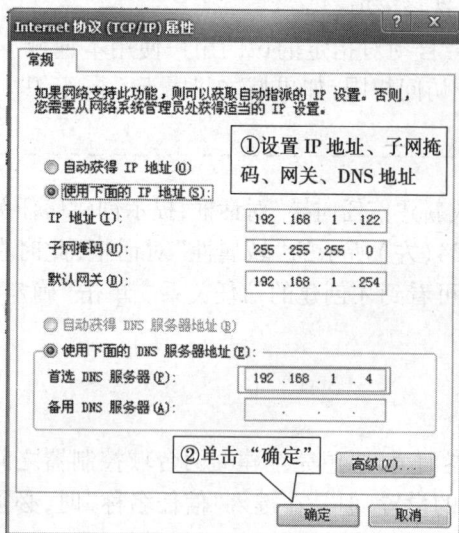

图 3.45　"Internet 协议(TCP/IP)属性"对话框　　　图 3.46 "计算机名称更改"对话框

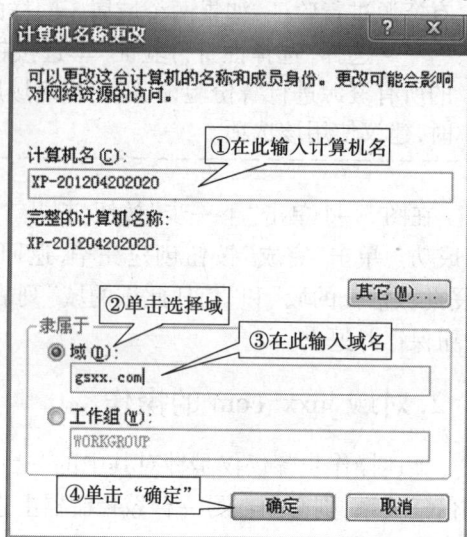

在图 3.47 中单击"确定"按钮后会打开"成功加入到域"的提示对话框,在该对话框中单击"确定"按钮,根据提示重启计算机登录到域。

【小结】

域控制系统中所有计算机必须加入域控制器中,本任务介绍了计算机加入域的方法和步骤。

【练一练】

1.将客户机加入指定域。

2.将运行 Windows Server 2008 系统的计算机添加到指定域中。

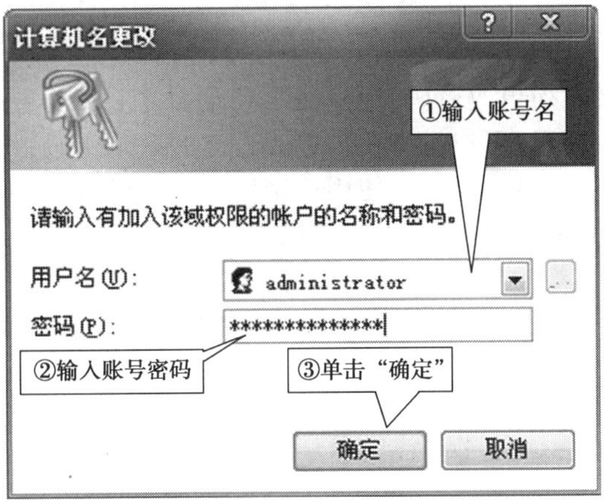

图 3.47 设置登录域的账号名和密码

任务五　管理域用户账户

域账户的管理是活动目录中使用最多的任务,通常包括创建域和删除用户账户,设置域账户属性和权限。

1.创建域账户

(1)单击"开始"→"管理工具"→"Active Directory 用户和计算机",打开"Active Directory 用户和计算机"窗口,如图 3.48 所示。设置新建域用户账号名,如图 3.49 所示。

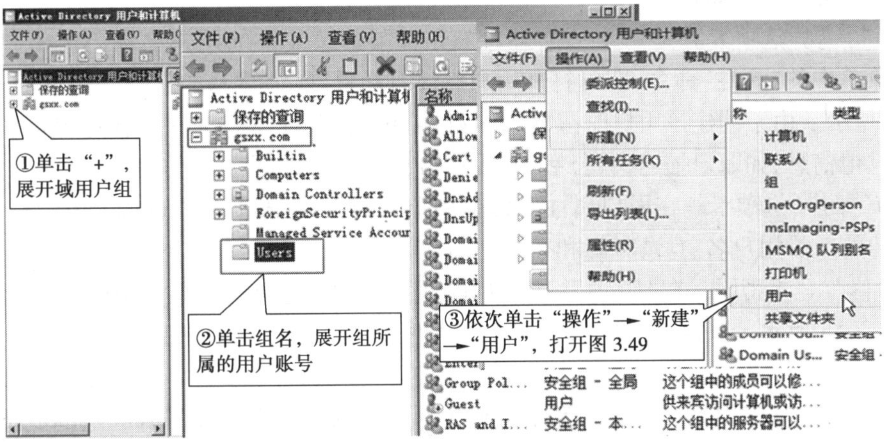

图 3.48　启动新建域用户

友情提示

- 用户下次登录时须更改密码:用户每次登录域之前都要更改自己的密码;
- 用户不能更改密码:用户没有权力更改自己的登录密码;
- 密码永不过期:用户可以一直使用该密码,而不会提示过期;
- 账户已禁用:禁用该账户,将不能使用该账户登录。

(2)在图3.50 中单击"下一步"按钮,在打开的"完成"对话框中单击"完成"按钮,即完成新用户的创建。

图 3.49　设置新建域用户账号名　　　　图 3.50　设置新建域用户密码

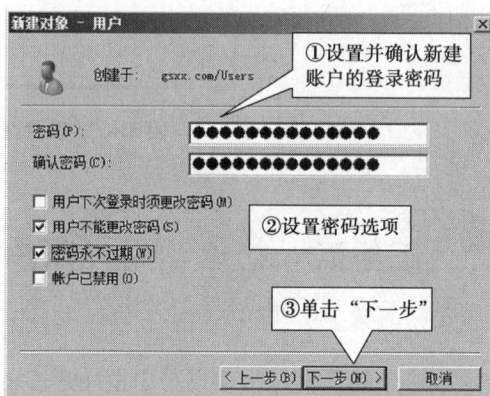

2. 设置用户属性

新创建的用户账户只具有基本的登录权限,如果需要设置拨入权限、远程控制权限等还要根据需要配置用户属性。

(1)"常规"选项卡。在"Users"容器中右击需要修改属性的用户名称(如:王晓东),选择快捷菜单中的"属性"命令,即可打开用户属性对话框,默认显示的就是"常规"选项卡,如图3.51 所示。由于创建该用户时只输入了姓名,因此,其他信息为空。在这里可以设置该账户的其他信息,如账户描述、办公室、电话号码、电子邮件和网页等信息。

(2)"账户"选项卡。在用户属性对话框中单击"账户"选项卡,如图3.52 所示,可以设置该用户的登录用户名、登录时间和登录到的域等信息。

(3)修改登录密码。在"Users"容器中右击用户名称,选择快捷菜单中的"重置密码"选项,如图3.53 所示。直接在"新密码"和"确认密码"文本框中键入新密码,并单击"确定"按钮。

(4)将账户加入到组。在域控制器上新建的账户默认是 Domain Users 组的成员。如果要让该用户拥有其他组的权限,可以将该用户加入到其他组中。

单击"隶属于"选项卡,如图3.54 所示。在其中单击"添加"按钮,打开"选择组"对话框,如图3.55 所示。单击"高级"→"立即查找",在搜索结果列表框中选中你要添加到的组"Administrator 组",3 次单击"确定"按钮完成操作。

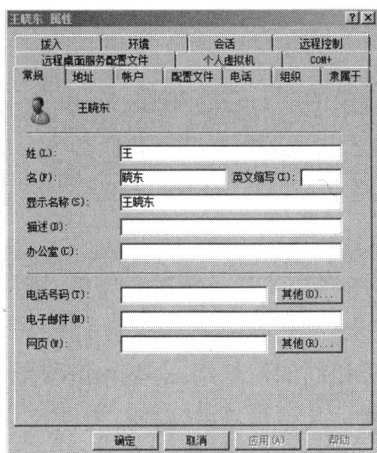

图 3.51 "常规"选项卡

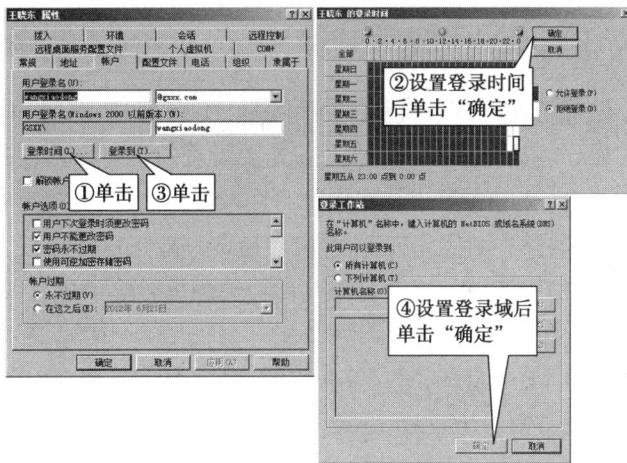

图 3.52 "账户"选项卡

图 3.53 重置密码

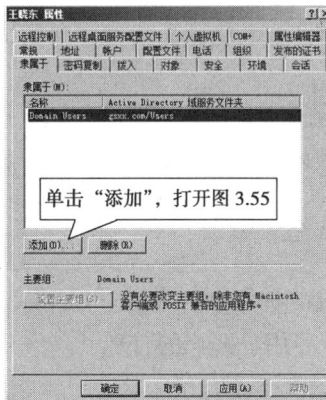

图 3.54 "隶属于"选项卡

图 3.55 将用户添加到组

3. 域账户的基本管理

网络管理员会因单位员工离职、出差、调换部门,而对域中的账户进行删除、禁用、移动等操作。具体的操作方法是右击要管理的用户账户,在出现的快捷菜单中选择相应的命令。

(1)删除域账户。在删除一个域账户之前,要确定在网络上是否有该域账户加密的重要文件,如果有则应先解密文件,然后再删除账户。

(2)禁用域账户。如果某用户因为出差等原因,一段时间内不会登录域网络的话,则应暂时禁用账户,以保证账户安全。

(3)复制域账户。一般来说同一部门的员工一般都属于相同的用户组,有基本的权限,域管理员可以先建好一个员工的账户,然后以此为模板复制出其他员工的账户。复制出来的账户,除了账户名之外,其他属性都和原账户一致。

(4)移动域账户。如果某员工调动到新的部门,管理员不需要为他建立一个新账户,只是把其账户移动到新的组织单位即可。

【小结】

本任务主要介绍域用户账户的创建、域用户账号的属性设置和管理方法。

【练一练】

1.创建两个账户(账号和密码自定)。
2.练习用户账户的管理。

任务六　管理域用户组

1. 创建域用户组

打开"Active Directory 用户和计算机"管理窗口,依次选择"操作"菜单→"新建"→"组"命令,打开如图3.56所示"新建对象-组"对话框,在"组名"文本框中输入新用户组的名称,如"计算机系",选择组的作用域和组的类型。

2. 域用户组的属性设置

组属性设置相对用户属性而言要简单一些,但是针对用户组设定的配置将会应用于组内的所有用户。如果要充分发挥组对用户和计算机账户的管理作用,必须设置该组的属性。

打开"Active Directory 用户和计算机"窗口,单击选定要设置属性的组(如:Users),然后右击,从弹出快捷菜单中选择"属性"命令,打开其属性对话框,如图3.57所示。

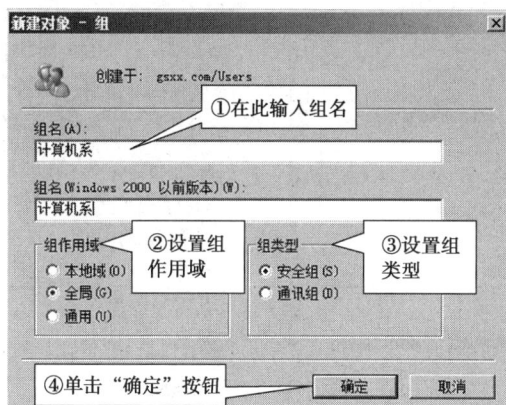

图 3.56 "新建对象-组"对话框

（1）"常规"选项卡。打开组属性对话框时，默认显示"常规"选项卡，如图 3.57 所示。可更改作用域和组类型。

（2）"成员"选项卡。单击"成员"选项卡，如图 3.58 所示。可以管理组内成员（如添加成员到该组，将成员从组中删除等）。

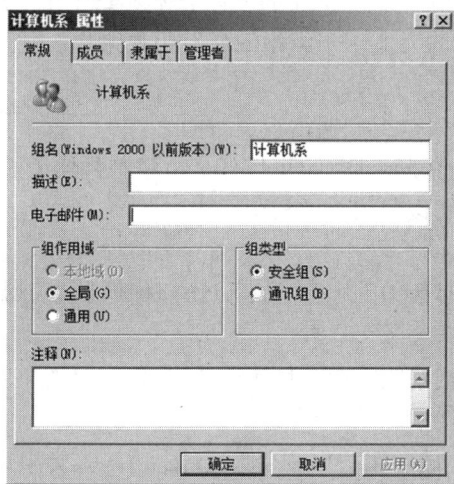

图 3.57 组属性"常规"选项卡 　　　　图 3.58 "成员"选项卡

（3）"隶属于"选项卡。单击"隶属于"选项卡，如图 3.59 所示。在这里，可以将该组添加到另外的组中。

（4）"管理者"选项卡。如图 3.60 所示。系统默认的组中所有成员的权限都是平等的，即无管理者。为了便于管理，往往需要为用户组指定相应的管理者。在"管理者"选项卡中可以指定某个成员为管理者。

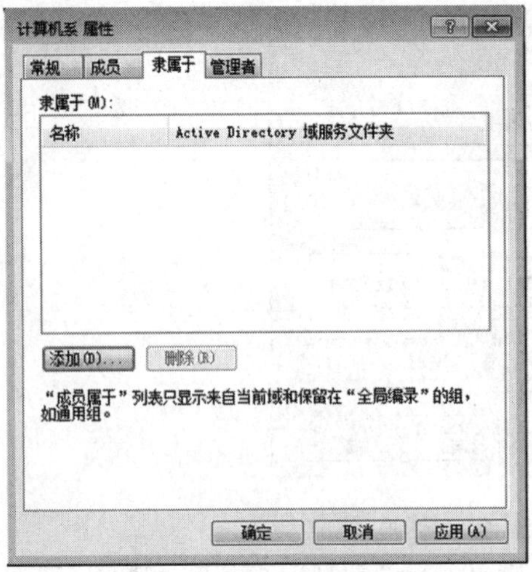

图 3.59 "隶属于"选项卡 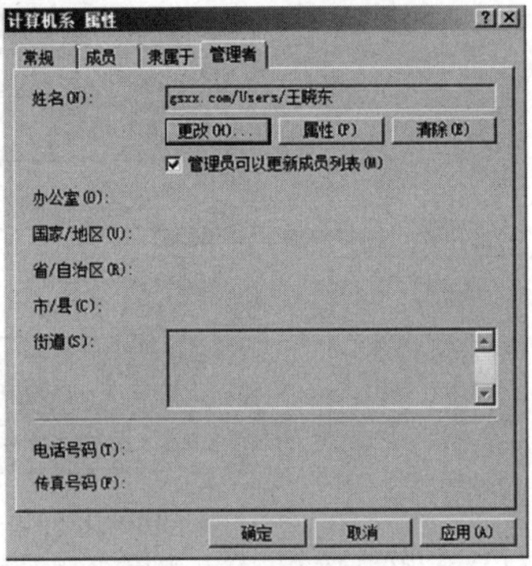　　　　图 3.60 "管理者"选项卡

【知识链接】

　　用户组的主要目的就是可以同时为多个用户设置相同的权限,便于管理用户账户。当为用户组设置权限时,所设置的权限将同时应用于组中的所有用户账户。
　　1.组的类型
　　根据域用户组的权限,域用户组可以分为安全组和通讯组。
　　(1)安全组。可用于定义对资源和对象的访问权限,也可以作为电子邮件实体。
　　(2)通讯组。只能用作电子邮件实体,无法设置该组的权限。
　　2.组的作用范围
　　(1)通用组。指的是该类组可以添加任何域的用户账户,可以访问任何域的资源对象。
　　(2)全局组。指的是这类组只能添加该类组所在域的用户账户,不能添加别的域的账户,但是可以访问其他域的资源对象。
　　(3)本地组。指的是这类组可以添加其他域的用户账户,但是只能访问该类组所在域的资源。
　　3.系统内置的域组
　　Active Directory 安装完成之后会自动创建一些具有特殊权限的用户组,存储在Euiltin 容器和 Users 容器中,主要包括:
　　(1)Administrator 域管理员组。管理员组的成员对域控制器具有完全的控制权限,可以对域控制器执行任何管理任务。
　　(2)Domain Admins 域管理员组。域管理员组可以管理整个域,既包括域控制器,也包括所有成员服务器以及所有成员工作站。默认情况下,Administrator 账户是该组的成员。
　　(3)Domain Users 域用户账户组。该组包含所有域用户。默认情况下,此域中创建的任何用户账户都会自动成为该组的成员。可以使用该组来表示此域中的所有用户。

（4）Enterprise Admins 企业管理员组。企业管理员组是存储着整个森林的管理员用户账户，也就是说可以管理整个森林，以及整个森林中任何一个域。默认情况下，Administrator 账户是该组的成员。由于该组在林中具有完全控制权限，因此在添加用户时要特别谨慎。

（5）Everyone 组。这是一个特殊的组，由系统自动生成，但在活动目录中看不到，包含所有当前正在访问与控制器的用户，也包括 Guest 来宾账户。

（6）Authenticated Users 用户组。包括 Everyone 用户组中除 Guest 用户账户之外的所有用户。

【小结】

本任务主要介绍域用户组的创建、属性设置和管理方法。

【练一练】

1. 创建两个域用户组（账号和密码自定）。
2. 练习域用户组的管理。

任务七　组织单元

组织单元（OU）是一个容器对象，我们可以把域中的对象组织成逻辑组，以简化管理工作。OU 可以包含各种对象，比如用户账户、用户组、计算机、打印机等，甚至可以包括其他的 OU。所以我们可以利用 OU 把域中的对象形成一个完全逻辑上的层次结构。对于企业来讲，可以按部门把所有的用户和设备组成一个 OU 层次结构，也可以按地理位置形成层次结构，还可以按功能和权限分成多个 OU 层次结构。

1. 新建 OU

在"Active Directory 用户和计算机"窗口中，依次执行"操作"→"新建"→"组织单位"，打开如图 3.61 所示的"新建对象-组织单元"对话框。创建完后可在图 3.62 中看到。

友情提示

勾选"防止容器被意外删除"复选框，用户将不能删除该容器，执行删除 OU 操作时会提示。

2. 设置 OU 属性

创建新的 OU 主要是为了扩展网络规模，细化网络管理。利用 OU，还可以为 OU 中的对象设置组策略。

图 3.61　新建 OU

图 3.62　查看新建的 OU

在图 3.62 中，右击要设置属性的 OU，从弹出的快捷菜单中选择"属性"，如图 3.63 所示。

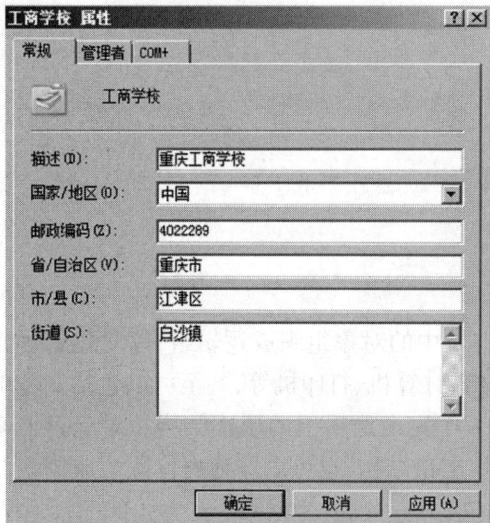

图 3.63　OU 属性对话框

图 3.64　OU 属性对话框

默认情况下，OU 属性对话框中只显示"常规""管理者"和"COM +"选项卡，只有在 Active Directory 用户和计算机窗口中，选择"查看"菜单中的"高级功能"后，再打开 OU 属性对话框，才会显示"对象""安全"等选项卡，如图 3.64 所示。取消"防止对象被意外删除"复选框，即可正常删除该 OU。

【小结】

本任务主要介绍组织单元(OU)的创建和属性设置。

【模块自测题】

一、应知(每题 2 分,总 30 分)

1.选择题(每题 2 分,总 18 分)

(1)希望保证只有在 OU 层次上的 GPO 设置影响 OU 中的对象"用户组策略"设置,可使用以下哪一项?(　　)

　　　A.阻断策略继承　　　　　B.禁止　　　　　　　C.拒绝　　　　　　　D.禁止覆盖

(2)以下哪一项不是 OU 的真实特性?(　　)

　　　A.可包含其他活动目录对象　　　　　　　　B.是安全基本对象

　　　C.可包含其他 OU　　　　　　　　　　　　D.可被配置为分层结构

(3)以下哪一项 OU 特性可使设置信息从上级对象传递到下级对象?(　　)

　　　A.继承性　　　　　　　B.用户组策略　　　C.委派　　　　　　　D.分层结构

(4)在以下哪个层次上指派 GPO 可能会覆盖域层次上的 GPO 设置?(　　)

　　　A.OU　　　　　　　　　B.OU 和站点　　　　C.站点　　　　　　　D.域

(5)你是一台 Windows Server 2008 计算机的系统管理员,你可以使用(　　)工具来管理该计算机中的组账号。

　　　A.活动目录用户和计算机　　　　　　　　B.域用户和计算机

　　　C.活动目录用户与用户组　　　　　　　　D.本地用户和组

(6)一个用户账户可以加入(　　)个组。

　　　A.1　　　　　　　　　B.2　　　　　　　　C.3　　　　　　　　D.多

(7)Windows 2008 计算机的管理员有禁用账户的权限。当一个用户有一段时间不用账户(可能是休假等原因),管理员可以禁用该账户。下列关于禁用账户叙述正确的是(　　)。

　　　A.Administrator 账户可以禁用自己,所以在禁用自己之前应该先创建至少一个管理员组的账户

　　　B.普通用户可以被禁用

　　　C.Administrator 账户不可以被禁用

　　　D.禁用的账户过一段时间会自动启用

(8)你是一台安装 Windows Server 2008 操作系统计算机的系统管理员,过去你一直习惯于以 Administrator 账号登录计算机来完成日常工作,某次由于操作不慎造成了很大损失。为了今后避免再次发生类似情况,你应该采用(　　)措施最为妥当。

　　　A.为自己创建一个普通用户账号,平时以这个普通用户登录,当需要执行管理任务时注销,再以 Administrator 账号登录

　　　B.为自己创建一个普通用户账号,并把该账号加入到 Administrators 组,平时以该用户账号登录计算机

　　　C.为自己创建一个普通用户账号,平时以这个普通账号登录,当需要执行管理任务时利用 runas 命令切换用户身份为 Administrator 账号。

　　　D.为自己创建一个普通用户账号,平时以这个普通账号登录,当需要执行管理任务

时利用 asuser 命令切换用户身份为 Administrator 账号。

（9）关于组可以包含组的描述，正确的是（　　　）。

    A. 组在任何时候都可包含

    B. 组在任何时候都可以加入组

    C. 在工作组模式下，本地组不能包含本地组

    D. 在工作组模式下，本地组可以包含内置组

2. 填空题（每题 2 分，总 12 分）

（1）信任关系是两个域控制器之间实现_____的重要前提，其中信任域负责受信任域的_____，受信任域中定义的用户账户和全局组可以获得信任域的_____和_____，即使该用户账户或组不在信任域的目录中。

（2）信任关系的类型分为_____信任和_____信任两种。

二、应会（70 分）

实操题

配置一台域控制器，域名为 gsxx.com，创建 4 个组，组名采用部门名称的拼音来命名，每个部门都创建 5 个用户，销售部用户：user 1～user 5，营销部用户：user 6～user 10，市场部用户：user 11～user 15，管理部用户：user 16～user 20。密码规则为"GSXXgsxx＋用户名＋#"，例如"user 1"的密码为"GSXXgsxxuser1#"；用户不能修改用户口令；密码最长使用期限为 9 天，密码最小长度为 14，锁定阈值为 3 次。要求用户只能在上班时间可以登录（每天 9：00—18：00）。

Windows Server 2008 的安全设置

Windows Server 2008 提供了一系列新的和改进的安全技术,这些技术增强了对操作系统的保护,为企业发布 Windows Server 2008 正式版的运营和发展奠定了坚实的基础。Windows Server 2008 提供了减小内核攻击面的安全创新(例如 PatchGuard),因而使服务器环境更安全、更稳定。通过保护关键服务器服务使之免受文件系统、注册表或网络中异常活动的影响,Windows 服务强化有助于提高系统的安全性。

具体学习目标如下:

- 会设置密码策略;
- 会设定账户锁定策略;
- 会测试账户锁定策略;
- 了解审核策略;
- 掌握审核设置;
- 掌握拒绝本地用户本地登录设置;
- 会禁用 IE 浏览器;
- 会禁止访问文件夹中的程序;
- 会关闭自动播放;
- 会禁止恶意程序"不请自来";
- 掌握跟踪用户登录的架设。

任务一　用户账户设置

　　锐捷公司管理员小王在安装服务器的时候为了方便自己的操作,在设置密码时比较简单,导致现在有不少的公司员工在服务器上猜测密码胡乱登录,弄得小王很是烦恼,如果你是小王应该怎么做?

1. 设置密码策略

　　选择"开始"菜单→"管理工具"→"本地安全策略",打开"本地安全策略"对话框,如图4.1 所示。

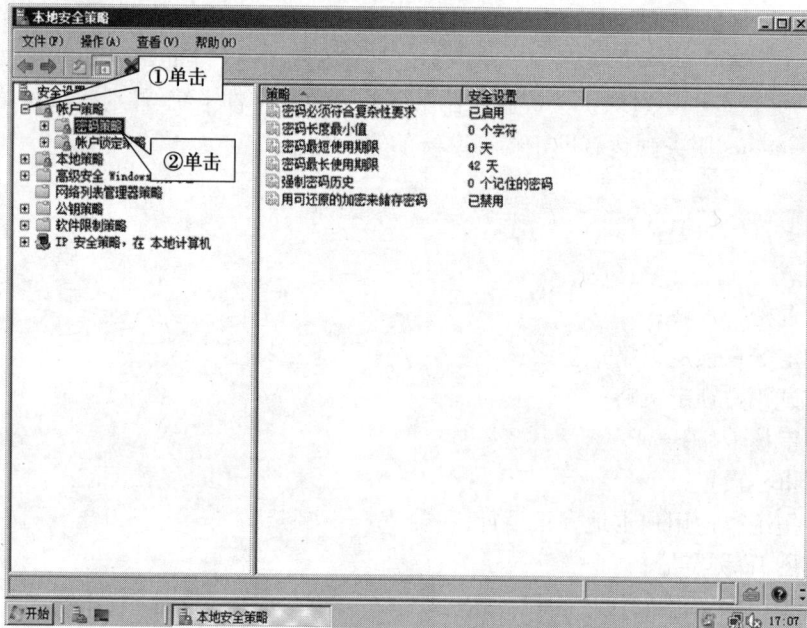

图4.1　"本地安全策略"对话框

　　(1)设置密码复杂性。在图4.1 中双击"密码必须符合复杂性要求",按图4.2 进行设置。

　　(2)设置密码最小长度。在图4.1 中双击"密码长度最小值",按图4.3 进行设置。此安全设置确定用户账户包含最少字符数。可以将值设置为1～14 个字符,或者将字符数设置为0,以确定不需要密码。

　　(3)设置密码最短使用期限。在图4.1 中双击"密码最短使用期限",按图4.4 进行设置。

　　(4)设置密码最长使用期限。在图4.1 中双击"密码最长使用期限",按图4.5 进行设置。

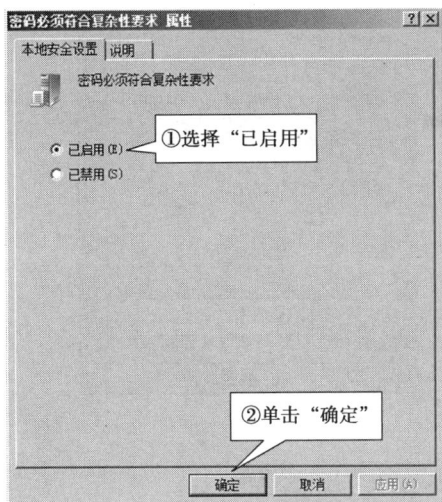

图4.2 "密码必须符合复杂性要求
属性界面"对话框

图4.3 "密码长度最小值
属性"对话框

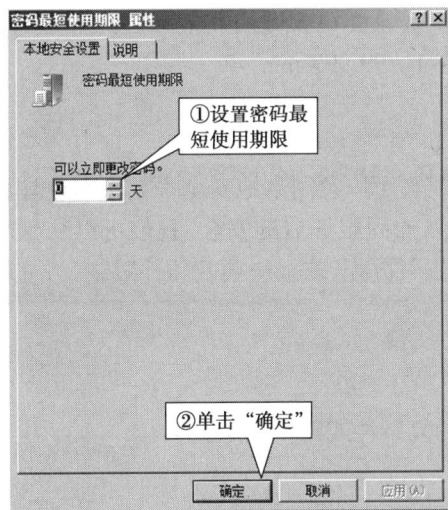

图4.4 "密码最短使用期限
属性"对话框

图4.5 "密码最长使用期限
属性"对话框

2. 设置账户锁定

（1）设置账户锁定阈值。在图4.1中单击"账户锁定策略"，按图4.6所示进行操作。

（2）设置账户锁定时间。在图4.6中双击"账户锁定时间"，在打开的"账户锁定时间"
属性对话框中设置确定锁定账户在自动解锁之前保持锁定的分钟数。范围在 0 ~ 99 999
min。如果将账户锁定时间设置为0,账户将一直被锁定直到管理员明确解除锁定。如果定
义了账户锁定阈值,则账户锁定时间必须大于或等于重置时间。默认值为无,因为只有在指
定了账户锁定阈值时此策略设置才有效。

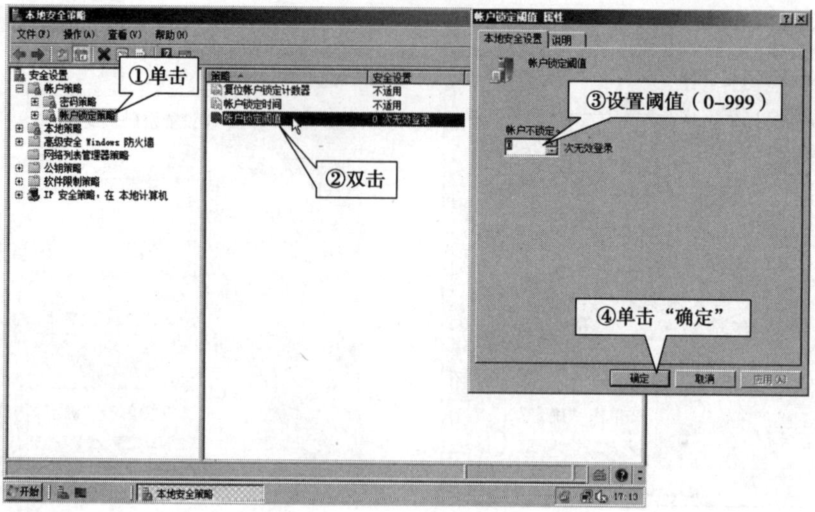

图4.6 设置账户阈值

（3）设置重置账户锁定计数器。在图4.6中双击"重置账户锁定计数器"，在打开的"重置账户锁定计数器"属性对话框中设置确定在某次登录尝试失败后将登录尝试失败计数器重置为0次错误登录尝试之前需要的时间，范围在1~99 999 min。

【知识链接】

安全是影响计算机安全性的安全设置的组合，可以利用本地安全来编辑本地计算机上的账户和本地组。通过配置本地安全，可以加固服务器的安全，我们可以从以下几个方面配置服务器的安全：账户、审核、用户权限分配、安全选项及软件限制。

【小结】

本节主要讲解了账户的本地安全策略，密码的复杂性或账户锁定。

【练一练】

1. 在本地计算机上创建一个用户，设置密码的复杂性。
2. 在本地安全策略上设置账户的锁定次数为5次。

任务二 用户权限设置

打开"本地安全策略"对话框，展开"本地策略"，单击"用户权限分配"，在右窗口中可以看到可以设置的权限列表，根据需要进行相关权限的设置，如图4.7所示。下面以"从网络访问此计算机"设置为例介绍基本操作方法。

在图4.7中双击"从网络访问此计算机"，打开图4.8所示对话框。

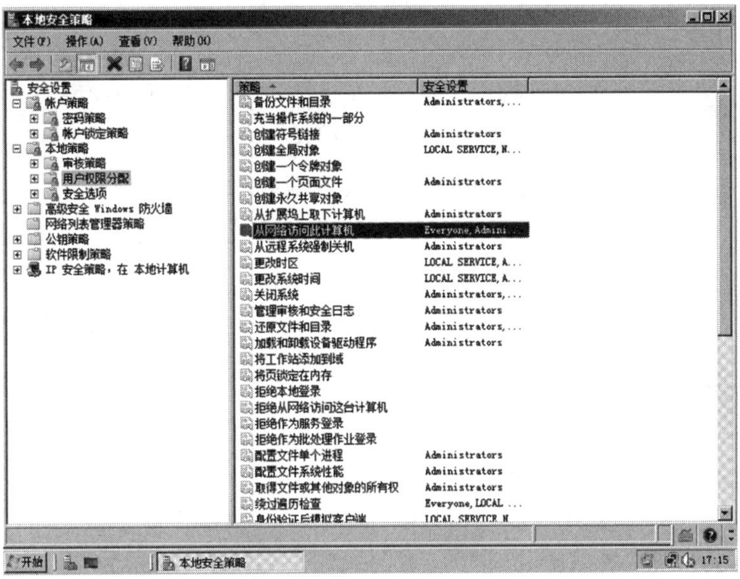

图 4.7　用户权限列表

1. 删除对象

在图 4.8 的对象列表中选中某对象，单击"删除"按钮，然后单击"确定"按钮。

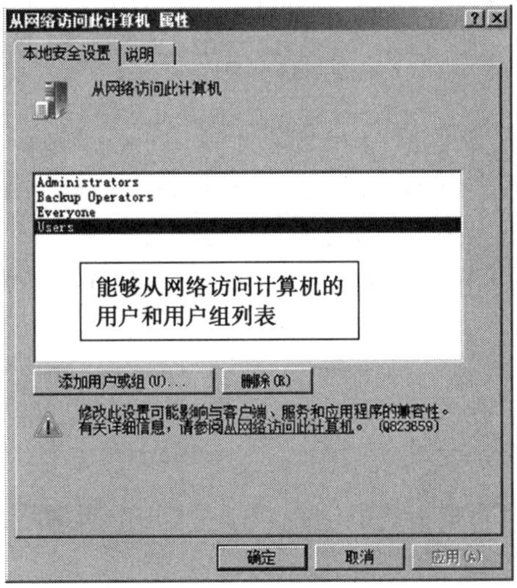

图 4.8　"从网络访问此计算机
属性"对话框

2. 添加对象

在图 4.8 中单击"添加用户或组"按钮，从打开的对象选择对话框（参见图 2.7）中选择
需要的用户或组，单击"确定"按钮。

【知识链接】

1. 允许本地登录

此登录权限确定哪些用户能以交互方式登录到此计算机。通过在连接的键盘上按"Ctrl + Del"组合键启动的登录要求用户具有此登录权限。此外,可以登录用户的某些服务器或管理应用程序可能要求此登录权限。如果为某个用户或组定义此策略,则还需向 Administrator 组授予此权限。

工作站和服务器上的默认值:Administrators,Backup Operators 和 Users。

域控制器上的默认值:Account Operators,Administrators,Backup Operators,Print Operators 及 Sever Operators。

2. 关闭系统

此安全设置确定哪些在本地登录到计算机的用户可以使用关机命令来使用关闭系统。误用此用户权限会导致拒绝服务。

工作站上的默认值:Administrator, Backup Operators 和 Users。

服务器上的默认值:Administrator, Backup Operators。

域控制器上的默认值:Account Operators,Administrators,Backup Operators,Print Operators 及 Sever Operators。

3. 从网络访问此计算机

此用户权限圈定允许哪些用户和组通过网络连接到计算机。此用户权限不影响终端服务。

工作站和服务器上的默认值:Administrators,Backup Operators,Users 和 Everyone。

域控制器上的默认值:Administrators,Authenticated,Users,EenterpriseDomainControllers,Everyone 及 Pre-Windows 2000 Compatible Access。

用户权限是允许用户在计算机系统领域中执行的任务。有两种类型的用户权限:登录权限和特权。

【小结】

本任务主要介绍了本地安全策略的用户权限分配,包括网络访问计算机、添加用户登录计算机权限、删除用户登录计算机权限等。

【练一练】

1. 在本地计算机上添加一个张三(zhangsan)用户,设置张三用户可以访问此计算机。
2. 删除 Administrator 用户访问此计算机。
3. 设置拒绝用户(zhangsan)从本地登录。
4. 设置拒绝用户(zhangsan)关闭计算机。

任务三 创建软件限制策略

锐捷公司为了服务器的安全,在服务器上禁止任何人使用 IE 浏览器浏览网上的信息,并且锐捷公司有一些重要的程序放置于"C:\机密软件"中,为防止其他人使用这些软件,需要设置禁止访问"机密软件"中的程序。如果你是公司管理员应该怎样设置?

【知识链接】

> 软件限制策略提供了一种体制,用于指定允许执行哪些程序以及不允许执行哪些程序。软件限制策略可以帮助组织免遭恶意代码的攻击,针对病毒、特洛伊木马和其他类型的恶意代码提供了另一层防护。

1. 禁止 IE 浏览器

单击"开始"菜单,右击"Internet Explorer"选择"属性"命令,如图 4.9 所示,然后按图 4.10 操作。

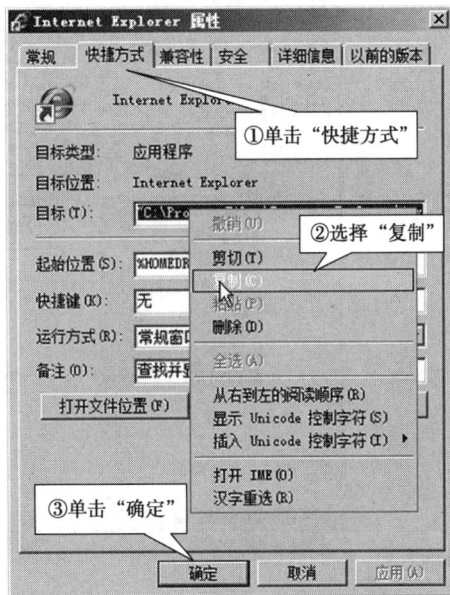

图 4.9 打开 Internet Explorer 属性

图 4.10 复制 IE 浏览器的路径

打开"本地安全策略"对话框,右击"软件限制策略"选择"创建软件限制策略",如图 4.11 所示。

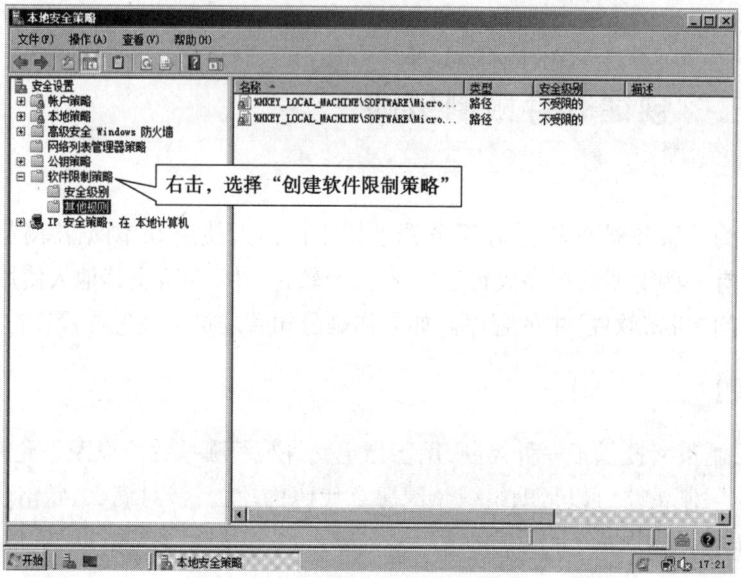

图 4.11　创建软件限制策略

　　在图 4.12 中,右击"其他规则"在弹出的快捷菜单中选择"新建哈希规则",在弹出的"新建哈希规则"对话框中单击"浏览"按钮,然后单击"确定"按钮,在弹出的对话框中右击"粘贴",如图 4.13 所示。

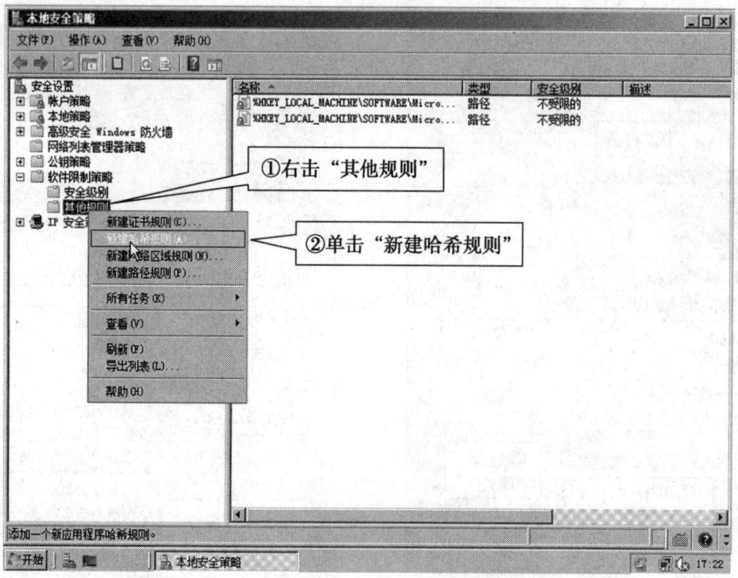

图 4.12　新建哈希规则

图 4.13　新建哈希规则对话框

设置完成,重启计算机,使设置生效。

2. 创建路径规则

若要新建"路径规则",可以打开"本地安全策略",展开"软件限制策略",右击"其他规则"在弹出的快捷菜单中选择"新建路径规则"命令,如图 4.14 所示。

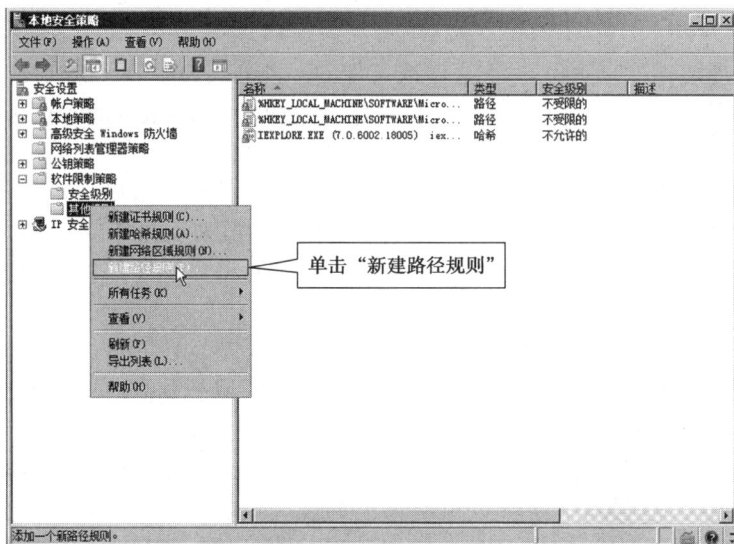

图 4.14　新建路径规则

在弹出的"新建路径规则"对话框的"路径"文本框中,输入(或者以浏览的方式)"C:/机密软件",然后单击"确定"按钮,完成规则的创建,如图 4.15 所示。

设置完成,重启计算机,使设置生效。

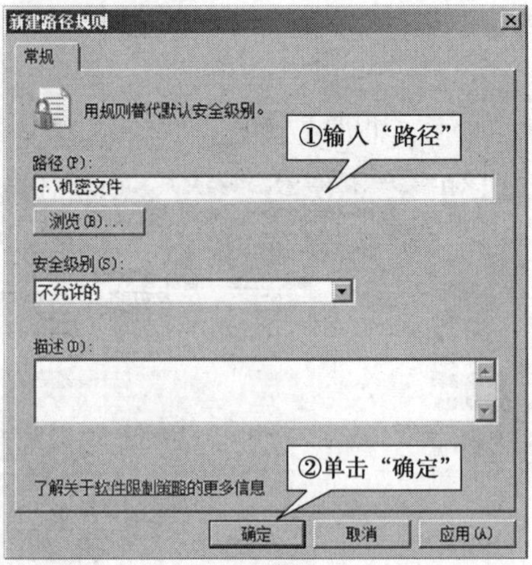

图 4.15　完成路径规则创建

友情提示

在使用软件限制策略时,使用以下规则来对软件进行标识:

● 证书规则:软件限制策略可以通过其签名证书来标识文件。证书规则不能应用到带有".exe"或".dll"扩展名的文件。它们可以应用到脚本和 Windows 安装程序包。可以创建标识软件的证书,然后根据安全级别的设置,决定是否允许软件运行。

● 路径规则:路径规则通过程序的文件路径对其进行标识。由于此规则按路径指定,所以程序发生移动后路径规则将失效。路径规则中可以使用诸如"%programfiles%"或"%systemroot%"之类环境变量。路径规则也支持通配符,所支持的通配符为"*"和"?"。

● 散列规则:散列是唯一标识程序或文件的一系列定长字节。散列按散列算法算出来。软件限制策略可以用 SHA-1(安全散列算法)和 MD5 散列算法根据文件的散列对其进行标识。重命名的文件或移动到其他文件夹的文件将产生同样的散列。例如,可以创建散列规则并将安全级别设为"不允许的"以防止用户运行某些文件。文件可以被重命名或移到其他位置并且仍然产生相同的散列。但是,对文件的任何篡改都将更改其散列值并允许其绕过限制。软件限制策略将只识别那些已用软件限制策略计算过的散列。

● Internet 区域规则:区域规则只适用于 Windows 安装程序包。区域规则可以标识那些来自 Internet Explorer 指定区域的软件。这些区域是 Internet、本地计算机、本地Internet、受限站点和可信站点。

● 以上规则所影响的文件类型只有"指派的文件类型"中列出的那些类型。系统存在一个由所有规则共享的指定文件类型的列表。默认情况下列表中的文件类型包括 ADE,ADP,BAS,BAT,CHM,CMD,COM,CPL,CRT,EXE,HLP,HTA,INF,INS,ISP,LNK,MDB,MDE,MSC,MSI,MSP,MST,OCX,PCD,PIF,REG,SCR,SHS,URL,VB,WSC,所以对于正常的非可执行的文件,例如 TXT,JPG,GIF 这些是不受影响的,如果你认为还有哪些扩展的文件有威胁,也可以将其扩展加入这里,或者你认为哪些扩展无威胁,也可以将其删除。

【小结】

本任务主要介绍了设置软件限制策略。

【练一练】

锐捷公司有一些重要的程序放置于"C:/机密软件"中,为防止其他人使用这些软件,请设置禁止访问"机密软件"中的程序。

任务四　使用本地组策略配置系统安全

1.关闭自动播放

依次单击"开始"→"运行",在打开的"运行"对话框中输入"gpedit. msc",打开"本地组策略编辑器",如图 4.16 所示。

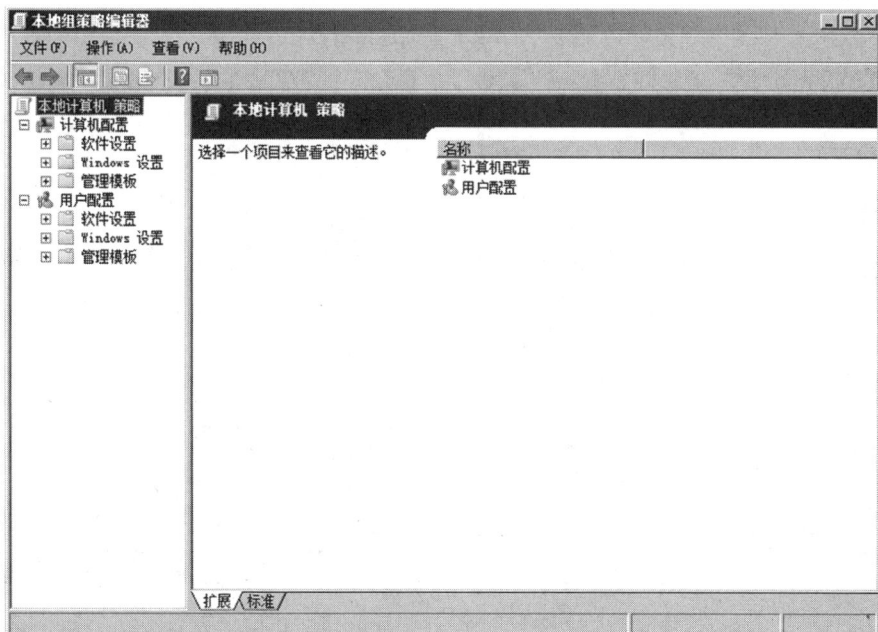

图 4.16　打开本地组策略编辑器

依次展开"本地计算机策略"→"计算机配置"→"管理模板"→"Windows 组件"→"自动播放策略",如图 4.17 所示。

在图 4.17 上双击右窗口中"关闭自动播放"选项,打开"关闭自动播放"对话框,选中"已启用"单选按钮,然后单击"下一个设置"按钮,如图 4.18 所示。

在出现的"不设置'始终执行此操作'复选框　属性"对话框中选中"已启用"单选按钮,

单击"下一个设置"按钮,如图 4.19 所示。

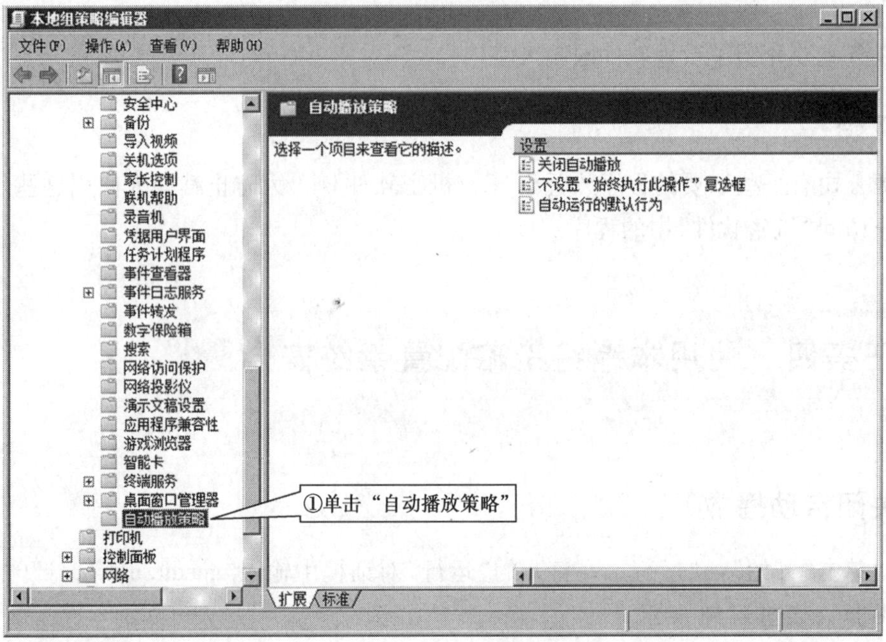

图 4.17　展开自动播放策略

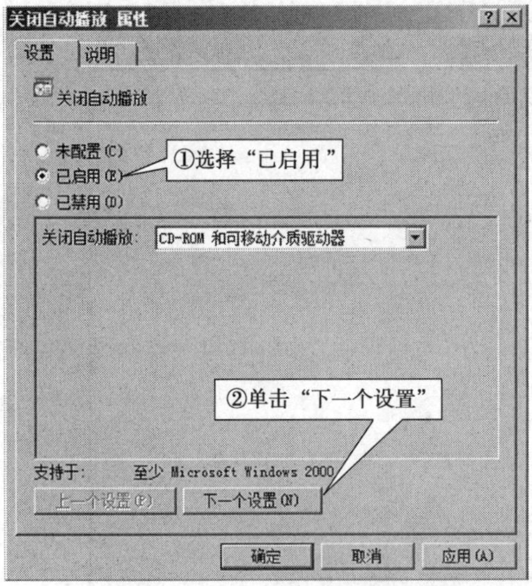

图 4.18　启用关闭自动播放 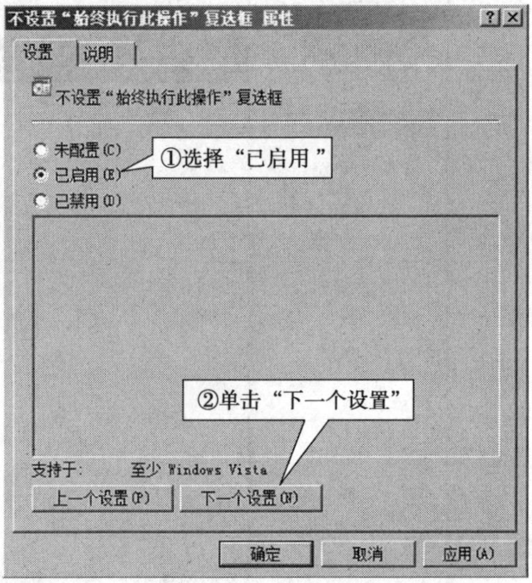　　　　图 4.19　启用"不设置'始终执行此操作'"

　　在弹出的"关闭非卷设备的自动播放"对话框中选中"已启用"单选按钮,单击"下一步设置"按钮,在弹出的"自动运行的默认行为　属性"对话框中选中"已启用"单选按钮,在下方的"不执行任何自动运行命令"下拉列表中选中"自动执行自动运行命令"选项,然后单击"确定"按钮,如图 4.20 所示,完成"自动关闭播放"的配置,如图 4.21 所示。

图 4.20　启用关闭非卷设备的自动播放　　　　图 4.21　完成设置关闭自动播放策略

2. 禁止恶意程序"不请自来"

在 Windows Server 2008 系统环境中使用 IE 浏览器浏览网页时,常常会有一些恶意程序"不请自来",偷偷下载保存到本地计算机硬盘中,这样不但会白白浪费宝贵的硬盘空间资源,也会给本地计算机系统的安全带来不少的麻烦。为了让 Windows Server 2008 系统更加安全,往往需要借助专业的软件工具才能禁止应用程序随意下载。其实在 Windows Server 2008 系统环境中,只需要简单地设置一下系统组策略,就能禁止恶意程序自动下载保存到本地计算机硬盘中。

打开"本地组策略编辑器"对话框,依次展开"计算机配置"→"管理模板"→"Windows 组件"→"Internet Explorer"→"安全功能",如图 4.22 所示。

图 4.22　展开安全功能

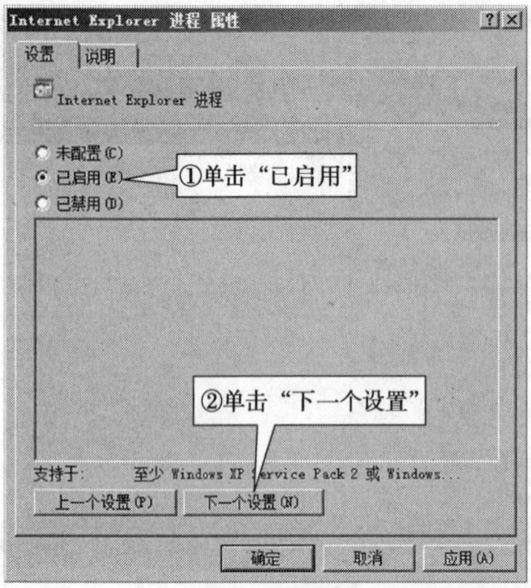

在图 4.22 上选中"限制文件下载"选项，双击右边窗口中的"Internet Explorer 进程"组策略选项，打开"Internet Explorer 进程 属性"对话框。

选中"Internet Explorer 进程"下方的"已启用"单选按钮，单击"下一个设置"按钮，如图4.23所示。

在弹出的"进程列表"对话框，选中"已启用"单选按钮，然后单击"确定"按钮完成设置，如图 4.24 所示。

图 4.23 "Internet Explorer 进程 属性"对话框

图 4.24 完成设置禁止恶意程序"不请自来"策略

3. 跟踪用户登录情况

【知识链接】

跟踪用户登录情况策略控制系统是否向用户显示有关以前的登录和登录失败次数的信息。对于 Windows Server 2008 如果启用了此设置，将在用户登录后出现一则消息，显示该用户上次成功登录的日期和时间，该用户名上次尝试登录而未成功的日期和时间，以及自该用户上次成功登录以来未成功登录的次数。用户必须确认该消息然后才能登录到 Windows Server 2008 系统。

打开"本地组策略编辑器",依次展开"计算机配置"→"管理模板"→"Windows 组件",然后选中"Windows 登录选项",如图 4.25 操作。

双击图 4.25 右侧窗口中的"在用户登录期间显示有关以前登录的信息"选项,打开"在用户登录期间显示有关以前登录的信息　属性"对话框,然后选中"已启用"单选按钮,最后单击"确定"按钮,完成设置,如图 4.26 所示。

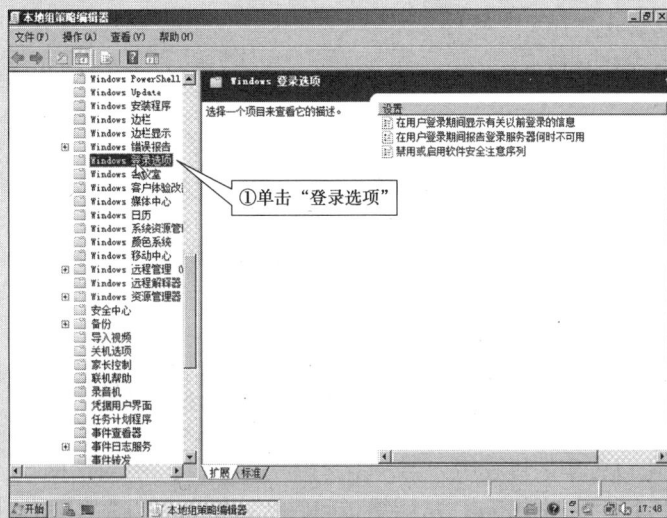

图 4.25　选中 Windows 登录选项

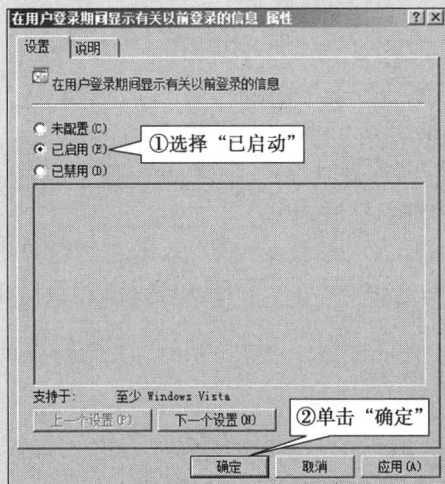

图 4.26　完成设置跟踪用户登录情况策略

【小结】

本任务主要介绍了在本地安全策略中如何设置自动关闭播放、新建路径规则和跟踪用户登录情况。

【练一练】

根据要求在服务器上设置如下安全策略以保护服务器的安全。

1. 为服务器设置强密码。

2. 防止胡乱登录服务器,3 次登录服务器密码错误则服务器锁定。

3. 在服务器上禁止使用 QQ 软件。

4. 跟踪所有用户登录情况。

【模块自测题】

一、应知(48 分)

1. 填空题(每题 2 分,总 16 分)

(1)在设置密码是应执行_____→"管理工具"→_____,打开"本地安全策略"对话框。

(2)设置密码第二步:选择_____下的_____。

(3)设置密码的复杂性,如果启用此密码必须符合以下最低要求:①_____;②_____。

(4)在用户权限设置实做过程中。第一步:打开_____对话框,展开_____,单击_____,在右窗口中双击"从网络访问此计算机",打开"从网络访问此计算机 属性"对话框。

(5)创建软件限制策略中,第一步:单击_____菜单,右击"Internet Explorer"选择_____。

(6)在"本地组策略配置系统安全"实做时,第一步:选择_____→_____,在打开的"运行"对话框中输入_____,打开_____。

(7)在"跟踪用户登录情况"实做时,第一步:打开_____,依次展开_____→_____→"Windows 组件",然后选中_____。

(8)在"跟踪用户登录情况"实做时,第二步:双击右侧窗口中的_____选项,打开_____对话框,然后选中_____单选按钮,最后单击_____按钮,完成设置。

2. 简答题(每题 2 分,总 32 分)

(1)如何进行一个用户密码的设置?

(2)如何设定账户锁定策略?

(3)"审核账户管理"设置用于确定是否对计算机上的每个账户管理事件进行审核。账户管理事件的示例包括什么?

(4)简述审核策略的:审核设置、潜在影响、漏洞。

(5)简述审核策略简介。

(6)简单介绍审核对象访问。

(7)账户管理事件包括什么?

(8)简述从网络访问此计算机,域控制器上的默认值。

(9)简述从网络访问此计算机,工作站和服务器上的默认值。

(10)简述拒绝本地用户本地登录设置。

（11）在使用"软件限制策略"时,使用什么规则来对软件进行标识?

（12）如何关闭自动播放?

（13）简述跟踪用户登录情况。

二、应会(52 分)

实操题

锐捷公司为了便于服务器的管理,在服务器中新建了一个名为"zhangsan"的用户账户,此用户账户为普通账户,专为公司管理人员查看服务器的资料使用,密码设置为"a'123456",此账户的密码仅限公司管理层知道。为了防止其他人无数次猜计算机上的用户账户密码,需要设置账户锁定阈值。

实验环境:Windows Server 2008 服务器一台,服务器中有管理员账户 Administrator 密码为"asc123456!@#"。普通用户账户"zhangsan"密码为"a'123456"。

架设文件服务器

文件服务器是一种器件,它的功能就是向服务器提供文件。它加强了存储器的功能,简化了网络数据的管理。它一则改善了系统的性能,提高了数据的可用性,二则减少了管理的复杂程度,降低了运营费用。文件服务器,具有分时系统文件管理的全部功能,提供网络用户访问文件、目录的并发控制和安全保密措施的局域网(LAN)服务器。

具体学习目标如下:

- 会安装文件服务器;
- 会设置资源共享;
- 会访问网络共享资源;
- 了解 NTFS 权限的类型;
- 理解多重 NTFS 权限;
- 理解 NTFS 权限的继承性;
- 会设置文件夹或文件的 NTFS 权限;
- 理解 NTFS 特殊权限;
- 会共享文件夹权限与 NTFS 文件系统的组合;
- 会启用磁盘配额;
- 会为特定的用户指定配额;
- 会删除磁盘配额项;
- 会导入和导出磁盘配额项。

任务一　文件服务器与资源共享

　　在计算机局域网中,以文件数据共享为目标,需要将供多台计算机共享的文件存放于一台计算机中,这台计算机就被称为文件服务器。

　　文件服务器具有分时系统管理的全部功能,能够对全网统一管理,能够提供网络用户访问文件、目录的并发控制和安全保密措施。

1. 安装文件服务器

　　单击"开始"菜单选择"管理工具",在选择"服务器管理器"窗口中单击"角色",单击添加"角色",选择安装文件服务器,如图5.1所示。

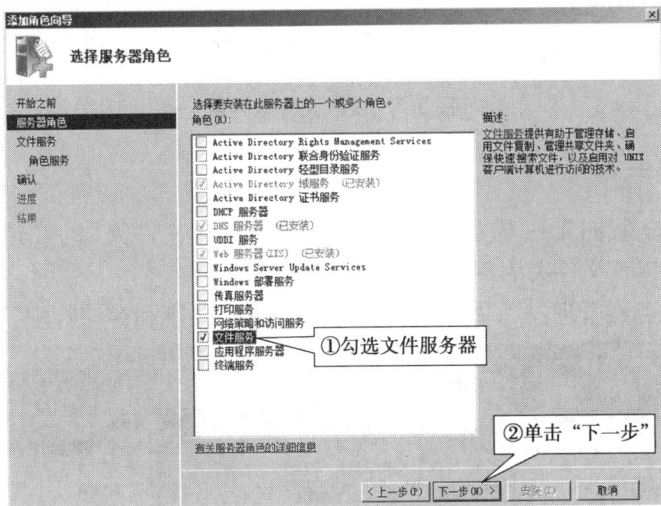

图5.1　选择文件服务器

　　在出现的"文件服务简介"界面中按图5.2所示操作。

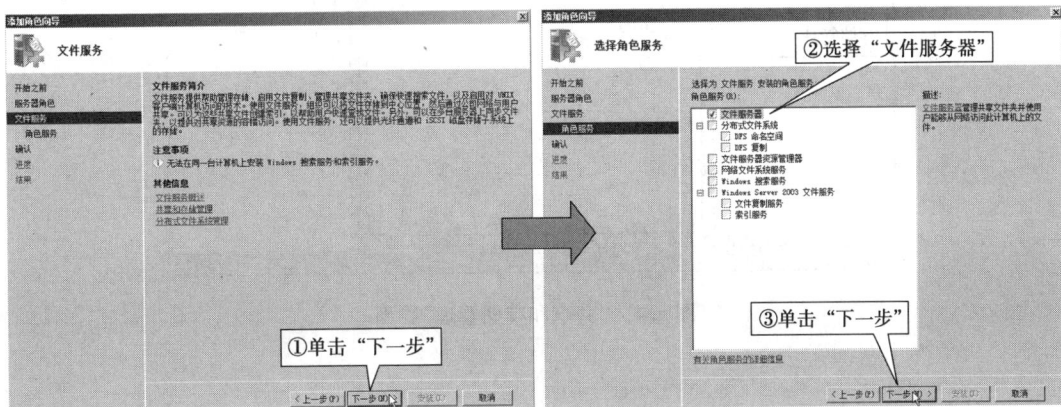

图5.2　勾选选择角色服务

在图 5.2 中单击"下一步"按钮后按图 5.3 所示操作。

图 5.3　安装文件服务器

2. 设置资源共享

为了便于测试,我们先在 C 盘下新建一个名为"共享文件夹"的文件夹作为测试文件夹,下面的操作都以该文件夹为例。

首先打开"服务器管理器",展开"文件服务",选择"共享和存储管理",如图 5.4 所示。

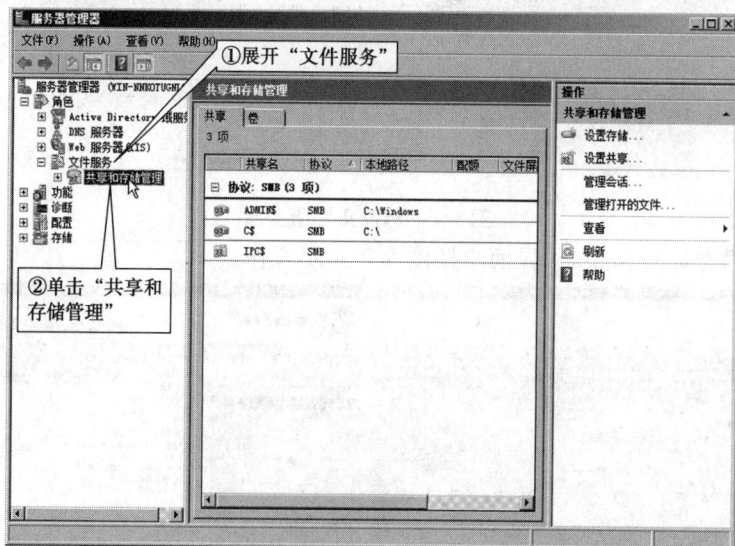

图 5.4　"共享和存储管理"界面

在"共享和存储管理"的右侧窗格中,单击"设置共享"命令,打开的"设置共享文件夹向导"如图 5.5 所示。

图 5.5 添加共享文件夹

在图 5.5 中单击"确定"按钮后按图 5.6 进行设置。

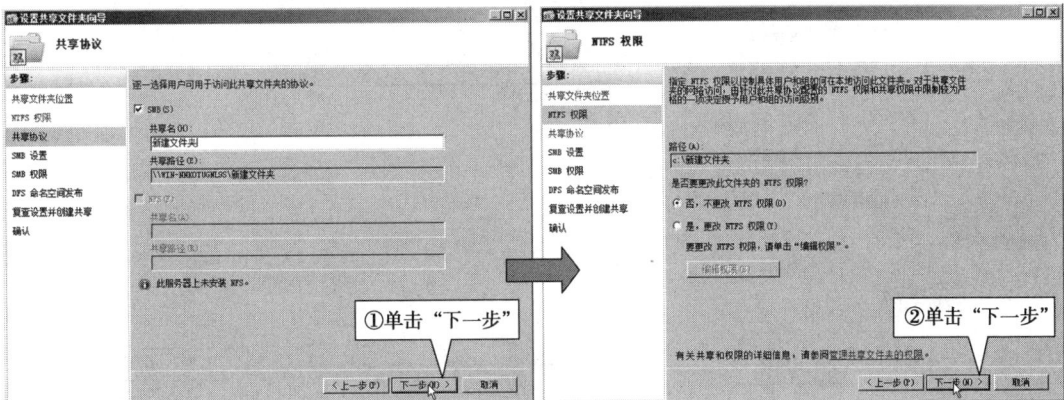

图 5.6 NTFS 权限和共享协议的设置

在图 5.6 中单击"下一步"按钮后按图 5.7 所示操作。

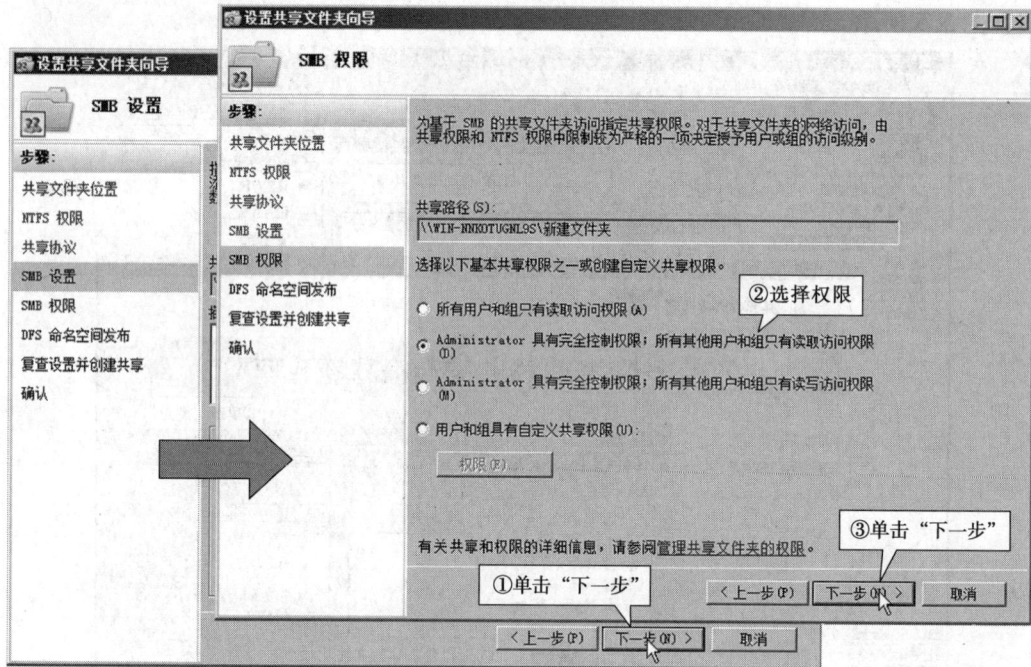

图 5.7　SMB 的设置和权限

在图 5.7 中单击"下一步"按钮后按图 5.8 所示操作完成共享设置。

图 5.8　完成共享

3.访问网络共享资源

在完成共享设置后,网络中的其他用户可以访问共享资源。访问网络共享资源的常见方式有如下 4 种:

(1)运行访问。在"运行"对话框中输入:"\\IP 地址"或"\\计算机名\共享文件夹名",然后单击"确定"按钮即可完成访问共享资源,如图 5.9 所示。

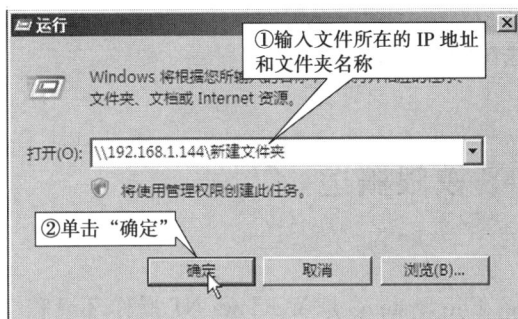

图 5.9　运行方式访问共享资源

(2)网络邻居访问。打开"资源管理器"单击"网上邻居"然后按图 5.10 所示操作。

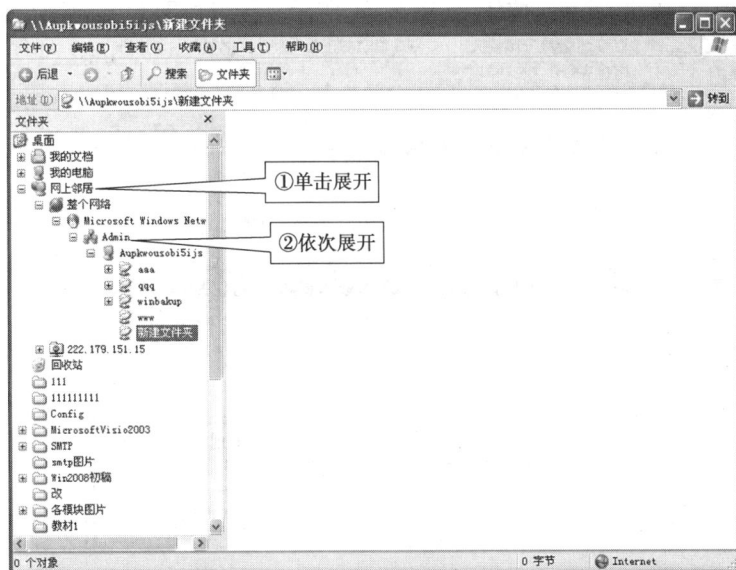

图 5.10　网上邻居方式访问

(3)浏览器访问。在浏览器的地址栏输入:"\\IP 地址"或"\\计算机名",然后按 Enter 键后即可访问。

(4)网络映射驱动器访问。右击"网上邻居"选择"映射网络驱动器",然后在"文件夹"对话框中输入"\\IP 地址"或"\\计算机名\共享文件名",然后单击"完成"按钮即可。然后在"资源管理器"窗口中就像操作本地磁盘那样操作。

【小结】

本任务主要介绍了安装文件服务器设置资源共享、远程访问资源共享等。

【练一练】

1. 安装文件服务器。
2. 设置资源共享文件。
3. 采用书中所述方法访问共享文件夹。

任务二　NTFS 权限概述

NTFS(New Technology File System)是 Windows NT 操作环境和 Windows NT 高级服务器网络操作系统环境的文件系统。

如果不想继承上一层文件夹的权限,可以进行如下操作,右击文件夹选择"属性",然后选择"安全"选项卡,单击"高级"按钮,如图 5.11 所示。接着按图 5.12 所示操作。

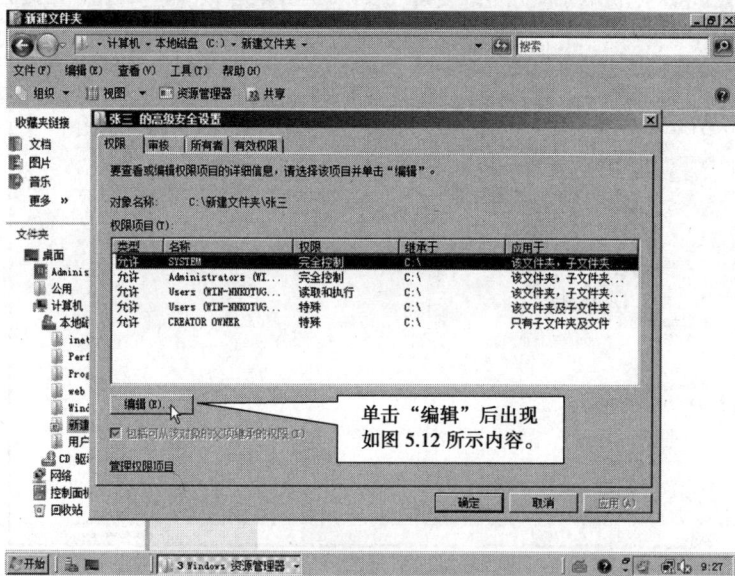

图 5.11　打开高级安全设置界面

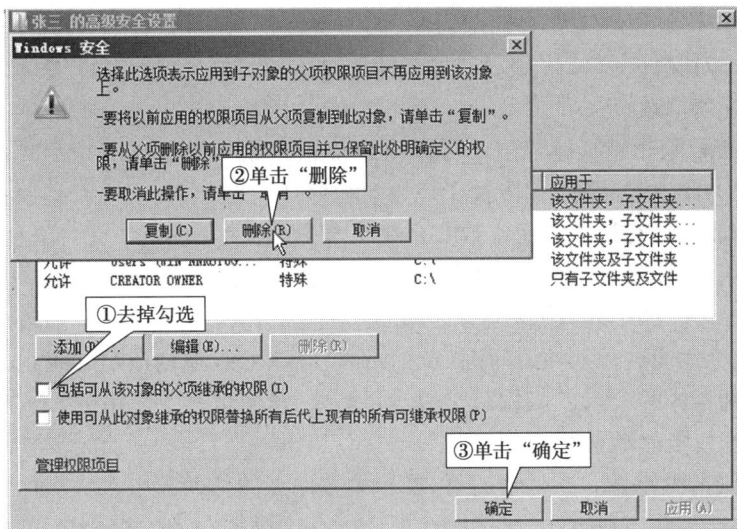

图 5.12 删除权限继承性

【知识链接】

1. NTFS 文件夹权限类型

(1)读取。此权限可以查看文件夹内的文件名称,子文件夹的属性。

(2)写入。可以在文件夹里写入文件与文件夹。更改文件的属性。

(3)列出文件夹目录。除了"读取"权限外,还有"列出子文件夹"的权限。即使用户对此文件夹没有访问权限。

(4)读取与运行。它与"列出文件夹目录"几乎相同的权限。但在权限的继承方面有所不同,"读取与运行"是文件与文件夹同时继承,而"列出子文件夹目录"只具有文件夹的继承性。

(5)修改。它除了具有"写入"与"读取与运行"权限,还具有删除,重命名子文件夹的权限。

(6)完全控制。它具有所有的 NTFS 文件夹权限。

2. 多重 NTFS 权限

如果将针对某个文件或者文件夹的权限授予了个别用户账号,又授予了某个组,而该用户是该组的一个成员,那么该用户就对同样的资源有了多个权限。关于 NTFS 如何组合多个权限,存在一些规则和优先权。除此之外,在复制或者移动文件和文件夹时,对权限也会产生影响。

(1)一个用户对某个资源的有效权限是授予这一组用户账号的 NTFS 权限与授予该用户所属组的 NTFS 权限的组合。例如,如果某个用户 A 对某个文件夹 W 有"读取"权限,该用户 A 是某个组 S 的成员,而该组 S 对该文件夹 Z 有"写入"权限,那么该用户 long 对该文件夹 folder 就有"读取"和"写入"两种权限。

（2）文件权限超越文件夹权限。NTFS 的文件权限超越 NTFS 的文件夹权限。例如，某个用户对文件有"修改"权限，那么即使对于包含该文件的文件夹只有"读取"权限，他仍然能够修改该文件。

（3）拒接权限超越其他权限。可以拒绝某用户账户或者组对特定文件或者文件夹的访问。为此，将"拒绝"权限授予该用户账号或者组即可。这样，即使某个用户作为某个组的成员具有访问该文件或文件夹的权限，但是因为将"拒绝"权限授予该用户，所以该用户具有的任何其他权限也被阻止了。因此，对于权限的累积规则来说，"拒绝"权限是一个例外。应该避免使用"拒绝"权限，因为允许用户和组进行某种访问比明确拒绝他们进行某种访问更容易做到。应该巧妙地构造组和组织文件夹中的资源，使各种各样的"允许"权限就足以满足需要，从而可避免使用"拒绝"权限。

3. NTFS 权限的继承性

（1）权限的继承性。默认情况下，授予父文件夹的任何权限也将应用于包含在该文件夹中的子文件夹和文件。当授予访问某个文件夹的 NTFS 权限时，就将授予该文件夹的 NTFS 权限授予了该文件夹中任何现有的文件和子文件夹，以及在该文件夹中创建的任何新文件的新的子文件夹。

如果想让文件夹或者文件具有不同于父文件夹的权限，必须阻止权限的继承性。

（2）阻止权限的继承，也就是阻止子文件夹和文件夹从父文件夹继承权限。为了阻止权限的继承，要删除继承来的权限，只保留被明确授予的权限。

被阻止从父文件夹继承权限的子文件夹现在就成为了新的父文件夹。包含在这新文件夹中的子文件夹和文件将继承授予它们的父文件夹的权限。

【小结】

本任务主要介绍了 NTFS 权限设置、多重 NTFS 权限以及 NTFS 权限的继承性。

【练一练】

1. 新建一个文件夹，创建一个用户，设置文件权限为只读权限。
2. 新建一个文件夹，设置该文件夹没有继承性。

任务三　设置 NTFS 权限

为了保护 NTFS 磁盘分区中的文件或文件夹，又能让用户可以顺利访问所需要的资源，需要把文件或文件夹的 NTFS 权限授予用户或用户组。我们以新建的"张三"文件夹为例，介绍设置文件夹的 NTFS 权限。

1. 设置文件夹或文件的 NTFS 权限

选中某账户,右击选择"属性"命令,打开账户属性对话框,如图 5.13 所示。

图 5.13 打开文件夹"属性"对话框

在图 5.13 中选择"安全"选项卡,然后按图 5.14 所示操作。

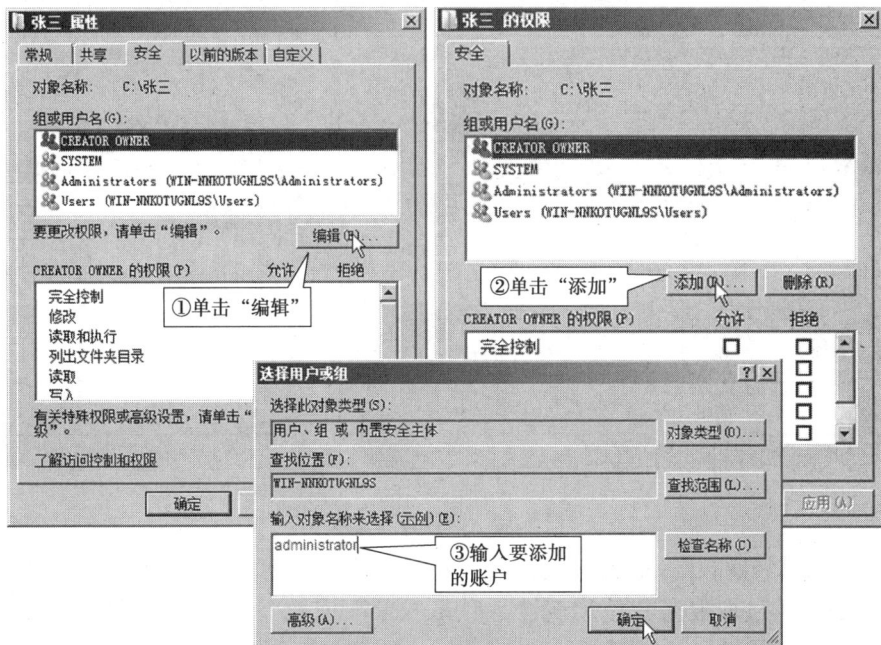

图 5.14 添加账户

也可以通过单击"高级"按钮,展开高级选项,单击"立即查找"按钮,在下方出现的"搜索结果"中选择用户或组名,然后单击"确定"按钮完成文件夹 NTFS 权限的设置。

2. NTFS 特殊权限

标准的 NTFS 权限通常能够提供足够的能力,用于控制对用户的资源访问,以保护用户的资源。但是,如果需要更为特殊的访问级别就可以使用 NTFS 的特殊访问权限。

在文件或文件夹属性的"安全"选项卡中单击"高级"按钮,打开"高级安全属性"对话框,单击"更改权限"按钮,然后再单击"编辑"按钮,打开如图 5.15 所示的"权限项目"对话框,可以更精确地设置用户的权限。

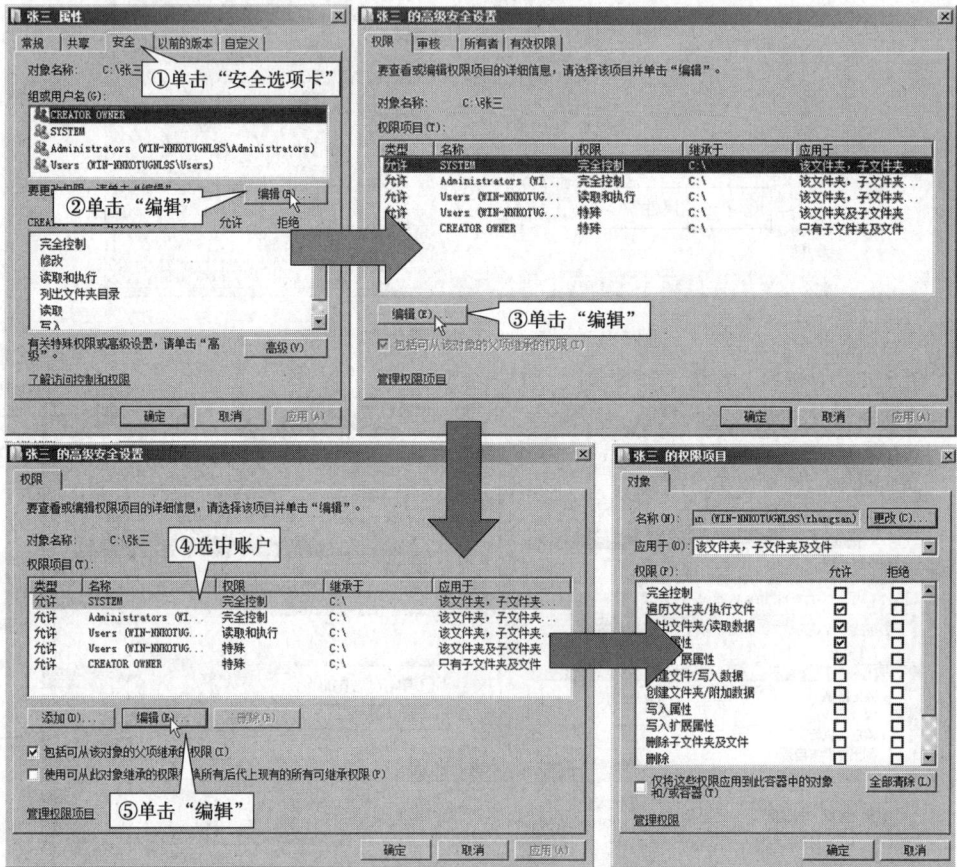

图 5.15 设置特殊权限

有 13 项特殊访问权限,把它们组合在一起就构成了标准的 NTFS 权限。例如,标准的"读取"权限包含"读取数据""读取属性""读取权限",以及"读取扩展属性"这些特殊访问权限。

3. 共享文件夹权限与 NTFS 文件系统权限的组合

若要有效的控制对 NTFS 磁盘分区上网络资源的访问,可以利用默认的共享文件夹权限共享文件夹,然后通过授予 NTFS 权限控制对这些文件夹的访问。当更新文件夹位于 NTFS 格式的磁盘分区上时,该共享文件夹的权限与 NTFS 权限进行组合,用以保护文件资源。

右击要设置共享文件夹权限的文件夹,选择"属性"命令,然后单击"共享"选项卡,在其中单击"高级共享"按钮,打开"高级共享"对话框,单击"权限"按钮,打开文件夹的权限对话框,即可在如图 5.16 中针对不同的用户设置不同的共享文件夹权限。

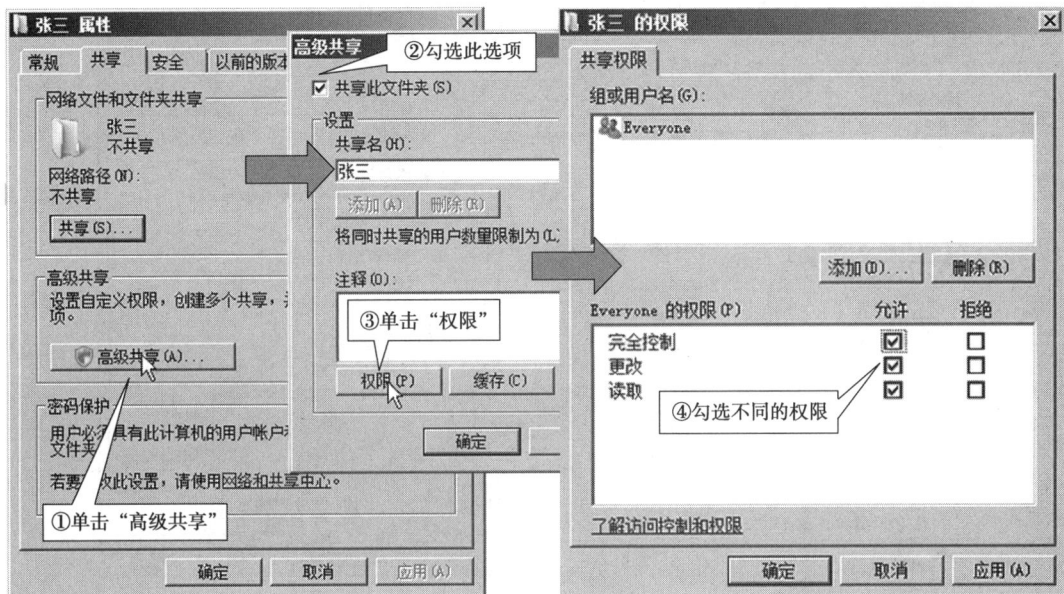

图 5.16 完成共享文件夹权限的设置

【小结】

本任务主要介绍了设置文件夹的 NTFS 权限、NTFS 特殊权限、更改权限、共享文件夹权限与 NTFS 文件系统权限的组合。

【练一练】

设置 NTFS 特殊权限。

任务四 管理磁盘配额

在计算机网络中,我们可以为访问服务器的客户机设置磁盘配额,也就是限制它们一次性访问服务器资源的卷空间数量。目的在于防止某客户机过量地占用服务器和网络资源,导致其他客户机无法访问服务器和使用网络。

1. 启用磁盘配额

右击需要启用磁盘配额的磁盘卷,选择"属性"命令,在打开的"属性"对话框中选择"配额"选项卡,然后勾选"启用配额管理"复选框,单击"确定"按钮。按图 5.17 所示操作。

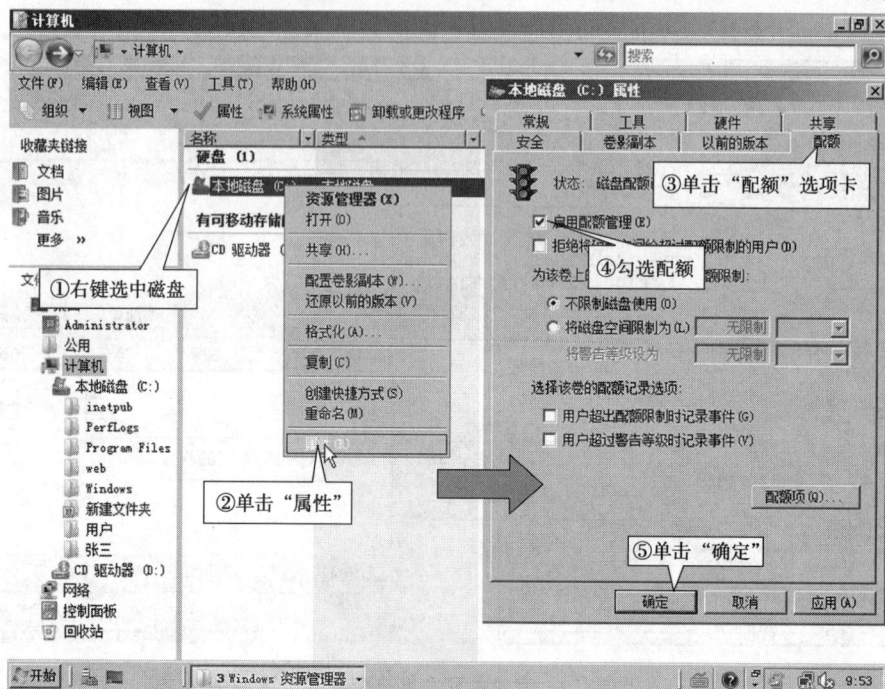

图 5.17　启用配额

友情提示

启用磁盘配额时,可以设置两个值:"磁盘配额限度"和"磁盘配额警告级别"。"磁盘配额限度"指定了允许用户使用磁盘空间容量。"磁盘配额警告级别"指定了用户接近其配额限度的值。

2. 为特定的用户指定配额

默认的磁盘配额不应用到现有的卷用户上,可以通过在"配额项目"对话框中添加新的配额项目,将磁盘空间配额应用到现有的卷用户上。

单击"配额项"按钮,打开磁盘的配额项界面,单击"配额"菜单,选择"新建配额项"如图 5.18 所示。

在打开的"选择用户"对话框的文本框中输入要指定的用户名,然后单击"确定"按钮,在打开的"添加新配额项"对话框中,可以根据需要为新添加的用户设置配额的限制,然后单击"确定"按钮完成指定用户配额的设置,如图 5.19 所示。

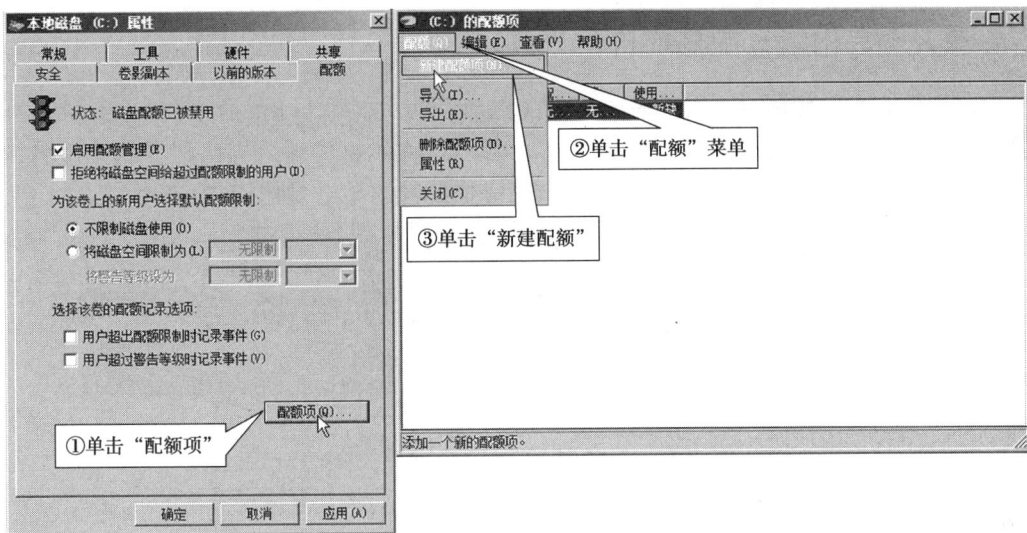

图 5.18 打开配额项界面

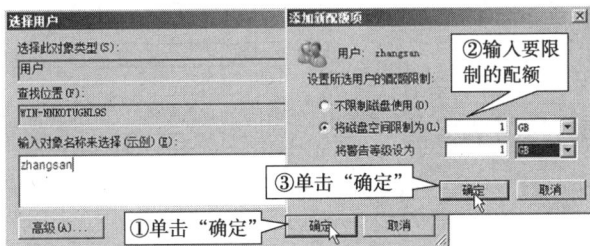

图 5.19 添加新用户

3. 删除磁盘配额项

若要删除不需要的磁盘配额配置,可以通过如下方法完成。

右击要删除的磁盘配额设置,在弹出的快捷菜单中选择"删除"命令,在弹出的提示对话框中单击"是"按钮,完成配额项的删除,如图 5.20 所示。

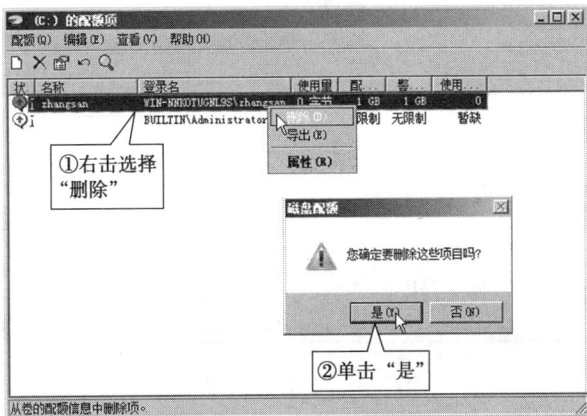

图 5.20 完成配额项的删除

4. 导入和导出磁盘配额项目

（1）导出磁盘配额项目。右击需要导出的磁盘配额，选择"导出"命令，在弹出的"导出配额设置"对话框中，单击"浏览文件夹"，在"文件名"文本框中输入导出配置的文件名，然后选择导出文件的保存路径，单击"保存"按钮，完成配额的导出，如图 5.21 所示。

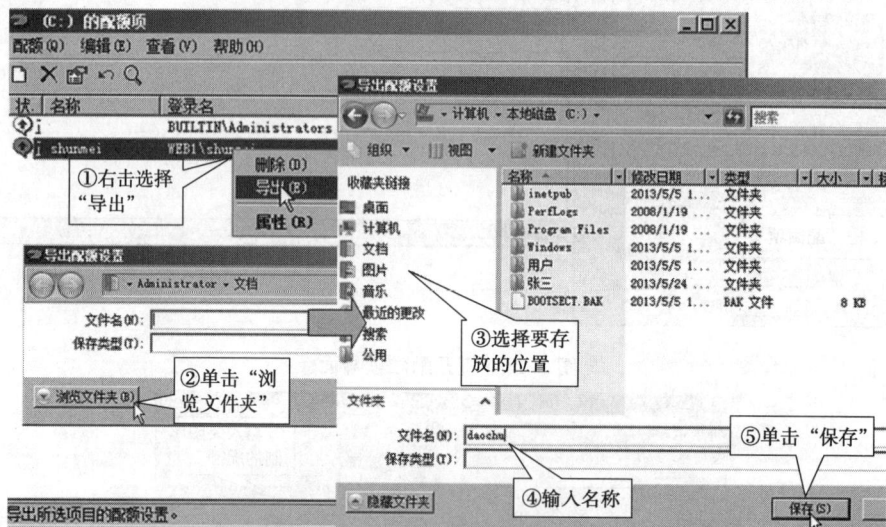

图 5.21　执行导出命令

（2）导入磁盘配额项目。单击"配额"菜单，选择"导入"命令，在弹出的"导入配额设置"对话框中，选择需要导入的配额项目，然后单击"打开"按钮，完成配额项目的导入，如图 5.22 所示。

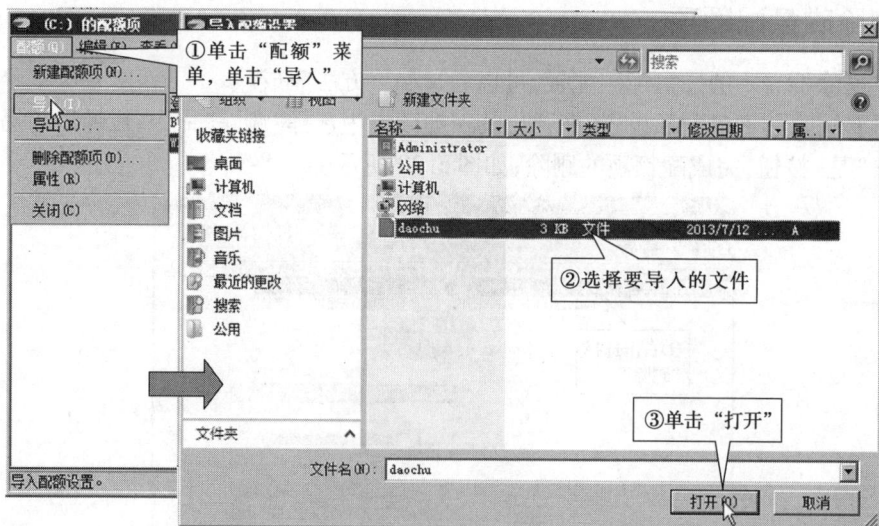

图 5.22　执行导入命令

【小结】

本任务主要介绍了管理磁盘配额、为特定的用户指定配额、删除磁盘配额项、导入和导出磁盘配额项目。

【练一练】

配置 C 盘的磁盘配置。

【模块自测题】

一、应知(80 分)

1.填空题(每题 5 分,总 40 分)

(1)文件服务器是一种器件,它的功能就是向服务器提供_____。它加强_____功能,简化了_____的管理。

(2)文件服务器具有_____的全部功能,能够对全网统一_____,能够提供_____访问文件、目录的并发控制和安全保密措施。

(3)在计算机局域网中,以文件_____为目标,需要将供多台计算机共享的文件存放于一台计算机中。这台计算机就被称为_____。

(4)NTFS 文件夹的权限有:读取、_____、修改、_____。

(5)NTFS 文件夹权限类型有:_____、写入、_____、_____、修改、_____。

(6)某用户拥有 A 文件夹的"修改"权限,用户对该文件夹有:重写入、_____或_____。

(7)带去卷又称为_____技术;RAIDI 又称为_____卷;RAID5 又称为_____卷。

(8)当启动磁盘配额时,可以设置两个值:磁盘配额限制和_____。

2.简答题(每题 20 分,总 40 分)

(1)文件服务器的主要功能是什么?

(2)简述安装文件服务器的过程。

二、应会(20 分)

实操题

在 C 盘中新建名为"共享"的文件夹,在该文件夹下方新建名为"电影"和"音乐"的子文件夹,将"共享"文件夹设置为共享文件夹,只允许 Administrators 组的用户远程访问,允许 Users 组和 Administrators 组的用户本地访问,Users 组的用户能使用 C 盘 1 G 的空间,Administrators 组的用户能使用 C 盘 5 G 的空间。

模块六

架设 DHCP 服务器

众所周知,IP 地址是主机在网络中的重要标识,IP 地址的获得方式有 3 种:

• 人工分配,获得的 IP 也叫静态地址,网络管理员为某些少数特定的在网计算机或者网络设备绑定固定 IP 地址,且地址不会过期。

• 自动分配,其情形是:一旦 DHCP 客户端第一次成功地从 DHCP 服务器端租用到 IP 地址之后,就永远使用这个地址。

• 动态分配,当 DHCP 客户端第一次从 DHCP 服务器端租用到 IP 地址之后,并非永久地使用该地址,只要租约到期,客户端就得释放这个 IP 地址,以给其他工作站使用。当然,客户端可以比其他主机更优先的更新租约,或是租用其他的 IP 地址。

伴随着局域网组网规模的逐步扩大,局域网中的计算机数量也是不断增多,不少网络管理员为了快速为计算机分配 IP 地址,一般都会选择在局域网中架设 DHCP 服务器,为局域网中的每一台计算机自动分配动态 IP 地址。

具体学习目标如下:

• 认识 DHCP 服务器;
• 掌握 DHCP 服务器的安装、配置;
• 掌握 DHCP 服务器的运行维护。

任务一　认识 DHCP 服务器

1. DHCP 简介

在基于 TCP/IP 通信协议的网络中,每一台工作站都至少需要一个 IP 地址,才能与局域网中的其他工作站连接通信。为了便于统一管理和规划局域网网络中的 IP 地址,DHCP 服务便应运而生。所谓 DHCP,其实是 Dynamic Host Configure Protocol 的缩写,它的中文含义叫动态主机配置协议。该协议是一种客户端—服务器技术,该技术允许 DHCP 服务器将其地址池中的 IP 地址自动分配给局域网中的每一台工作站,也允许局域网中的服务器租用其中的预留 IP 地址。

对于包含工作站数量比较多的单位网络来说,在更换或修改 IP 地址的时候,我们只需在 DHCP 服务器系统中,对它的作用域参数进行一下更改,就能自动更新 DHCP 客户端中的 IP 地址参数,而不需要在每一台工作站上分别执行 IP 地址变更操作,那样一来就能有效降低单位局域网管理员的网络管理工作量,因为局域网中的所有工作站 IP 地址都被保存在 DHCP 服务器主机上的一个数据库中。

2. 使用 DHCP 的情况

需要使用 DHCP 的情况包括以下 3 种:

- 网络规模较大,网络中需要分配 IP 地址的主机很多,特别是要在网络中增加和删除网络主机或要重新配置网络时,使用手工分配工作量很大,而且常常会因为用户不遵守规则而出现错误,如 IP 地址冲突等。
- 网络中的主机多,且 IP 地址不够用的情况。
- 笔记本电脑多,且经常在不同网段间移动办公。

3. DHCP 租赁过程

DHCP 客户机登录网络→DHCP 客户机发送 DHCP Discover 报文→当 DHCP 服务器监听到客户端发出的 DHCP Discover 广播后,它会从那些还没有租出的地址范围内,选择最前面的空置 IP,连同其他 TCP/IP 设定,响应给客户端一个 DHCP Offer 封包(其中包含 DHCP 客户机的 MAC 地址)→客户机接受 IP 租约并向网络发送一个 DHCP Request 广播封包,告诉所有 DHCP 服务器它将指定接受哪一台服务器提供的 IP 地址→DHCP 服务器接收到客户端的 DHCP Request 之后,会向客户端发出一个 Dhcpack 响应,以确认 IP 租约的正式生效,也就结束了一个完整的 DHCP 工作过程。DHCP 的整个租赁过程如图 6.1 所示。

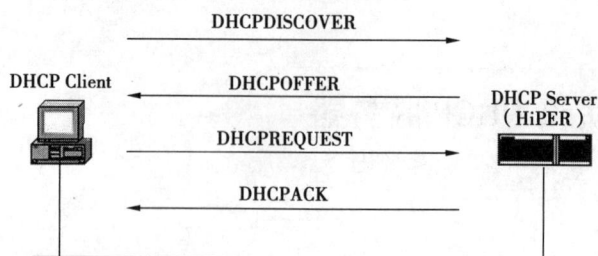

图 6.1　DHCP 工作过程示意图

4. IP 租约的更新与释放

当 DHCP 客户端获取到一个 IP 地址后,并不代表可以永久使用这个地址,而是有一个使用期限,在 DHCP 中被称为租约期限,默认是自客户端成功获取之时算起,往后再推 8 天。其实除了这个 8 天的时间外,在有效的租约期限内,还包含着两个时间点,第四天和第七天,也就是租约的一半和租约的 7/8。

我们再来打个比方。如果客户端在 1 月 1 日 0 时成功获取到一个 IP 地址,那么在 DHCP 管理器上就可以看到这条租约信息,对应的租约截止日期就是 1 月 9 日 0 时。当日期到默认租期的一半时,也就是第四天的时候,客户端会向 DHCP 服务器发送一个 DHCP Request 的数据包,目的是请求更新自己的租约。如果 DHCP 服务器正常且响应了此请求,那么就会返回一个 DHCP ACK 的数据包,这表示续约成功。比如 1 月 5 日时,客户端提出续约申请,当 DHCP 服务器正常响应后,这台客户端的 IP 过期时间将延至 1 月 13 日,因为他是在 5 号提出的申请,判断是否续期和过期是以 DHCP 服务器上时间为准。将租期计算用图形的形式展现出来,如图 6.2 所示。

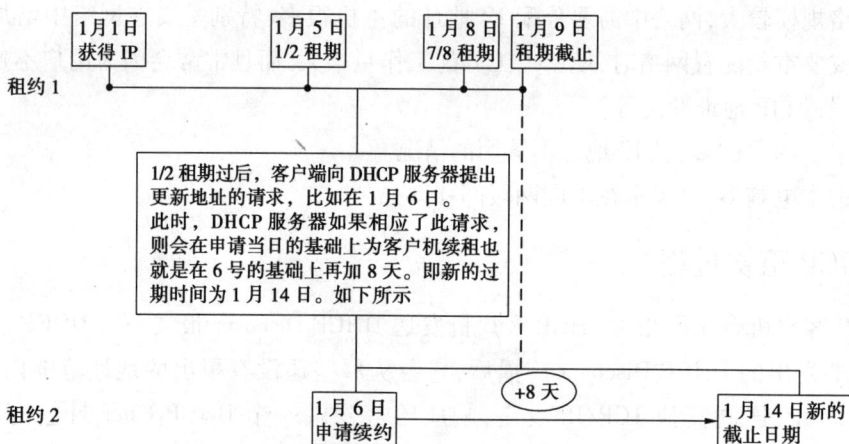

图 6.2　租期时间计算

如果第一次没有续约成功,到了租期的 7/8 时,还会重复一次申请续约的过程。如果成功,新的租期自然是在申请日期的基础上加 8 天,以此类推。DHCP 客户端获取到一个 IP,只要是续约的时候都顺利,那么它会一直使用这个 IP 地址,除非这个 IP 被排除或者被保留等。

如果在 1/2 租期申请更新,但没有得到 DHCP 的响应,怎么办? 比如这个 IP 被从作用域中移除,那么 DHCP 服务器会返回给客户端一个 DHCP Nack 的数据包。客户端收到这个数据包后会发送 Discover 的包查询,如果还是没得到回复,它就会继续使用原有的 IP 地址,当到 7/8 租期时间时就会再次申请租约更新。如果依然没有得到正确的回应,那只能得到租期截止之后重新申请 IP 地址了。

这里再介绍一下和 DHCP 相关的两个常用的命令:ipconfig/release 和 ipconfig/renew。

当由于某些网络原因导致 IP 地址没能及时同步时,可以先用 ipconfig/release 命令将当前的 IP 地址和其他配置信息释放掉。此时客户端会利用单播的方式向 DHCP 发送 DHCP Release 数据包,目的是告诉 DHCP 服务器客户端要释放这个 IP。

如果有多网卡,但只想释放某一张网卡,只需要在命令后面加上网卡的名称即可,比如 ipconfig/release"本地连接 1"。命令运行完后,客户端的 IP 地址等信息会被重置为 0.0.0.0。

再利用 ipconfig /renew 命令向 DHCP 服务器重新获取一个 IP。多半情况下,都会获得和原来相同的 IP,主要是因为在申请新 IP 时,发送的 DHCP Discover 数据包中包含了上一次获取到的 IP,如果这个 IP 没有被指派出去,那么依然会重新分配给这台客户端。再者就要看 DHCP 客户端数量了,数量多意味着 DHCP 请求多。

【小结】

本任务主要介绍 DHCP 服务器,使用 DHCP 服务器的情况,DHCP 服务器租赁、更新、释放的过程。

任务二　安装和配置 DHCP 服务器

某公司由于网络规划不合理,经常出现地址冲突,导致计算机无法访问网络,因此为了有效地管理地址,要安装 DHCP 服务器。

1. 安装 DHCP

单击"开始"→"管理工具"→"服务器管理器",在"服务器管理器"窗口中选择"角色"→单击"添加角色"链接,如图 6.3 所示。后续操作如图 6.4 至图 6.11 所示。

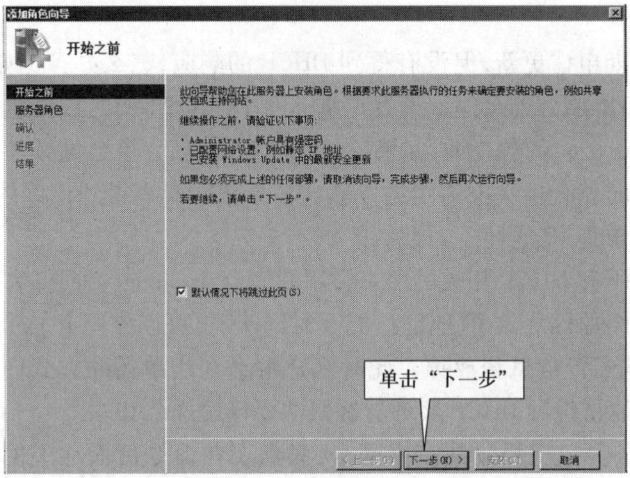

图 6.3　添加角色向导(1)——开始之前

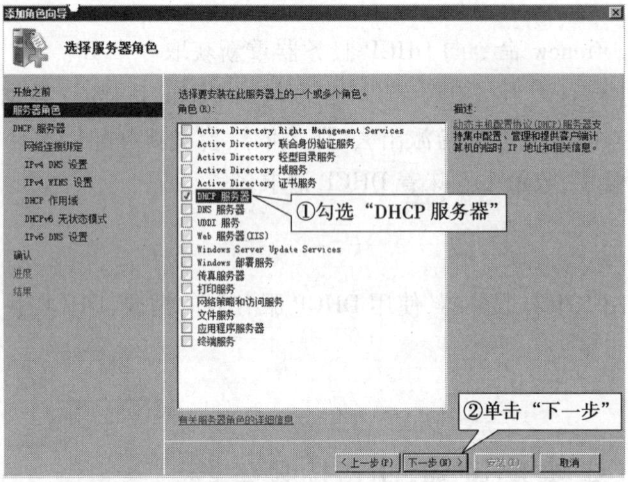

图 6.4　添加角色向导(2)——选择 DHCP 服务器

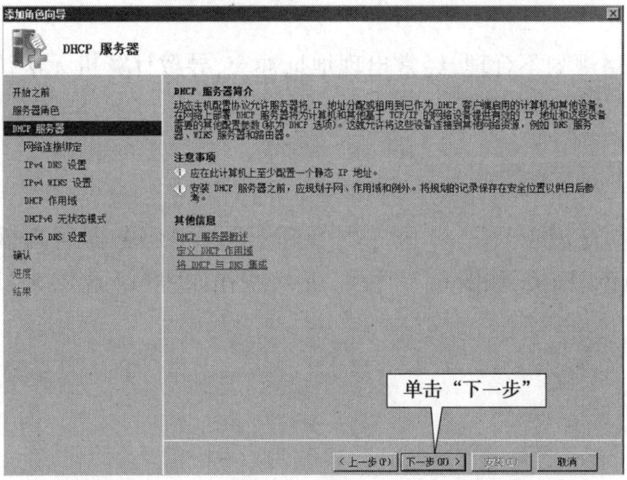

图 6.5　添加角色向导(3)——DHCP 服务器简介

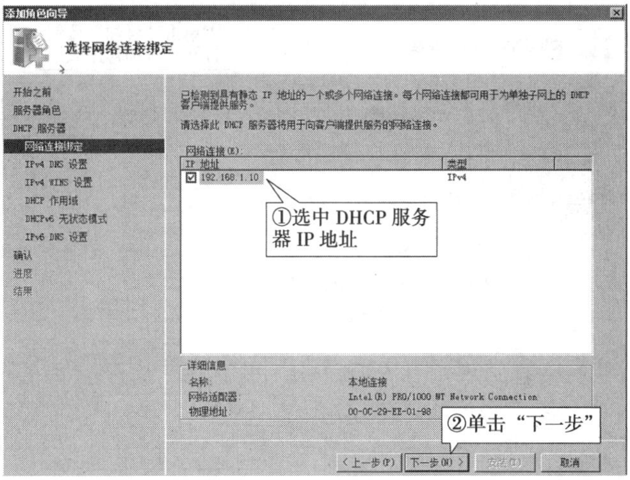

图 6.6 添加角色向导(4)——选择 DHCP 服务器的 IP 地址

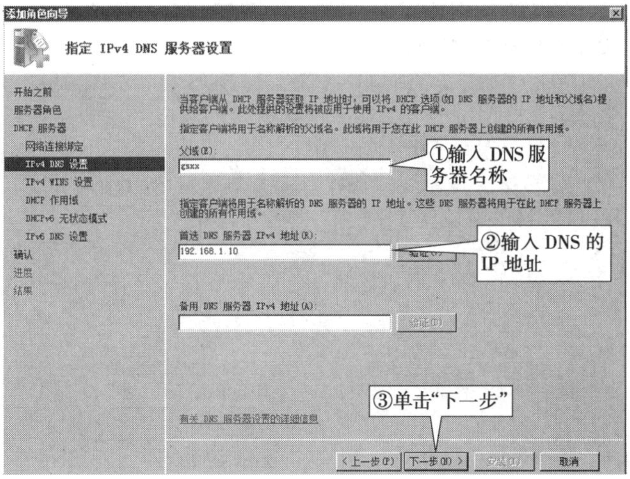

6.7 添加角色向导(5)——设置 DNS 服务器名称和 IP 地址

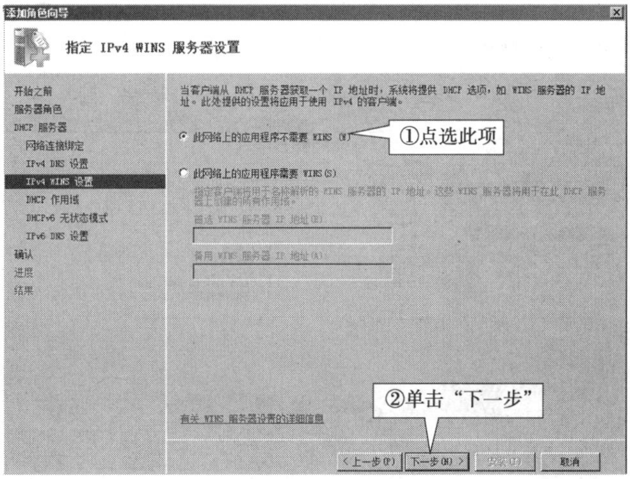

图 6.8 添加角色向导(6)——设置 WINS 服务器

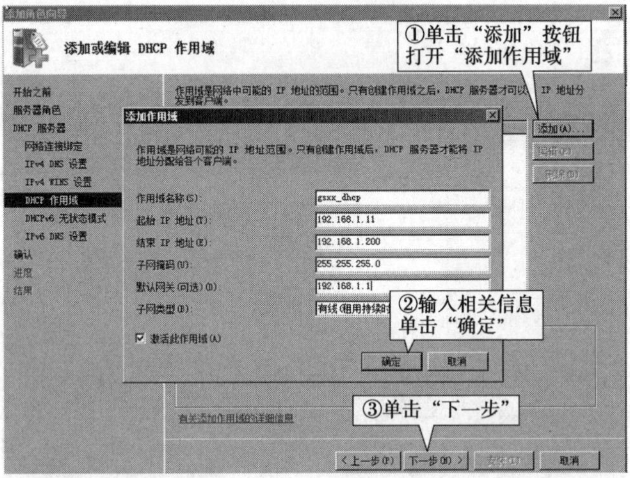

图 6.9　添加角色向导(7)——添加或编辑 DHCP 作用域

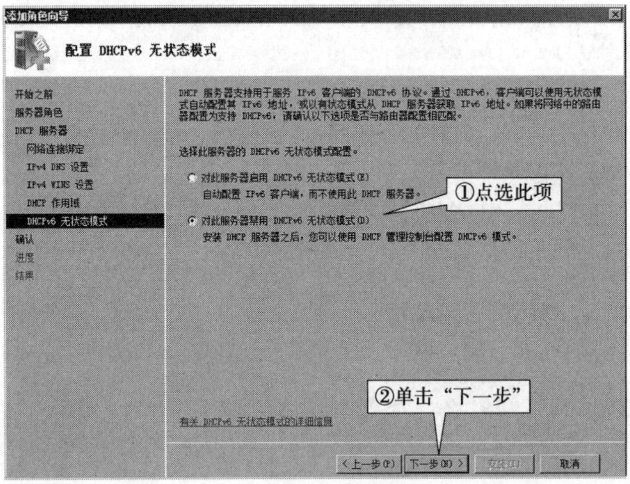

图 6.10　添加角色向导(8)——设置 DHCPv6 状态模式

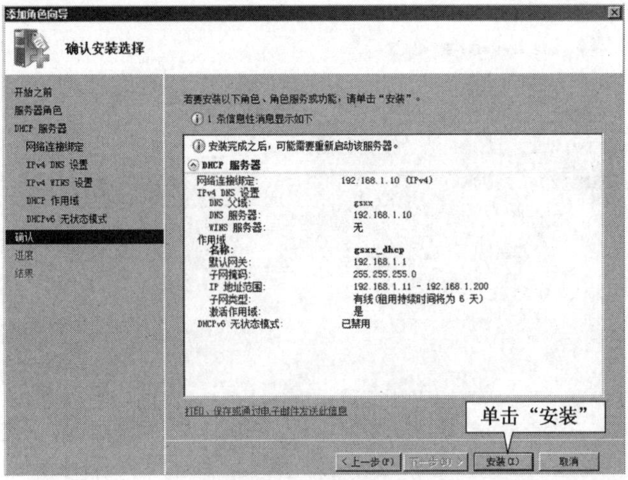

图 6.11　添加角色向导(9)——确认安装信息

2. 配置 DHCP

（1）新建作用域。单击"开始"→"管理工具"→"DHCP"，按图 6.12 所示操作。

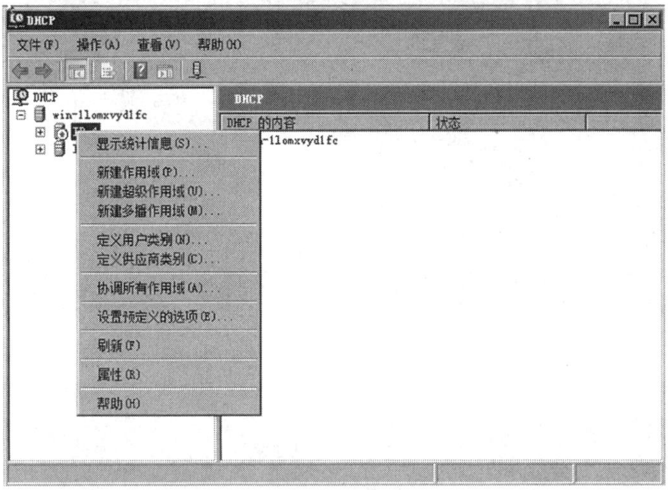

图 6.12 新建 DHCP 作用域

（2）配置 DHCP 客户端。DHCP 客户端的配置非常简单，只需将客户机的本地连接属性设置为自动获取 IP 地址和自动获取 DNS 地址即可。

（3）验证。这里介绍用命令方式查看、释放和重新获取 IP 地址的方法。单击"开始"→"运行"，在运行窗口中输入命令"CMD"，打开命令窗口如图 6.13 所示。

图 6.13 命令窗口

查看获取到得 IP 地址。在命令提示符后输入命令：ipconfig，按回车键，可查看本机租用得到的 IP 地址及其他信息，如图 6.14 所示。

释放 IP 地址。在命令提示符后输入命令：ipconfig/release，按回车键，可释放所获得的 IP 地址。如图 6.15 所示。

重新获取 IP 地址。在命令提示符后输入命令：ipconfig/renew，按回车键，可重新向 DHCP 服务器获取 IP 地址，如图 6.16 所示。

图 6.14　查看本机获取的 IP 地址

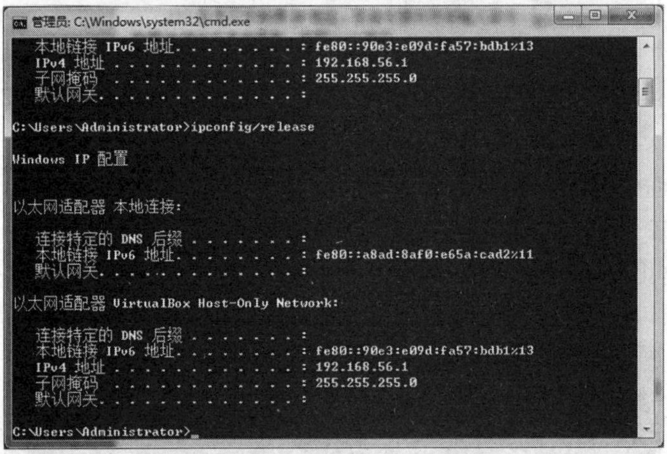

图 6.15　释放 IP 后的信息

图 6.16　重新获取 IP 后的信息

3.超级作用域配置

超级作用域是 DHCP 服务中一种管理功能,通过 DHCP 可以将多个作用域组合为单个管理实体。配置超级作用域可以根据向导配置,如图 6.17 至图 6.22 所示。

图 6.17　新建超级作用域(1)

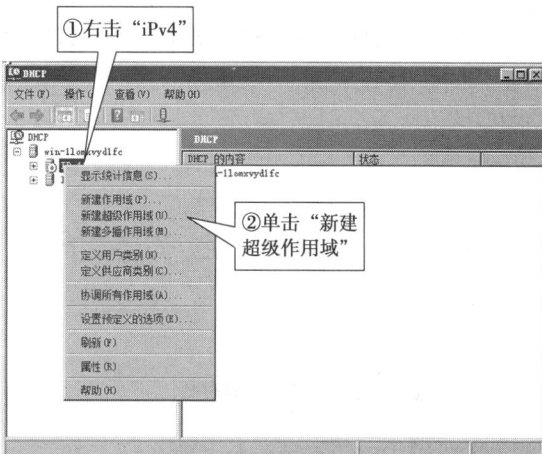

图 6.18　新建超级作用域(2)

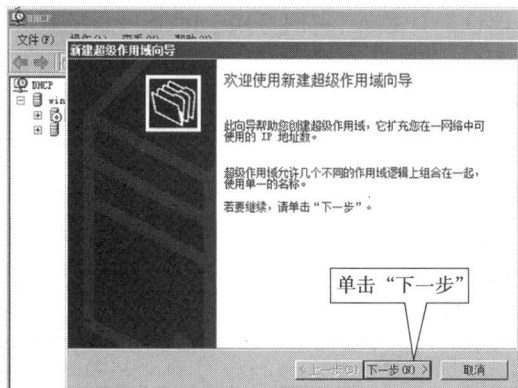

图 6.19　新建超级作用域(3)

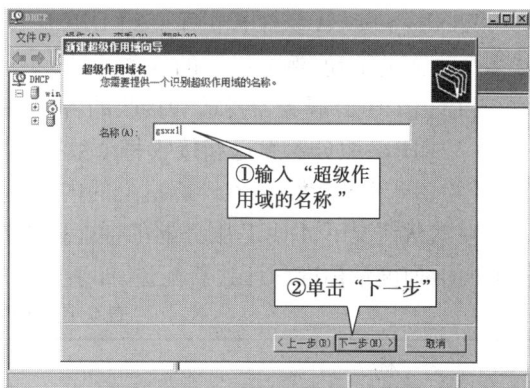

图 6.20　新建超级作用域(4)

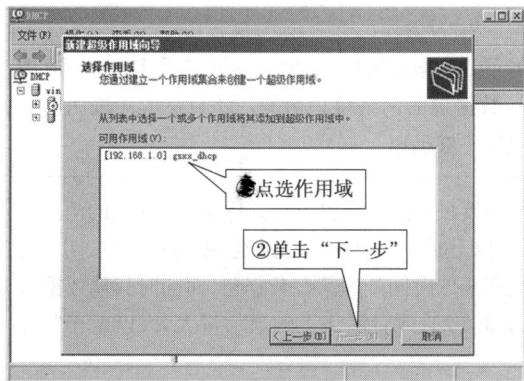

图 6.21　新建超级作用域(5)

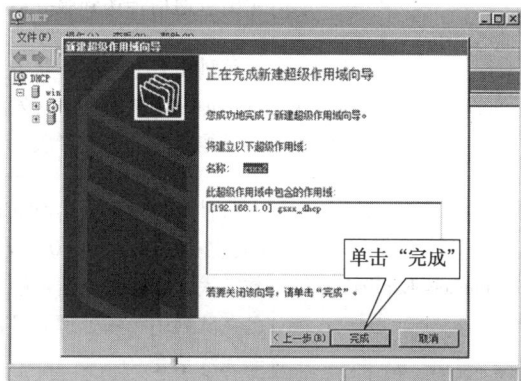

图 6.22　新建超级作用域(6)

【小结】

本任务主要介绍 DHCP 服务的安装、配置及测试的操作方法。

【练一练】

小王是某公司内维护 Windows Sever 2008 服务器的管理员，现在为了保证公司内员工可以正常的获取 IP 地址，小王准备为公司搭建一台 DHCP 服务器，请你帮助配置服务器和客户机。

任务三　DHCP 服务器的运行维护

1. 监视 DHCP 服务器

由于 DHCP 服务器在大多数环境下都起到极为重要的作用，因此监视它们的性能可帮助诊断服务器性能的情况。

Windows Server 家族提供了一组 DHCP 服务器性能计数器，它们可用于度量和监视服务器多个方面的活动，例如以下的这些活动：

（1）由 DHCP 服务器发送和接收的各种 DHCP 消息。

（2）DHCP 服务器发送和接收每个数据包所花费的平均处理时间。

（3）由于 DHCP 服务器计算机上的内部延迟而丢弃的数据包数量。

在默认情况下，DHCP 服务器的性能监视在安装 DHCP 服务组件之后便可使用。DHCP 性能由下列度量标准和计数器衡量，如表 6.1 所示。

表 6.1　DHCP 性能指标

名　　称	描　　述
Packets Received/sec	每秒由 DHCP 服务器接收的消息数据包数量。大数字表示有大量的 DHCP 相关消息通信传送到服务器
Duplicates Dropped/sec	每秒由 DHCP 服务器丢弃的重复数据包数量。这个数字可能受多个 DHCP 中继代理或者向服务器转发同一数据包的网络接口影响。此数字太大表明客户端可能超时太快或者服务器响应不够迅速
Packets Expired/sec	每秒钟内过期并由 DHCP 服务器丢弃的数据包数量。与 DHCP 相关的消息数据包在内部排队达 30 s 或 30 s 以上时，服务器将该数据包视为陈旧和过期。此数字太大表明服务器可能需要很长的时间处理某些数据包，而同时其他数据包已在队列中等候处理而且正逐渐变旧；或者网络上的通信量太大，以至于服务器无法承受

续表

名 称	描 述
Milliseconds per packet（Avg.）	DHCP 服务器用来处理它所接收的每个数据包的平均时间(以 ms 计)。这个数字因服务器硬件及其 I/O 子系统而有所不同。突然性的或异常的增加可能表明有问题存在,要么是由于 I/O 子系统变慢,要么是由于服务器计算机上内在的处理开销引起
Active Queue Length	DHCP 服务器内部消息队列的当前长度。这个数字等于服务器所接收的未处理消息的数量。大数字可能表示大量的服务器通信
Conflict Check Queue Length	DHCP 服务器的冲突检查队列的当前长度。在 DHCP 服务器执行地址冲突检测时,该队列保留没有响应的消息。此数字太大可能表明"冲突检测尝试"设置得太高或者服务器上有过多的租约通信
Discovers/sec	服务器每秒接收到的 DHCP 发现消息(DHCPDISCOVER)的数量。这些消息由客户端在网络上启动并获得新地址租约时发送。突然性的或异常的增加表示大量的客户端正试图初始化并从服务器上获得 IP 地址租约,例如在给定的时间内启动大量的客户端
Offers/sec	DHCP 服务器每秒发送给客户端的 DHCP 提供消息(DHCPOFFER)的数量。这个数字突然或异常增加表示在服务器上有大量的通信量
Requests/sec	DHCP 服务器每秒从客户端接收到的 DHCP 请求消息(DHCPREQUEST)的数量。这个数字突然或意外增加表示大量客户端正试图向 DHCP 服务器续订租约。这可能表示作用域租约期限太短
Informs/sec	DHCP 服务器每秒接收到的 DHCP 信息消息(DHCPINFORM)的数量。当 DHCP 服务器查询企业根目录服务以及当服务器代表客户端进行动态更新时使用 DHCP 通知消息
Acks/sec	DHCP 服务器每秒向客户端发送的 DHCP 确认消息(DHCPACK)的数量。这个数值突然或异常增加表示 DHCP 服务器正续订大批客户端。这可能表示作用域租约期限太短
Nacks/sec	DHCP 服务器每秒向客户端发送的 DHCP 否定确认消息(DHCPNAK)的数量。非常高的数值可能表明在服务器或客户端错误配置情况下存在潜在的网络问题。如果服务器被错误配置,一个可能的原因是由于停用的作用域。对于客户端,在子网之间移动计算机(例如便携机或其他的移动设备)可能导致很高的数值

续表

名　称	描　述
Declines/sec	DHCP 服务器每秒从客户端接收到的 DHCP 拒绝消息（DHCPDECLINE）的数量。很高的数值表示有多个客户端已发现其地址冲突，这可能表示网络有问题。在这种情况下，启用 DHCP 服务器上的冲突检测可能会有帮助。这只能临时使用。一旦返回到正常状态，就应该将其关闭
Releases/sec	DHCP 服务器每秒从客户端接收的 DHCP 释放消息（DHCPRELEASE）数量。这个数值仅在 DHCP 客户端向服务器发送释放消息时才存在。这可能是手动产生的，例如，在客户端上使用 ipconfig 命令。如果客户端被配置为使用"关机时释放 DHCP 租约"选项，那么它也可能发送释放消息。因为客户端很少释放其地址，所以对于许多 DHCP 网络配置来说，该计数器的值很低

启动性能监视器的操作方法与步骤如图 6.23 所示。

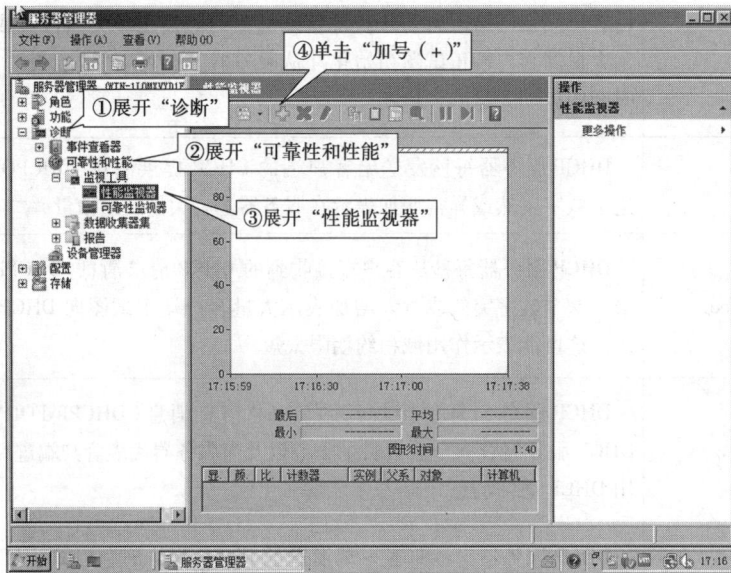

图 6.23　启动 DHCP 服务性能监视

启动后 DHCP 性能监视如图 6.24 所示。

2. DHCP 服务器的数据维护

（1）DHCP 数据库。对于 DHCP 服务器可存储的记录数量没有规定的限制。数据库的大小取决于网络上的 DHCP 客户端数量。随着客户端在网络上的启动和停机，DHCP 数据库将随着时间推移而不断增大。

DHCP 数据库的大小不与活动客户端租约的个数直接成比例。随着时间的推移，由于某些 DHCP 客户端项目过时而被删除，因此留下一些不再使用的空间。

为恢复可用的空间，DHCP 数据库会被压缩。从 Windows NT Server 4.0 开始，动态数据库压缩会作为空闲时间内或数据库更新后的自动后台进程在 DHCP 服务器上执行。

图 6.24　DHCP 性能监视

（2）DHCP 数据库文件。Windows Server 2008 的 DHCP 服务器数据库在安装 DHCP 服务时,将自动在 System32\Dhcp 目录中创建图 6.25 中显示的文件。

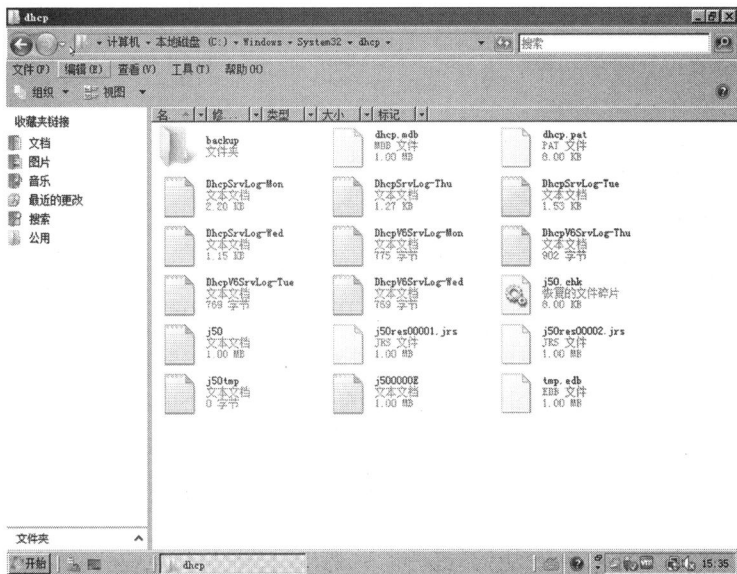

图 6.25　DHCP 文件夹

DHCP 服务器数据库是一种动态数据库,它在 DHCP 客户端得到地址或者释放自己的 TCP/IP 配置参数时被更新。因为 DHCP 数据库不是像 WINS 服务器数据库那样的分布式数据库,所以维护 DHCP 服务器数据库更简单。

DHCP 数据库及相关注册表项以特定的时间间隔自动备份(安装时默认值为 60 min)。可以通过更改下列注册表项"HKEY_LOCAL_MACHINE\SYSTEM\CurrentControlSet\Services\DHCPServer\Parameters"中"BackupInterval"的值来更改这个默认值。

3. DHCP 服务器的迁移

当网络中因为某种原因需要将原来的 DHCP 服务器停用,然后使用一台新的服务器将其替代。这个时候就需要将原来的 DHCP 服务迁移到新的服务器上。

(1)DHCP 服务器数据库的备份。在 DHCP 控制台中右击 DHCP 服务器的名称,在弹出的菜单中选择"备份"命令,这样会打开一个"浏览文件夹"窗口,默认情况下即保存在"C:\windows\system32\dhcp\backup\"文件夹中,当然我们也可以指定其他文件夹进行保存,选择好备份位置后单击"确定"按钮完成备份。默认的备份文件名为"dhcpcfg"。将 Backup 文件夹做好备份。然后在"运行"窗口中输入"Regedit"并回车打开注册表编辑器,依次展开"HKEY_LOCAL_MACHINE\SYSTEM\CurrentControlSet\Services\DHCPServer",再打开"文件"菜单,选择"导出"命令(如图 6.26),将当前分支导出。默认保存位置在"文档"文件夹中,这里给出的文件名是:dhcp.reg。做好这些工作后,将原来的 DHCP 服务停用并卸载即可。

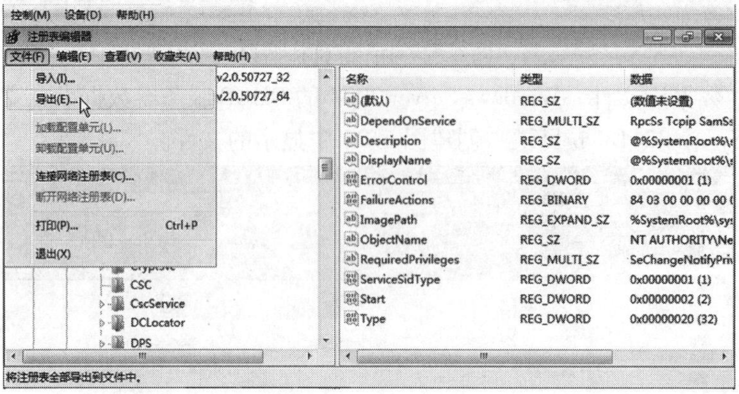

图 6.26 导出注册表

(2)还原新的数据库。将生成的注册表文件拷贝到新的 DHCP 服务器上,双击将其导入到注册表。然后将备份的 Backup 复制到新服务器相应的目录中,替换原来的 Backup 文件夹。重新启动计算机,然后在 DHCP 控制台上右击服务器名称,在弹出的菜单中选择"协调所有作用域"命令,在打开的窗口中单击"验证"按钮完成协调。至此,DHCP 服务器迁移成功。

【小结】

本任务主要介绍 DHCP 服务的运行维护、监视、数据维护、迁移的操作方法。

【模块自测题】

一、应知(20 分)

1.填空题(每题 5 分,总 10 分)

(1)DHCP 服务器的主要功能是:动态分配_____。

(2)DHCP 服务器安装好后并不是立即就可以给 DHCP 客户端提供服务,它必须经过一个_____操作。未经此操作的 DHCP 服务器在接收到 DHCP 客户端索取 IP 地址的要求时,并不会给 DHCP 客户端分派 IP 地址。

2.选择题(每题 5 分,总 10 分)

(1)使用"DHCP 服务器"功能的好处是(　　　)。

A. 降低 TCP/IP 网络的配置工作量

B. 增加系统安全与依赖性

C. 对那些经常变动位置的工作站,DHCP 能迅速更新位置信息

D. 以上都是

(2)要实现动态 IP 地址分配,网络中至少要求有一台计算机的网络操作系统中安装(　　　)。

A. DNS 服务器　　　　　　　　　B. DHCP 服务器

C. IIS 服务器　　　　　　　　　D. PDC 主域控制器

二、应会(80 分)

实操题

以小组为单位,配置 1 台 DHCP 服务器,其余计算机作为 DHCP 客户机,配置 DHCP 服务器和 DHCP 客户端,然后验证 DHCP;备份 DHCP,将其转移到某台客户机上,以实现 DHCP 服务器的转移。

架设 DNS 服务器

大多数用户都为自己的机器设置过 Internet 连接,那么就一定接触过 DNS,而 DNS 究竟是什么? 其实,DNS 是用来帮助记忆网络地址,完全是为了迁就人类的记忆思维而设。DNS 服务器是计算机域名系统(Domain Name System 或 Domain Name Service)的缩写,它是由解析器和域名服务器组成的。域名服务器是指保存有该网络中所有主机的域名和对应 IP 地址,并具有将域名转换为 IP 地址功能的服务器。其中域名必须对应一个 IP 地址,而 IP 地址不一定有域名。域名系统采用类似目录树的等级结构。域名服务器为客户机/服务器模式中的服务器方,它主要有两种形式:主服务器和转发服务器。将域名映射为 IP 地址的过程就称为"域名解析"。

具体学习目标如下:

- 认识 DNS 服务器;
- 掌握 DNS 服务器的安装与 DNS 客户端的配置;
- 掌握 DNS 区域的创建;
- 掌握子域与委派域的创建;
- 掌握 DNS 存根区域的创建;
- 掌握 DNS 区域的高级设置。

任务一　认识 DNS 服务器

1. DNS 服务器简介

当用户要连接上一个网站,在 URL 输入网址的时候就是使用 DNS 的服务。但如果知道这个 IP 地址,直接输入如 209. 185. 243. 135,也同样可以到达这个网址。其实计算机使用的只是 IP 地址而已,这个网址只是让人们容易记忆而设的。因为人类记忆一些比较有意义的文字比记忆那些毫无头绪的号码(如 209. 185. 243. 135)往往容易得多。DNS 的作用就是为用户在文字和 IP 之间担当了翻译而免除了强记号码的痛苦。假如电话有名字记忆功能,只需知道对方的名字就可以拨号给友人,电话也就具备了如 DNS 的功能。

DNS 全名叫 Domain Name Server,中文俗称"域名服务器",在说明 DNS Server 之前,首先得弄清楚 Domain Name(域名)的概念。在网上辨别一台计算机的方法是利用 IP 地址,但是 IP 用数字表示,没有特殊的意义,很不好记,因此,一般会为网上的计算机取一个有某种含义又容易记忆的名字,这个名字就叫它"Domain Name"。例如对著名的 YAHOO! 搜索引擎来说,一般使用者在浏览这个网站时,都会输入 http://www. yahoo. com,很少有人会记住这台 Server 的 IP 是多少。所以"http://www. yahoo. com"就是 YAHOO! 站点的 Domain Name。这正如在跟朋友打招呼时,一定是叫他的名字,几乎没有人是叫对方的身份证号码。但是由于在 Internet 上真实辨认机器的还是 IP,所以当使用者在浏览器中输入 Domain Name 后,浏览器必须先到一台有 Domain Name 和 IP 对应信息的主机去查询这台计算机的 IP,而这台被查询的主机,被称为 Domain Name Server,简称 DNS,例如:当输入"http://www. yahoo. com"时,浏览器会将"http://www. yahoo. com"这个名字传送到离它最近的 DNS Server 去做辨认,如果查询到结果,则会传回这台主机的 IP 地址,进而跟它发生连接,如果没有查询到,就会出现类似"DNS NOT FOUND"等告警信息。所以一旦计算机的 DNS Server 设置不正确,就好比是路标错了,计算机也就不知道该把信息送到哪里,DNS 服务器在网络中的位置如图 7.1 所示。

2. 查询模式

查询有 DNS 客户端向 DNS 服务器查询 IP 地址,或 DNS 服务器向另外一台 DNS 服务器查询 IP 地址,因此 DNS 名称解析的查询模式有递归查询和迭代查询两种。

(1)递归查询。当收到客户端的递归查询请求后,当前 DNS 服务器只会向 DNS 客户端返回两种信息:要么是在该 DNS 服务器上查询到的结果,要么是查询失败,如果当前 DNS 服务器中无法解析名称,它并不会主动告知 DNS 客户端其他可能的 DNS 服务器,而是自行向其他 DNS 服务器查询并完成解析。如果其他 DNS 服务器解析失败,则 DNS 服务器将向

DNS 客户端返回查询失败的消息。递归即是有来有往。一般客户机和服务器之间属递归查询，即当客户机向 DNS 服务器发出请求后，若 DNS 服务器本身不能解析，则会向另外的 DNS 服务器发出查询请求，得到结果后转交给客户机，其原理如图 7.2 所示。

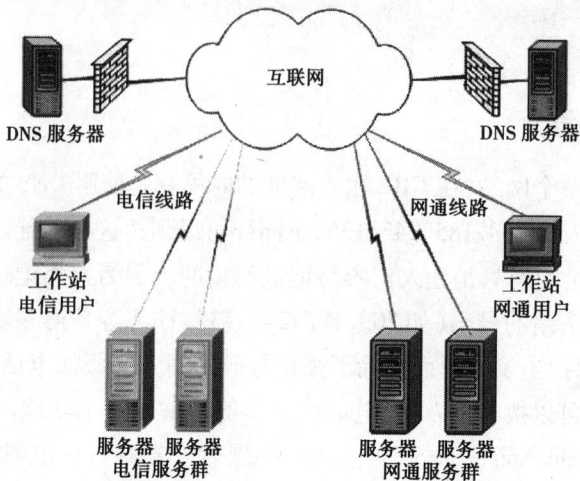

图 7.1　DNS 服务器在网络中的位置

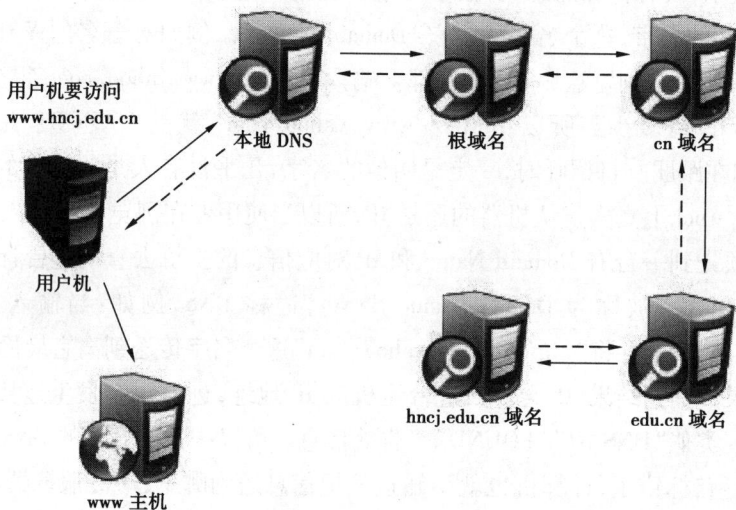

图 7.2　递归查询流程图

　　（2）迭代查询。迭代查询通常在一台 DNS 服务器向另一台 DNS 服务器发出解析请求时使用。如果当前 DNS 收到其他 DNS 服务器发来的迭代查询请求并且未能在本地查询到所需要的数据，则当前 DNS 服务器将告诉发起查询的 DNS 服务器另一台 DNS 服务器的 IP 地址。然后，再由发起查询的 DNS 服务器自行向另一台 DNS 服务器发起查询；依次类推，直到查询到所需数据为止。如果到最后一台 DNS 服务器仍没有查到所需数据，则通知最初发起查询的 DNS 服务器解析失败。迭代的意思就是若在某地查不到，该地就会告知查询者其他地方的地址。让查询转到其他地方去查。一般 DNS 服务器之间属迭代查询，如：若 DNS2 不能响应 DNS1 的请求,则它会将 DNS3 的 IP 给 DNS2,以便其再向 DNS3 发出请求,其原理如图 7.3 所示。

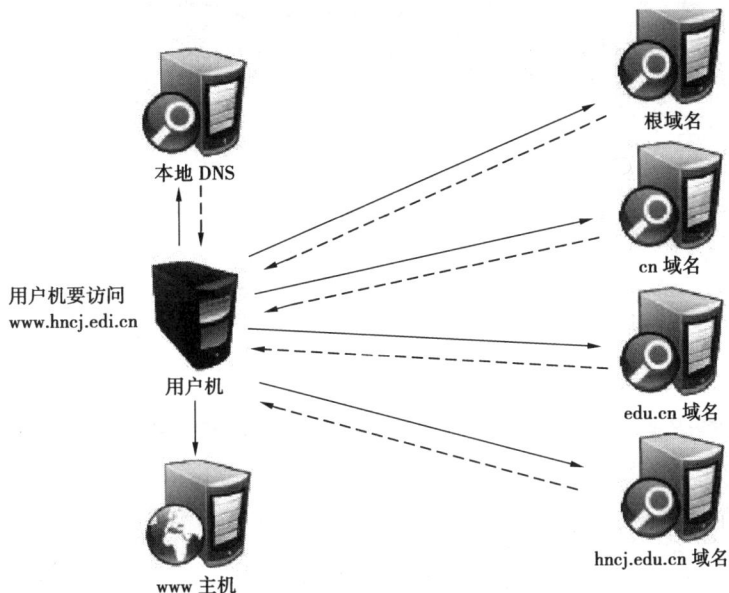

图 7.3　迭代查询流程图

【小结】

在说明 DNS Server 之前,首先得弄清楚什么叫 Domain Name(域名)。在网上辨别一台计算机的方法是利用 IP 地址,但是 IP 用数字表示,没有特殊的意义,很不好记,因此,一般会为网上的计算机取一个有某种含义又容易记忆的名字,这个名字就叫它"Domain Name"。本任务介绍了 DNS 服务器的基本原理及两种基本的 DNS 域名解析查询模式。

任务二　安装 DNS 服务器与配置 DNS 客户端

1. 安装 DNS 服务器

在"初始配置任务"对话框中单击"添加角色"按钮,在"添加角色向导"对话框中直接单击"下一步"按钮,选择"DNS 服务器",默认设置再次单击"下一步"按钮,如图 7.4 所示。

单击"下一步"。单击"安装"按钮,进入 DNS 服务器安装过程,DNS 服务器已安装成功后,单击"关闭"按钮,如图 7.5 所示的界面。

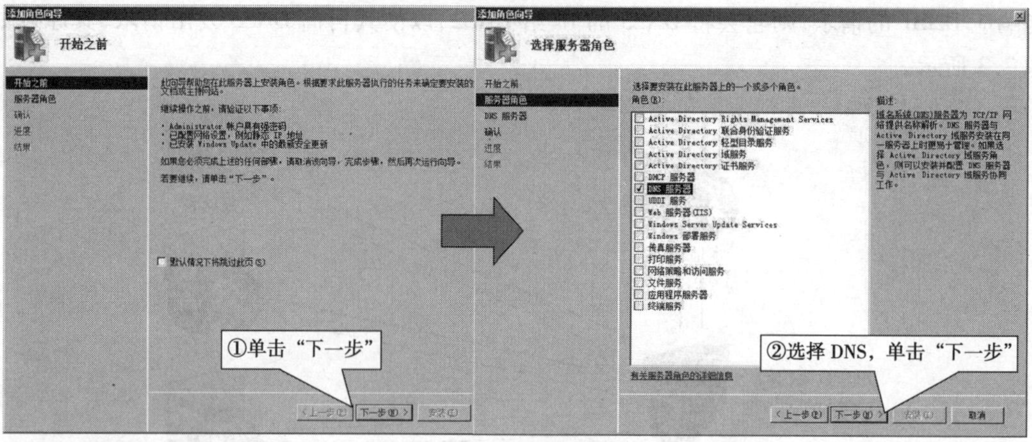

图 7.4 DNS 服务器的安装

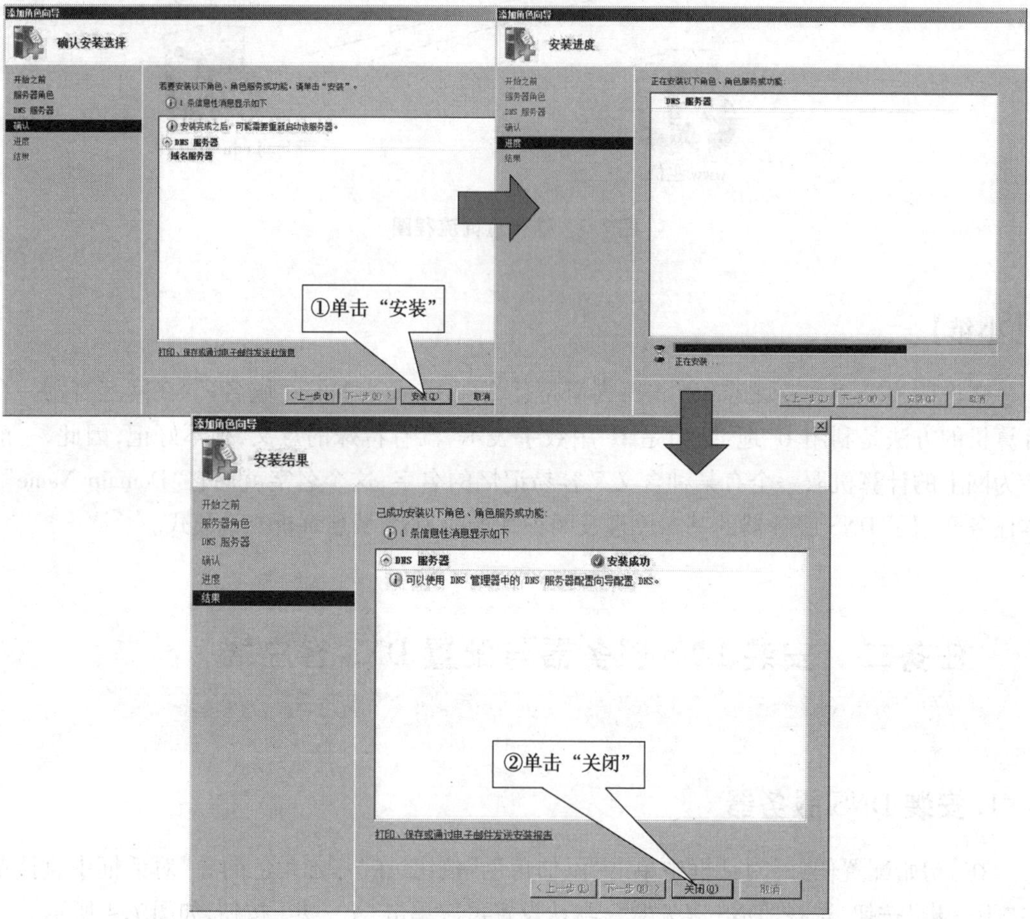

图 7.5 完成 DNS 服务器的安装

2. 配置 DNS 客户端

右击桌面上的"网上邻居"，然后选择"属性"命令，在打开的"网络连接"窗口中双击"本地连接"，再单击"属性"按钮，在"本地连接属性"窗口的常规选项卡中双击"Internet 协议(TCP/IP)"，再在"Internet 协议(TCP/IP)属性"窗口中设置指定的 DNS 服务器地址，单击"确定"按钮即可，如图 7.6 所示。

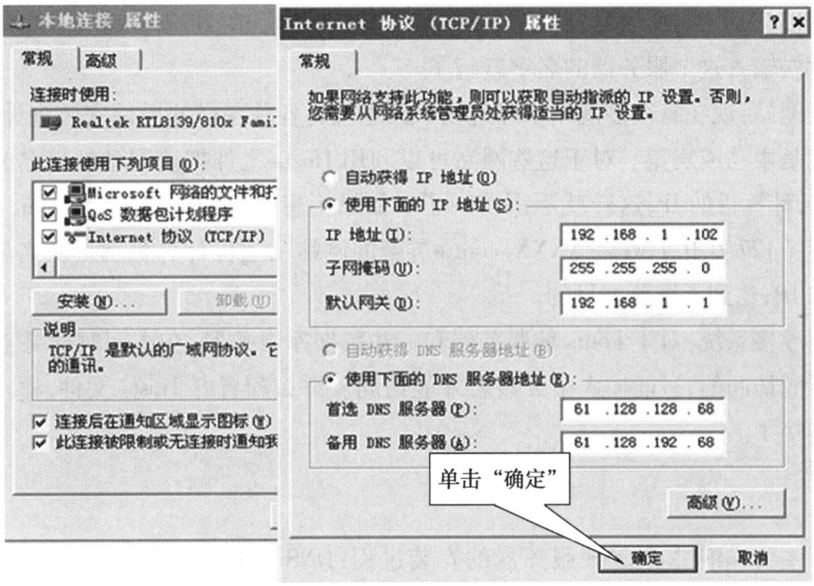

图 7.6　DNS 客户端的配置

3. 使用 Hosts 文件

在 Windows 系统中有个 Hosts 文件(没有后缀名)，在 Windows 2000/XP/Win7 系统中位于"C:\Winnt\System32\Drivers\Etc"目录中。该文件其实是一个纯文本的文件，用普通的文本编辑软件，如记事本等都能打开。

用记事本打开 Hosts 文件，首先看见了微软对这个文件的说明。这个文件是根据 TCP/IP for Windows 的标准来工作的，它的作用是包含 IP 地址和 Host name(主机名)的映射关系，是一个映射 IP 地址和 Host name(主机名)的规定，规定要求每段只能包括一个映射关系，IP 地址要放在每段的最前面，空格后再写上映射的 Host name(主机名)。对于这段的映射说明用"#"分割后用文字说明。Hosts 在 Windows 中是怎么工作的呢？在网络上访问网站，要首先通过 DNS 服务器把网络域名(www.XXXX.com)解析成 61.XXX.XXX.XXX 的 IP 地址后，计算机才能访问。要是对于每个域名请求都要等待域名服务器解析后返回 IP 信息，这样访问网络的效率就会降低，而 Hosts 文件就能提高解析效率。根据 Windows 系统规定，在进行 DNS 请求以前，Windows 系统会先检查自己的 Hosts 文件中是否有这个地址映射关系，如果有则调用这个 IP 地址映射，如果没有再向已知的 DNS 服务器提出域名解析。也就是说

Hosts 的请求级别比 DNS 高。

知道了 Hosts 文件的工作方式以后,在具体使用中它有以下 4 方面的作用。

• 加快域名解析:对于要经常访问的网站,可以通过在 Hosts 中配置域名和 IP 的映射关系,这样当输入域名,计算机就能很快解析出 IP,而不用请求网络上的 DNS 服务器。

• 方便局域网用户:在很多单位的局域网中,会有服务器提供给用户使用。但由于局域网中一般很少架设 DNS 服务器,访问这些服务要输入难记的 IP 地址,对不少人来说相当麻烦。现在可以分别给这些服务器取个容易记住的名字,然后在 Hosts 中建立 IP 映射,这样以后访问的时候输入这个服务器的名字就行了。

• 屏蔽网站:现在有很多网站不经过用户同意就将各种各样的插件安装到计算机中,有些说不定就是木马或病毒。对于这些网站可以利用 Hosts 文件把该网站的域名映射到错误的 IP 或自己计算机的 IP,这样就不用访问了。如果不想访问 www.XXXX.com,在 Hosts 写入以下内容:"127.0.0.1 www.XXXX.com #屏蔽的网站",这样计算机解析域名就解析到本机或错误的 IP,达到了屏蔽的目的。

• 顺利连接系统:对于 Lotus 的服务器和一些数据库服务器,在访问时如果直接输入 IP 地址那是不能访问的,只能输入服务器名才能访问。那么配置好 Hosts 文件,输入服务器名就能顺利连接了。

【小结】

本任务主要详细讲了 DNS 服务器的安装过程;DNS 客户端的配置过程以及怎样使用 Hosts 文件。DNS 服务器的安装过程和 DNS 客户端的配置过程相对比较简单,但希望同学们在学会操作过程的同时,要加强对相关知识的理解。

【练一练】

安装 DNS 服务器并配置客户机。

任务三 创建 DNS 区域

1. DNS 区域的类型

DNS 区域分为两大类:正向查找区域和反向查找区域。正向查找区域用于 FQDN 到 IP 地址的映射,当 DNS 客户端请求解析某个 FQDN 时,DNS 服务器在正向查找区域中进行查找,并返回给 DNS 客户端对应的 IP 地址。反向查找区域用于 IP 地址到 FQDN 的映射,当 DNS 客户端请求解析某个 IP 地址时,DNS 服务器在反向查找区域中进行查找,并返回给 DNS 客户端对应的 FQDN。

而每一类区域又分为主要区域、辅助区域、存根区域 3 种区域类型。

(1)主要区域(Primary)。包含相应 DNS 命名空间所有的资源记录,是区域中所包含的所有 DNS 域的权威 DNS 服务器。可以对区域中所有资源记录进行读写,即 DNS 服务器可以修改此区域中的数据,默认情况下区域数据以文本文件格式存放。可以将主要区域的数据存放在活动目录中并且随着活动目录数据的复制而复制,此时,此区域称为活动目录集成主要区域,在这种情况下,每一个运行在域控制器上的 DNS 服务器都可以对此主要区域进行读写,这样避免了标准主要区域时出现的单点故障。

(2)辅助区域(Secondary)。是主要区域的备份,从主要区域直接复制而来;同样包含相应 DNS 命名空间所有的资源记录,是区域中所包含的所有 DNS 域的权威 DNS 服务器。和主要区域的不同之处是 DNS 服务器不能对辅助区域进行任何修改,即辅助区域是只读的。辅助区域数据只能以文本文件格式存放。

(3)存根区域(Stub)。是从 Windows Server 2003 起新增加的功能。此区域只是包含了用于分辨主要区域权威 DNS 服务器的记录,有 3 种记录类型。即 SOA(委派区域的起始授权机构),此记录用于识别该区域的主要来源 DNS 服务器和其他区域属性;NS(名称服务器),此记录包含了此区域的权威 DNS 服务器列表;A glue(黏附 A 记录),此记录包含了此区域的权威 DNS 服务器的 IP 地址。

默认情况下区域数据以文本文件格式存放,不过可以和主要区域一样将存根区域的数据存放在活动目录中并且随着活动目录数据的复制而复制。

2. 创建主要区域

DNS 服务器安装好以后,按如图 7.7 所示方式启动"DNS 管理器"。

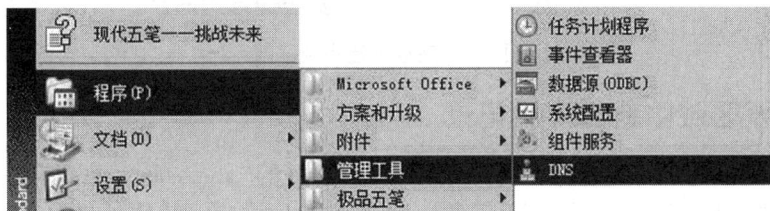

图 7.7 启动 DNS 管理器

在"DNS 管理器"对话框中右击"正向查找区域",选择"新建区域",在"新建区域向导"窗口中单击"下一步"按钮,选择要创建的区域类型为"主要区域",在区域名称框中输入"abc.com",在默认设置下单击"下一步"按钮,再单击"下一步"按钮,如图 7.8 所示中单击"完成"按钮,完成创建主要区域。

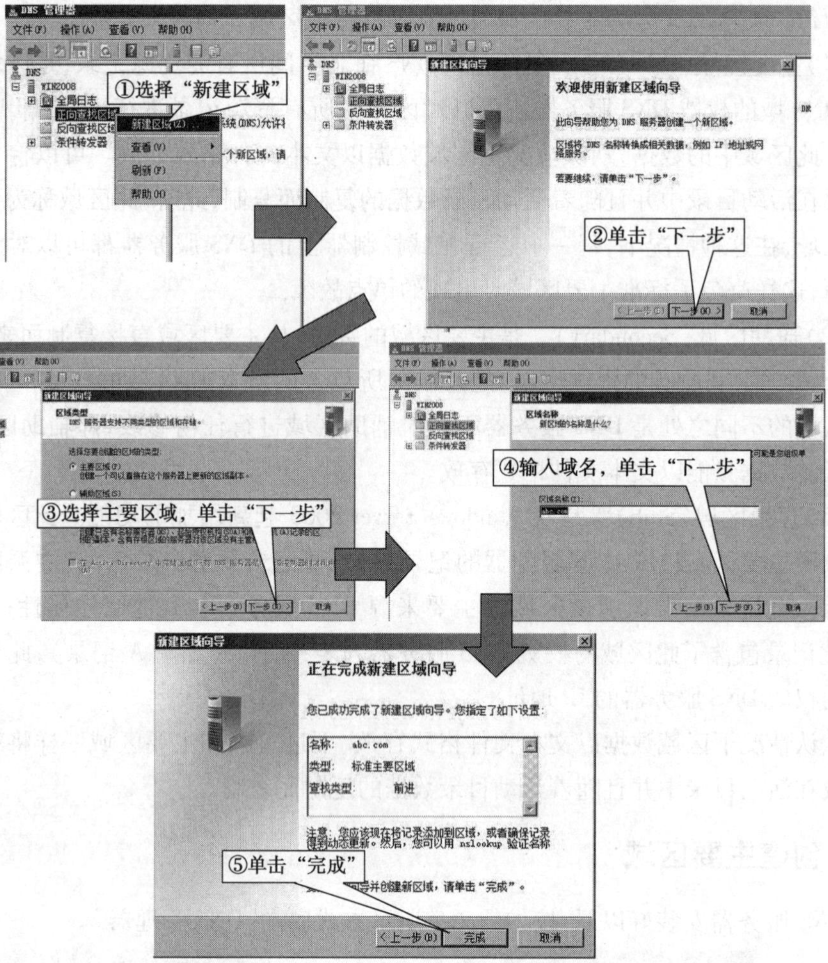

图 7.8　完成创建主要区域

3. 在主要区域中新建资源记录

（1）新建主机记录。新建好主要区域后，双击建好的"abc.com"，然后在右边空白框右击，选择"新建主机（A 或 AAAA）"，在名称中写入"www"，在 IP 地址处写入"192.168.1.10"，单击"添加主机"按钮，直接单击"完成"按钮，创建好主机记录如图 7.9 所示。

（2）新建别名记录。如图 7.9 所示中选择"新建别名"，在"别名"文本框中输入别名的名称，如：ftp，也可以输入任意的名称，在"目标主机的完全合格的域名"文本框中输入该别名对应主机的域名全称，可单击"浏览"按钮从 DNS 记录中选择，单击"确定"按钮，完成别名的创建，如图 7.10 所示。

（3）新建邮件交换记录。在如图 7.9 所示中选择"新建邮件交换器"，在"主机或子域"文本框中输入邮件交换器的主机名或域名。通常只输入主机名，也可以输入主机名加域名，如果这里的域名为空，则系统会把父域的名称作为缺省值，在"邮件服务器"文本框中输入负责处理域邮件的邮件服务器的域名全称。也可单击"浏览"按钮从 DNS 记录中选择，在"邮件服务器优先级"文本框中调整邮件服务器的优先级，范围为 0～65535。单击"确定"按钮，就完成了添加新邮件交换器的过程，如图 7.11 所示。

① 选择 "新建主机"

② 选择 "添加主机"
再次单击 "完成"

图 7.9　新建主机记录

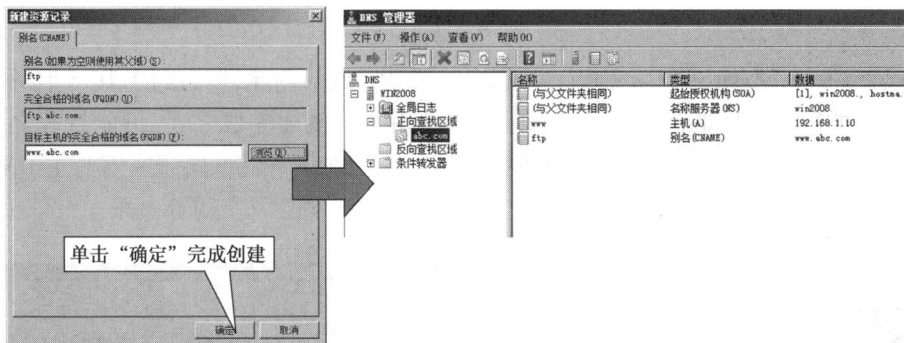

单击 "确定" 完成创建

图 7.10　新建别名记录

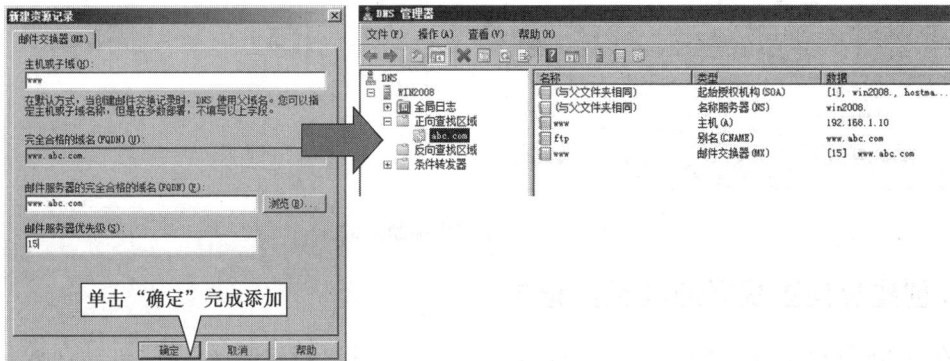

单击 "确定" 完成添加

图 7.11　新建邮件交换记录

4. 创建辅助区域

在主 DNS 服务器上双击"名称服务器(NS)",在弹出的对话框中选择"区域传送"标签,单击"编辑"按钮,输入次 DNS 服务器的 IP 地址 192.168.1.20,在次 DNS 服务器的"新建区域向导"窗口中选择"辅助区域",单击"下一步"按钮,输入"abc.com",单击"下一步"按钮,在对话框中输入主 DNS 的 IP 地址 192.168.1.20,如图 7.12 所示。

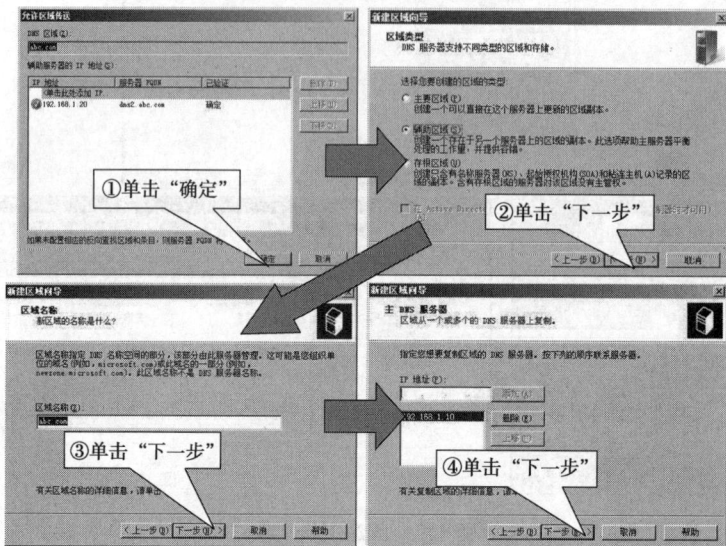

图 7.12　创建辅助区域

单击"下一步"按钮,单击"完成"按钮,完成辅助区域的创建,然后到次 DNS 服务器上看到 abc.com 的区域信息是否已被复制,如图 7.13 所示。创建完成之后,可能打开之后先是错误提示,那是因为还没有从主 DNS 上同步过来,然后刷新下就可同步。因为主 DNS 和辅助 DNS 是主从的关系,因此只要主 DNS 有更新辅助 DNS 就会马上更新过来。

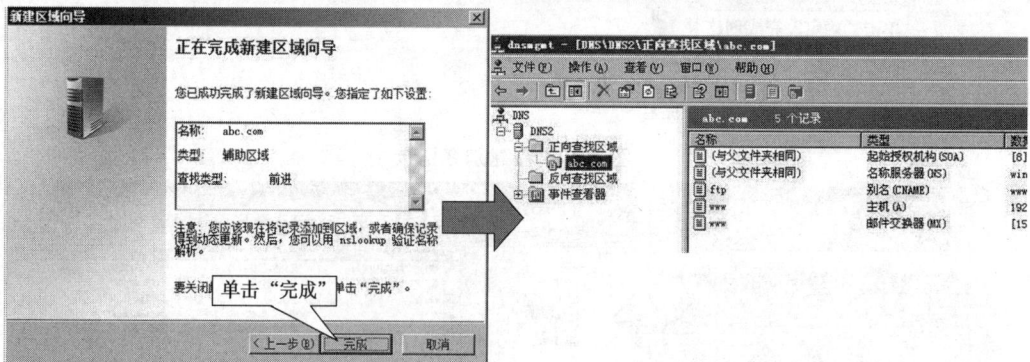

图 7.13　完成创建辅助区域

5. 创建反向查找区域与反向记录

在"DNS 管理器"对话框中右击"反向查找区域",选择"新建区域",在"新建区域向导"

对话框中单击"下一步"按钮,默认设置单击"下一步"按钮。选择"IPv4 反向查找区域(4)",单击"下一步"按钮,设置好后单击"下一步"按钮,多次直接单击"下一步"按钮,完成反向查找区域的创建,双击建好的反向区域,然后在右边空白框右击,选择"新建指针",单击"确定"按钮,完成新建指针创建。如图 7.14 和图 7.15 所示。

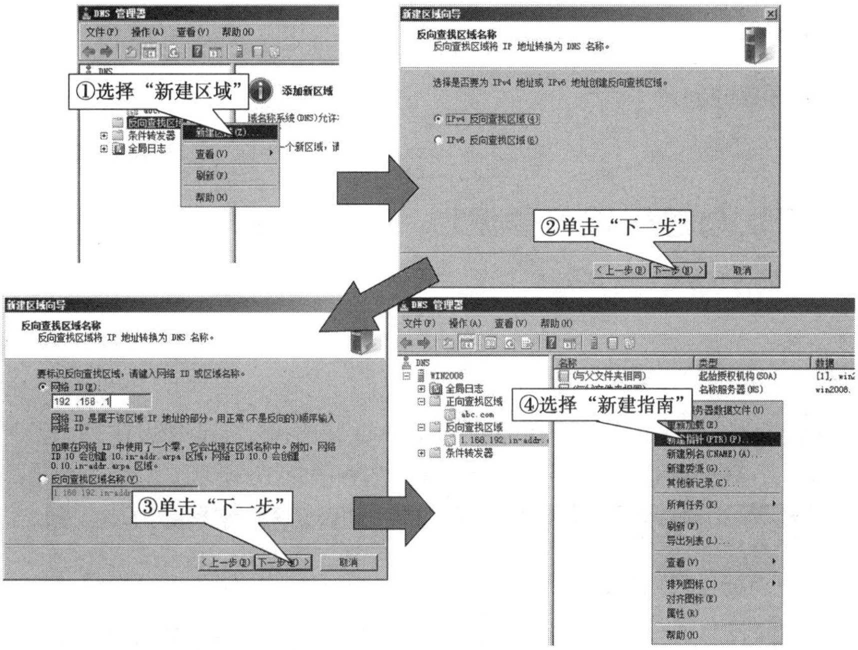

图 7.14　创建反向查找区域

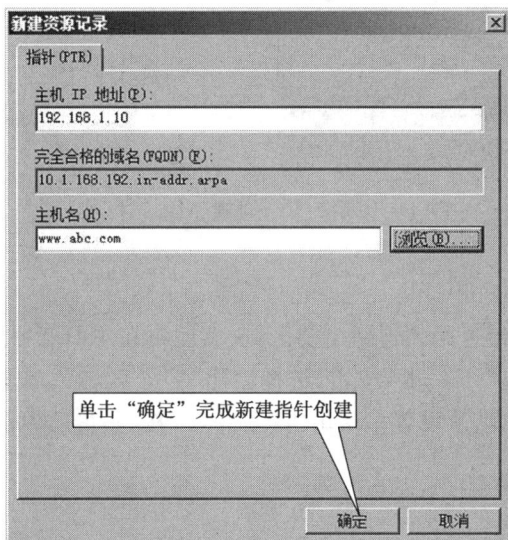

图 7.15　创建反向记录

【小结】

本任务主要介绍了 DNS 区域的创建过程。

【练一练】

练习 DNS 区域的创建。

任务四 创建子域与委派域

1. 子域

在"DNS 管理器"对话框中右击建好的"abc. com",选择"新建域",在"新建 DNS 域"对话框输入"abc",单击"确定"按钮完成子域的创建,如图 7.16 所示。

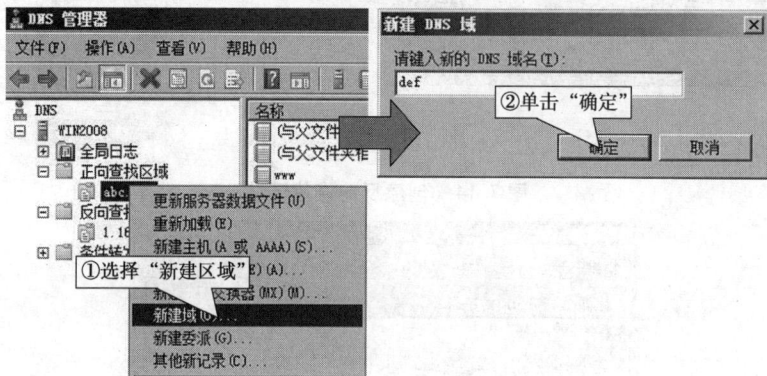

图 7.16 创建子域

2. 委派域

首先在次 DNS 服务器上面创建新主要区域,然后再在主 DNS 服务器上设置委派。打开次 DNS 服务管理器,单击"下一步"按钮,选择创建"主要区域",单击"下一步"按钮,在对话框中输入"wp. abc. com",默认设置多次单击"下一步"按钮,最后单击"完成"按钮完成创建,如图 7.17 所示。

3. 新建委派

在主 DNS 服务器的"DNS 管理器"窗口中右击建好的"abc. com",选择"新建委派",在"新建委派向导"窗口中单击"下一步"按钮,在"委派的域"输入框中输入"wp",单击"下一步"按钮,再单击"添加"按钮,然后输入次 DNS 服务名称和 IP 地址 192.168.1.20,单击"确

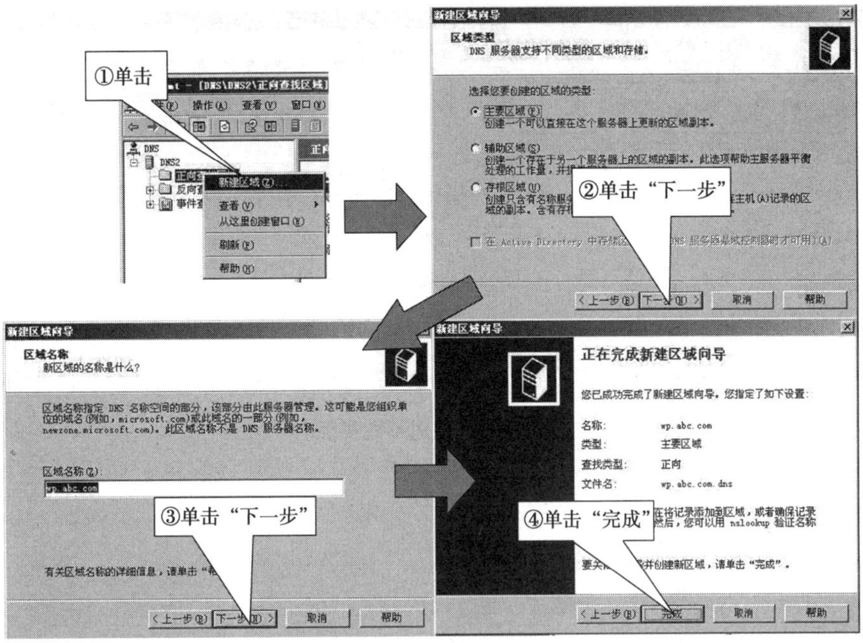

图 7.17 创建委派域

定"按钮,单击"下一步"按钮,再单击"完成"按钮结束新建委派,如图 7.18 和图 7.19 所示。

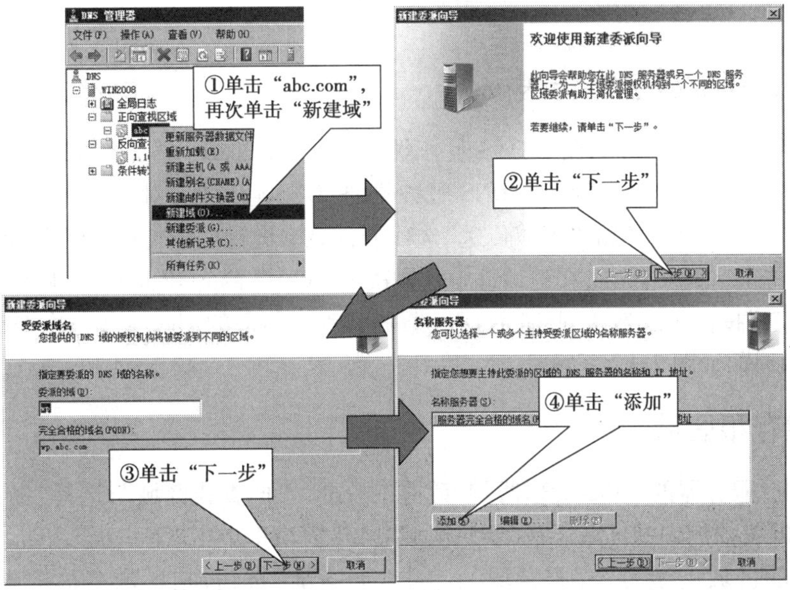

图 7.18 新建委派过程

【小结】

子域的域名解析还是在原来的计算机上,建立子域只不过是为了方便查找,而委派的域名解析是分配给了其他的计算机,只要是属于委派的域名查找,就该被委派的计算机去解析。本任务主要介绍了子域和委派域的创建。

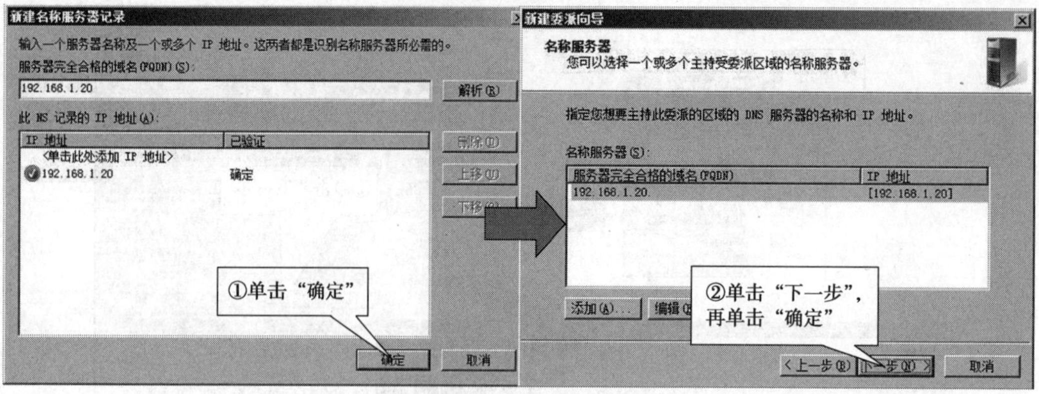

图 7.19　完成新建委派

【练一练】

练习子域与委派域的创建过程。

任务五　创建 DNS 存根区域

1. 确认是否允许区域传送

按前面所讲的方法,分别在主 DNS 服务器上创建"abc.com"主要区域,在次 DNS 服务器上创建"abc.com"辅助区域,打开主 DNS 服务器的"DNS 管理器"对话框,右击建好的"abc.com",选择"属性"命令,单击"区域传送"选项卡,选择"允许区域传送"中"只允许到下列服务器",然后单击"编辑"按钮,在对话框中输入次 DNS 服务器的 IP 地址,然后单击"确定"按钮,单击"确定"按钮完成确认,此时主 DNS 服务器管理界面的 abc.com 与次 DNS 服务器管理界面完成一样,如图 7.20 所示。

2. 新建存根区域

在次 DNS 服务器的"DNS 管理器"对话框中右击"正向查找区域",选择"新建区域",在此之前要删除先前的辅助区域。在"新建区域向导"窗口中单击"下一步"按钮,在对话框中选择要创建的区域类型为"存根区域",单击"下一步"按钮,在区域名称框中输入"abc.com",单击"下一步"按钮,使用默认设置,两次单击"下一步"按钮,输入主 DNS 服务器的 IP 地址 192.168.1.10,单击"下一步"按钮,再单击"完成"按钮,结束新建存根区域。打开存根区域属性,各选项卡的值都是灰色,无法更改,如图 7.21 和图 7.22 所示。

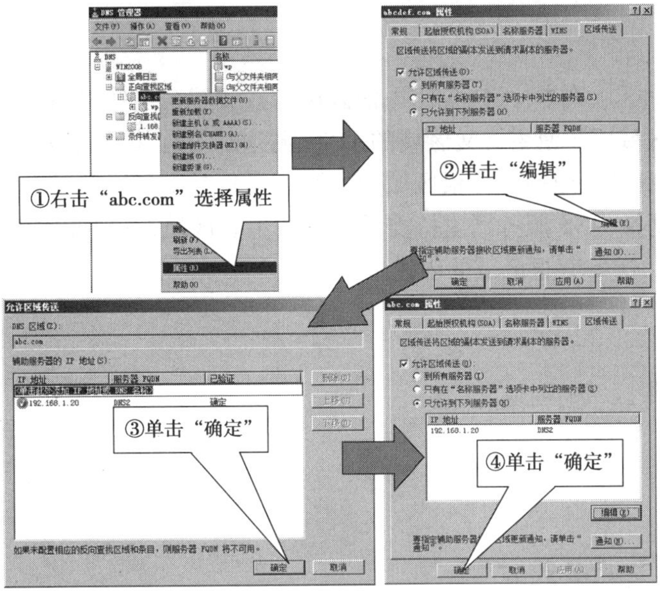

图 7.20 确认区域传送

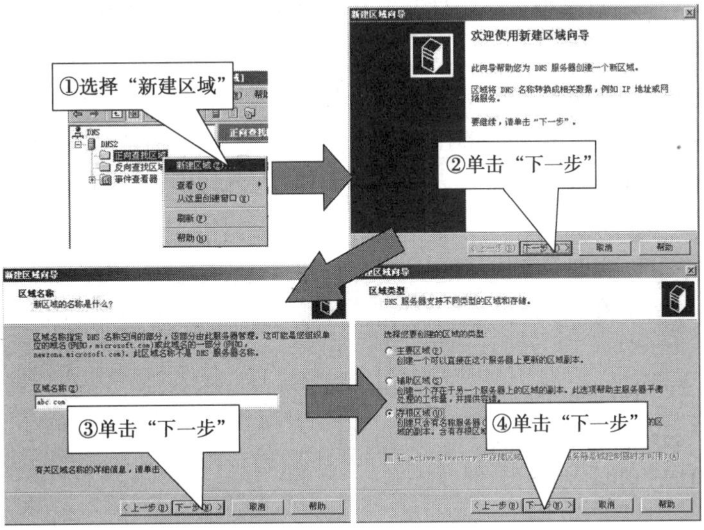

① 右击"abc.com"选择属性

② 单击"编辑"

③ 单击"确定"

④ 单击"确定"

图 7.21 新建存根区域过程

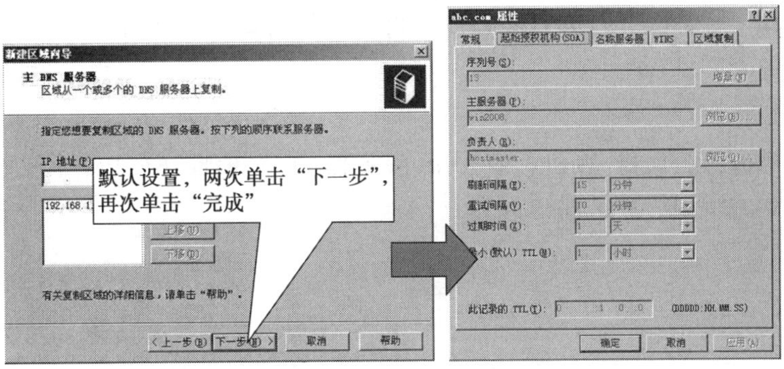

① 选择"新建区域"

② 单击"下一步"

③ 单击"下一步"

④ 单击"下一步"

图 7.22 完成存根区域创建

默认设置,两次单击"下一步",再次单击"完成"

【小结】

根区域是一个区域副本,只包含标识该区域的权威域名系统(DNS)服务器所需的那些资源记录。存根区域用于使主持父区域的 DNS 服务器知道其子区域的权威 DNS 服务器,从而保持 DNS 名称解析效率。存根区域的主服务器是对于子区域具有权威性的一个或多个 DNS 服务器,通常 DNS 服务器主持委派域名的主要区域,一般在委派子域的时候用到。本任务主要介绍了 DNS 存根区域的创建。

【练一练】

练习 DNS 存根区域的创建。

【模块自测题】

一、应知(45 分)

填空题(每题 5 分,总 45 分)

(1)在 Windows 系统中有个_____文件(没有后缀名),在 Windows 2000/XP/7 系统中位于_____目录中。该文件其实是一个纯文本的文件,用普通的文本编辑软件如_____等都能打开。

(2)知道了 Hosts 文件的工作方式以后,在具体使用中它有_____、_____、_____、_____4 方面的作用。

(3)DNS 的作用就是为用户在_____和_____之间担当了翻译而免除了强记号码的痛苦。

(4)DNS 名称解析查询模式有_____和_____两种。

(5)迭代查询通常在一台_____向另一台 DNS 服务器发出_____时使用。

(6)DNS 全名叫 Domain Name Server,中文俗称"_____"。

(7)DNS 区域分为两大类:_____和_____。

(8)每一类 DNS 区域又分为_____、_____、_____、3 种区域类型。

(9)默认情况下区域数据以_____格式存放,不过可以和主要区域一样将存根区域的数据存放在_____并且随着活动目录数据的复制而复制。

二、应会(55 分)

实操题

以小组为单位,用 1 台计算机配置 DNS 服务器(转发地址:61.128.128.68),将其余计算机配置为 DNS 客户机,验证 DNS 转发。

模块八

架设 IIS 网站

IIS(Internet Information Server,互联网信息服务)是一种 Web(网页)服务组件,其中包括 Web 服务器、FTP 服务器、NNTP 服务器和 SMTP 服务器,分别用于网页浏览、文件传输、新闻服务和邮件发送方面,它使得在网络(包括互联网和局域网)上发布信息成了一件很容易的事。

具体学习目标如下:

* 会安装 WEB 服务器;
* 掌握网站的基本配置;
* 掌握虚拟目录的创建与管理;
* 会创建多个网站;
* 掌握网站的安全性设置。

任务一　安装 Web 服务器(IIS)

单击"开始"→"管理工具"→"服务器管理器",打开"服务器管理器"对话框,在其中单击"角色"按钮,再单击"添加角色"按钮,按图8.1至图8.3所示进行操作。

图 8.1　添加角色向导

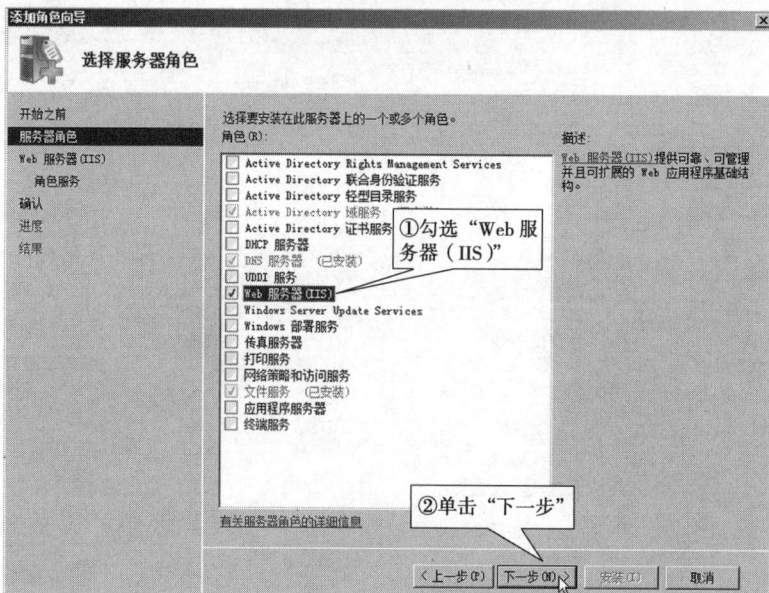

图 8.2　选择安装 Web 服务器(IIS)

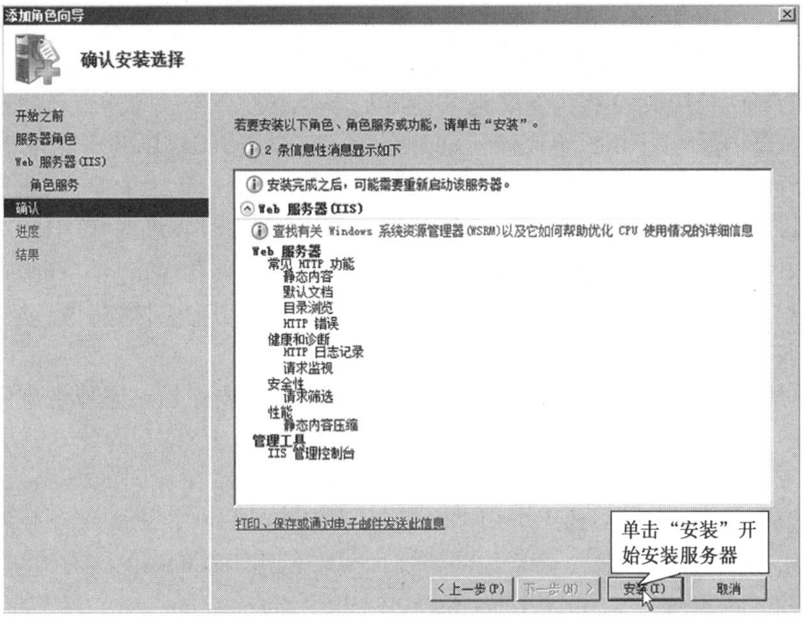

图 8.3　确认安装选择

安装完毕后出现"安装结果"界面时,单击"关闭"按钮。

【知识链接】

1. IIS7.0 概述

IIS(Internet Information Services)7 指 Windows Server 2008、Windows Server 2008 R2、Windows Vista 和 Windows 7 的某些版本中包含的 IIS 版本。IIS 7.0 在 Windows Server 2008 中是 Web 服务器(IIS)角色。

2. IIS7.0 新特性

(1)应用程序沙箱。在 IIS7.0 里,系统自动为各 Web 站点新建一个应用程序池。默认情况下,应用程序池被配置为以"NetworkService"账号运行。而当工作者进程被创建时,IIS7.0 会向"NetworkService"安全令牌注入一个特殊的唯一标识该应用程序池的 SID。IIS7.0还会为工作者进程创建一个配置文件,并且将文件的 ACL 设置为仅允许应用程序池唯一的 SID 访问。这么做的结果就是:一个应用程序池的配置将无法被别的应用程序池读取。顺便提醒一下,你可以更改内容文件的 ACL,从而允许应用程序池唯一的 SID 进行访问而不是"NetworkService"账号。这可以阻止应用程序池 A 中的某个应用程序读取应用程序池 B 中某应用程序的内容文件。

(2)IUSR 和 IIS_IUSRS。使用哪个账号作为匿名访问的身份凭证是关联进程身份的重要问题。前一版 IIS 依赖于一个本地账号——IUSR_servername,将其作为匿名用户登录的身份凭证。IIS 7.0 则使用了一个全新的内置账号,叫做"IUSR"。用户不能使用 IUSR 账号进行本地登录,所以它没有密码(也就是说那些猜密码攻击对它都不起作用)。由于 IUSR 账号总是拥有相同的 SID,所以它的相关 ACL 在 Windows

Server 2008(以及 WindowsVista)机器之间是可传递的。而如果 IUSR 账号不适合用户的应用场景(也就是说,如果匿名请求需要经身份验证的网络访问的话),用户可以关闭匿名用户账号,IIS 7.0 将为匿名请求使用工作者进程身份。同样全新的还有内置的 IIS_IUSRS 组。这个用户组取代了原先的 IIS_WPG 组。IIS_IUSRS 组为 IIS 7.0 提供了类似的角色,但是你不必特意将账号添加到该组。取而代之的是,当账号被指派为某一应用程序池的身份凭证时,IIS 7.0 会自动将这些账号收入到 IIS_IUSRS 组。并且和 IUSR 账号一样,IIS_IUSRS 组也是内置的,所以在所有的 Windows Server 2008 机器上,它总是具有相同的名称和 SID,这就让 ACL 以及其他配置在 Windows Server 2008(以及 Windows Vista)机器之间是完全可迁移的。

(3)功能委派。在 IIS 7.0 里,配置任务现在可以被委派给站点或者应用程序所有者。IIS 7.0 使用了一个由 ASP. NET 支持的全新的基于 XML 的配置系统。在站点和应用程序的级别上,IIS 7.0 和 ASP. NET 的设置可以在相同的"web. config"文件中被找到。诸如默认文档之类的委派设置可以在 Web 站点或应用程序的级别上进行更改,方法是直接编辑"web. config"文件或者使用 IIS Manager GU,它会为用户更新"web. config"文件。在"web. config"文件里,"system. webServer"段落包含了 IIS 7.0 的配置设置。其中有效的段落被定义在一个叫做"applicationHost. config"的特殊配置文件里。在"applicationHost. config"文件里,各段落都有一个默认的委派模式。功能委派对于一名繁忙的管理员来说绝对是一个好帮手,因为它可以安全地授予 Web 站点和应用程序所有者某些配置权限,而这些配置只会影响他们自己的站点和应用程序。

(4)URL 授权。Web 应用程序通常都有一些受限制的区域,只允许特定的用户访问。比方说,只有经理才有权访问 HR 系统里的业绩报告内容。这些受限制的页面通常被归并到名叫"Administration""Reporting"或"Moderation"的目录中。在 IIS 7.0 里,ASP. NET URL 授权功能依然保留,但是除此以外,Web 服务器本身现在也提供一个 URL 授权功能。现在,对所有类型的内容(如静态的、PHP、ASP)的访问可以根据用户、组或 URL 来加以控制。举例来说,你可以轻松地限制对任何位于"Reporting"路径下的内容的访问,只允许"Managers"组的成员访问,同时无需修改 ACL。URL 授权规则在"web. config"文件的"system. webServer"段落中得到保持,其语法与 ASP. NET 的授权规则略有不同,并且 IIS 7.0 里的 URL 授权与 Windows 用户和组,以及 ASP. NET 的用户和角色可以很好地配合。

(5)基于 IIS。IIS7.0 是在 IIS 6.0 的安全基础上构建的,它保留了 IIS 6.0 的应用程序池/工作者进程隔离模型的核心结构,这一结构被证明是非常有效的。尽管在讨论 IIS 7.0 的安全性的时候,新的模块结构受到了很多关注,但是自动化的应用程序沙箱、功能委派以及 URL 授权这些特性也不容忽视,它们让保护 Web 服务器的任务变得比以往更轻松。

【小结】

本任务主要介绍了如何在服务器上安装 Web 服务器。

【练一练】

动手安装一台 Web 服务器。

任务二　网站的基本配置

1. IP 地址的绑定(IP 地址、端口号、主机名)

打开 Internet 信息服务(IIS)按图 8.4 逐步操作。

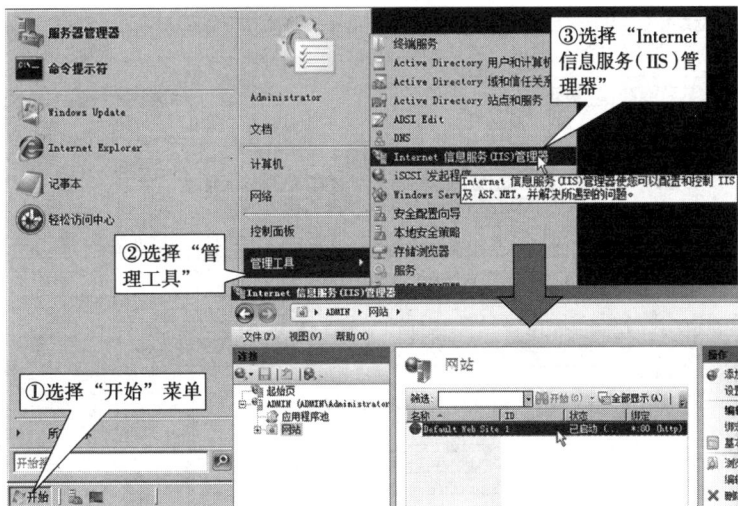

图 8.4　打开 Internet 信息服务(IIS)管理器

友情提示

安装完 IIS7.0 后将会自动出现一个名为 Default Web Site 的默认网站,用户可以直接利用 Default Web Site 作为网站或另外创建一个新网站。本任务将利用 Default Web Site 来介绍网站的设置方法。

在 Internet 信息服务(IIS)中绑定网站,首先打开信息服务(IIS)管理器然后按图 8.5 逐步操作。

在出现的"编辑网站绑定"对话框中输入 IP 地址、主机名以及端口号,如图 8.6 所示。

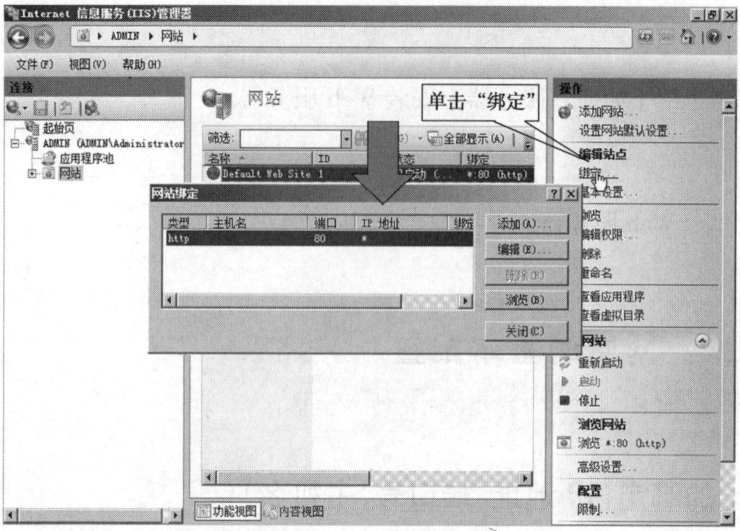

图 8.5　打开网站绑定界面

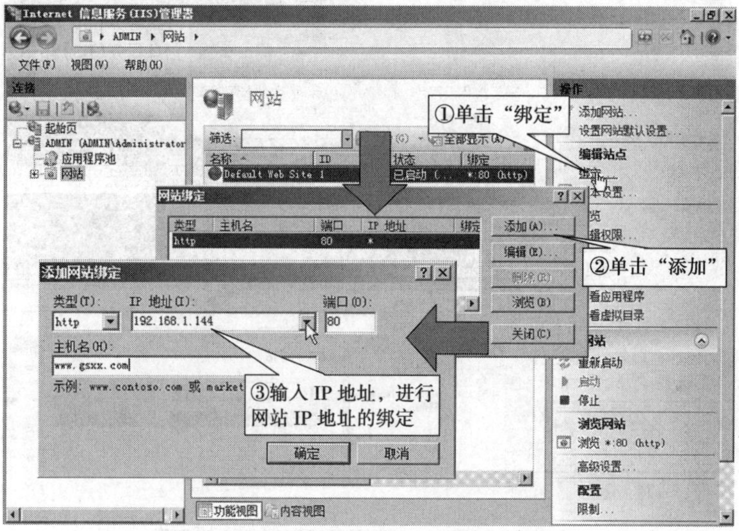

图 8.6　绑定 IP 地址、主机名和端口号

2. 设置物理路径、设置凭据

　　在 Internet 信息服务（IIS）管理器中，单击"基本设置"打开"编辑网站"界面，如图 8.7 所示。

　　在弹出的"编辑网站"对话框中，网页的默认保存路径为"% SystemDrive% \ inetpub \ wwwroot"，其中"% SystemDrive% " 就是 Windows Server 2008 的磁盘，如"C："，如图 8.8 所示。

　　在"编辑网站"对话框中单击"连接为"，输入连接用户的用户名和密码，如图 8.9 所示。

图 8.7 打开编辑网站界面

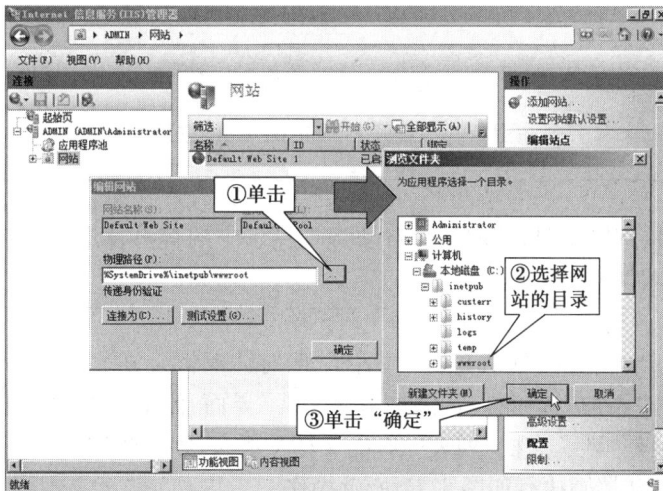

图 8.8 选择网站保存的物理路径

图 8.9 输入连接用户名和密码

3. 默认的首页文件

在"信息服务(IIS)管理器"中展开"网站",如图 8.10 所示。

图 8.10　展开 Default Web Site 主页

友情提示

当用户连接到网站时,该网站会自动将主目录中的首页发送给用户,用户可以自行设置网站的默认文档。

双击"默认文档",打开"默认文档"对话框,该对话框将会显示网站能读取的首页文件,用户可以通过单击"添加"按钮打开"添加默认文档"界面,添加新的网站首页文件,注意:用户访问的网页必须是"默认文档"列表中有的文档类型,否则无法访问。

若要添加默认文档则执行如图 8.11 所示操作。

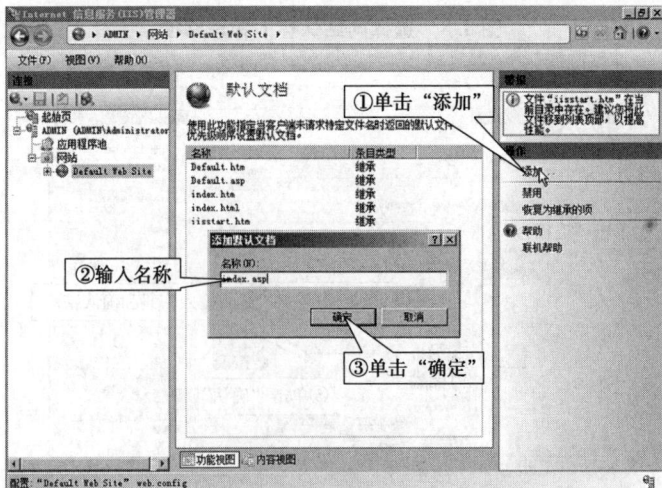

图 8.11　添加默认文档

4. HTTP 重定向

在"服务器管理器"对话框中,单击"Web 服务器(IIS)"打开"Web 服务器(IIS)"对话框,单击"添加角色服务",打开"选择角色服务"对话框,如图 8.12 所示。后续操作按图 8.13和图 8.14 所示进行。

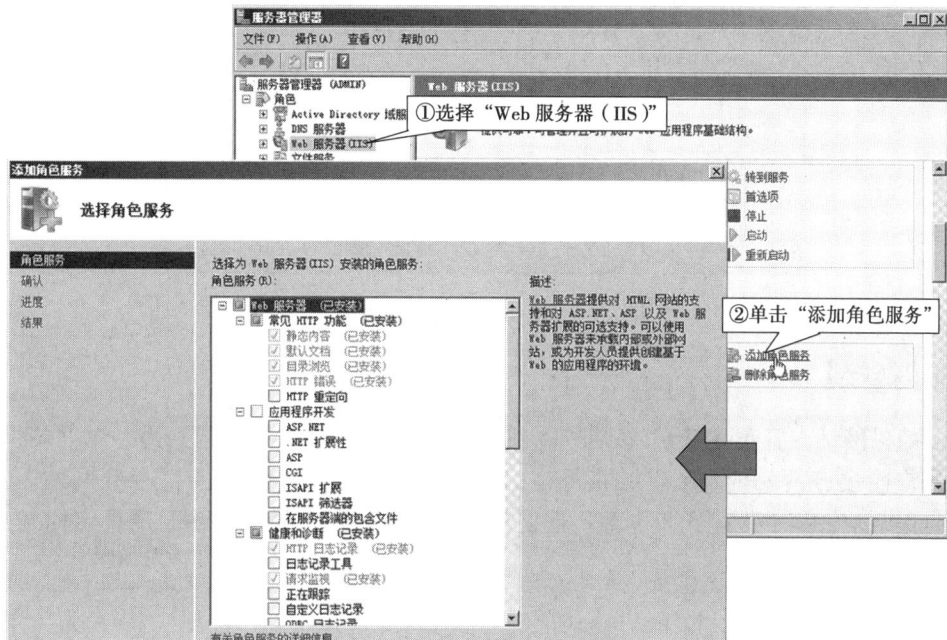

图 8.12　打开选择角色服务界面

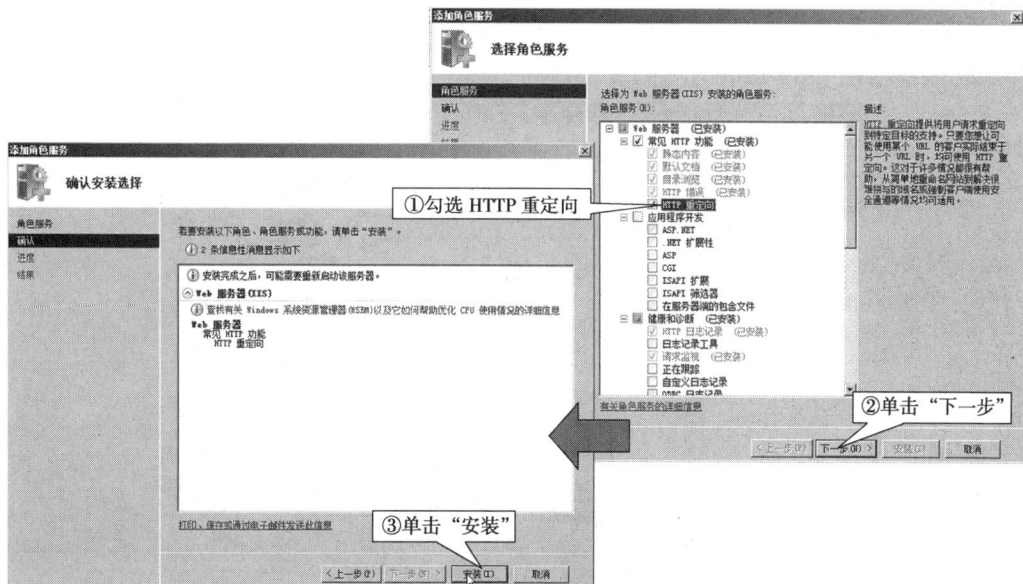

图 8.13　选择安装 HTTP 重定向角色

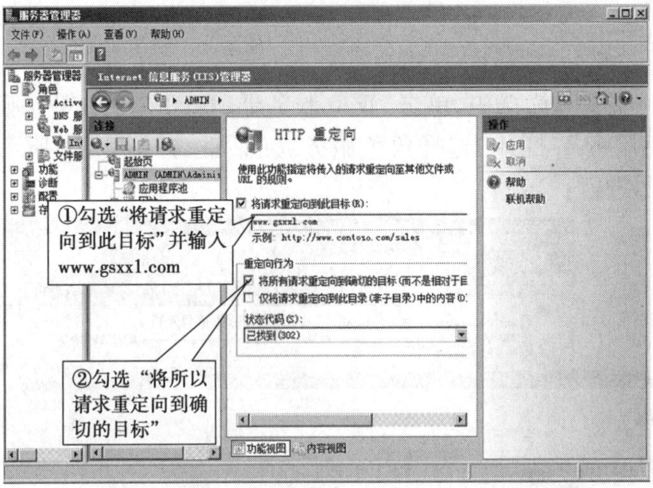

图 8.14　选择重定向目标和行为

【知识链接】

　　如果网站内容正在搭建或维护中,则可以将此网站暂时重定向到另一个网站,这样用户连接该网站时,所看到的将是另一个网站的网页,而不会打不开网站。在IIS7.0默认安装时没有安装 HTTP 重定向角色服务,需要先安装 HTTP 重定向角色服务。

5. 导出配置与使用共享配置

　　在"Internet 信息服务(IIS)管理器"界面中单击网站的计算机名,然后双击"共享的配置",按图 8.15 至图 8.18 所示操作。

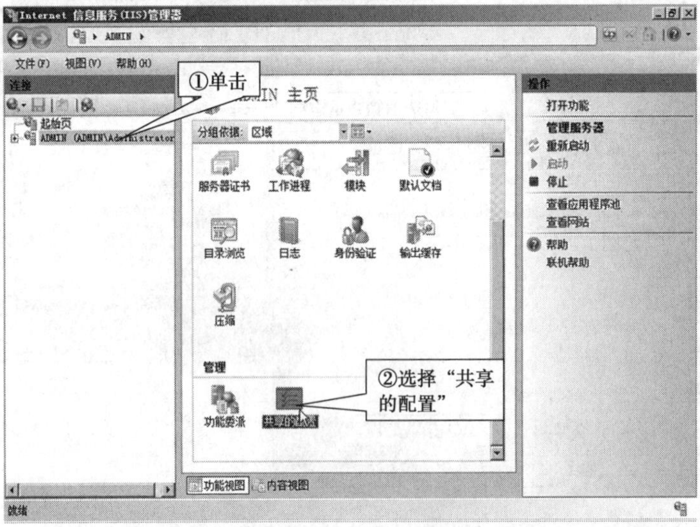

图 8.15　打开共享的配置界面

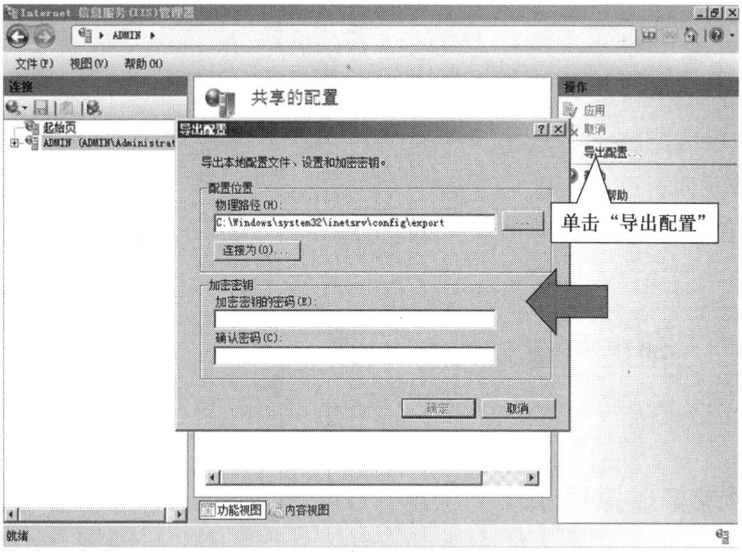

图 8.16 打开导出配置界面

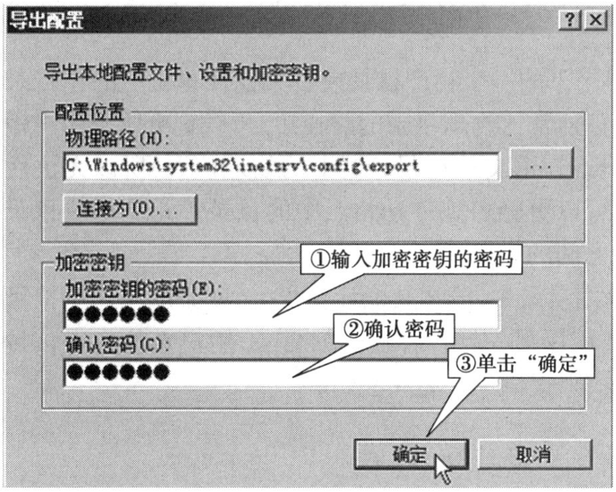

图 8.17 输入导出

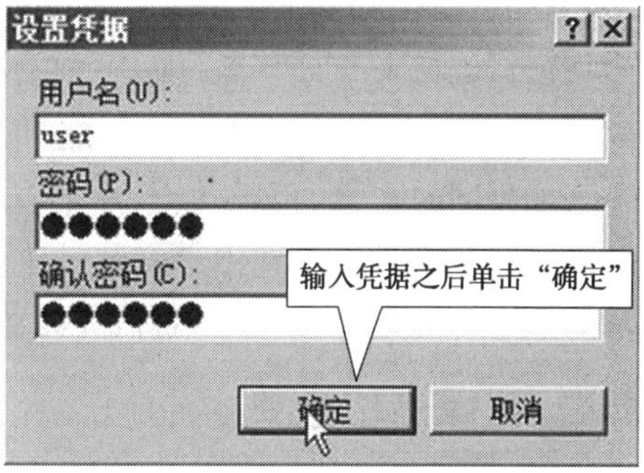

图 8.18 输入凭据将文件写入到此文件
夹的用户名和密码

友情提示

将网站的配置导出到本地或网络计算机中,以便日后可以重新将其导入或让其他
计算机中的网站可以共享这些配置。

【小结】

本任务主要介绍了网站的基本配置,如 IP 地址的绑定(IP 地址、端口号、主机名)、网页
存储位置的设置和访问权限、默认的首页文件、HTTP 重定向、导出配置与使用共享配置的操
作方法。

【练一练】

1. IP 地址的绑定。
2. 设置默认的首页文件。
3. HTTP 重定向。
4. 导出配置与使用共享配置的操作方法。

任务三　创建与管理虚拟目录

1. 物理目录与虚拟目录

对于任何一个网站,都需要使用目录来保存文件,既可以将所有的网页及相关文件都存放到网站的主目录之下,也就是在主目录之下建立文件夹,然后将文件放到这些子文件夹内,我们把这些文件夹称为物理目录。

虚拟目录是为服务器硬盘上不在主目录下的一个物理目录或者其他计算机上的主目录而指定的好记的名称,或"别名"。因为别名通常比物理目录的路径短,所以它更便于用户输入。同时,使用别名还更加安全,因为用户不知道文件在服务器上的物理位置,所以无法使用该信息来修改文件。通过使用别名,还可以更轻松地移动站点中的目录。无需更改目录的 URL,而只需更改别名与目录物理位置之间的映射。

如果网站包含的文件位于并非主目录的目录中,或在其他计算机上,就必须创建虚拟目录以将这些文件包含到用户的网站中。要使用另一台计算机上的目录,用户必须指定该目录的通用命名约定(UNC)名称,并为访问权限提供用户名和密码。

2. 创建虚拟目录

为了便于测试,在网站的 C 盘中新建一个名为"web"的文件夹,该文件夹将被设置为网站的虚拟目录,然后在此文件夹中新建一个名为"index. html"的测试网页文件。

打开"index. html"文件后显示如图 8.19 所示。

展开本地计算机,展开网站,右击"Default Web Site"选择"添加虚拟目录"命令,如图 8.20所示。

单击"添加虚拟目录"后,打开"添加虚拟目录"界面,在"别名"文本框中输入"别名"并选择"物理路径",如图 8.21 所示。

回到 Default Web Site 网站中,可以发现多了一个虚拟目录"www",同时再单击下方的"内容视图"后,便可以看到此目录中的文件"index. html",如图 8.22 所示。

打开 IE 浏览器,在地址栏输入"http://本机 IP 地址/虚拟目录名/进行测试"。若一切正常则如图 8.19 所示。

图 8.19　新建测试网页

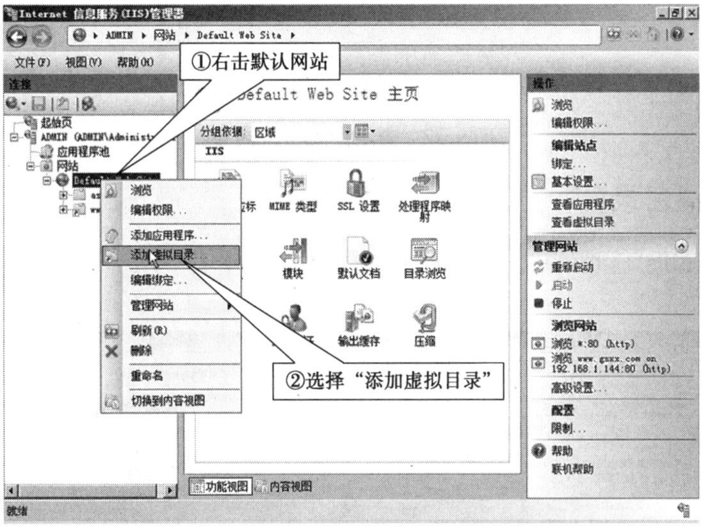

图 8.20　添加虚拟目录

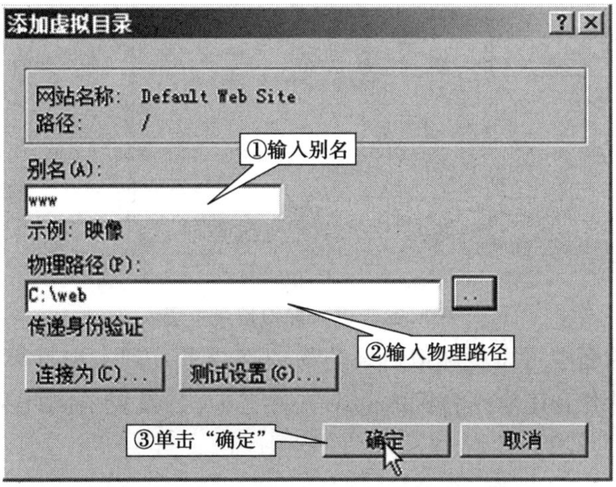

图 8.21　输入虚拟目录别名和选择物理路径

图 8.22　查看虚拟目录内容

3. 设置虚拟目录

在信息服务(IIS)管理器中,选择创建的虚拟目录"www",单击窗口右侧的"基本设置",如图 8.23 所示。

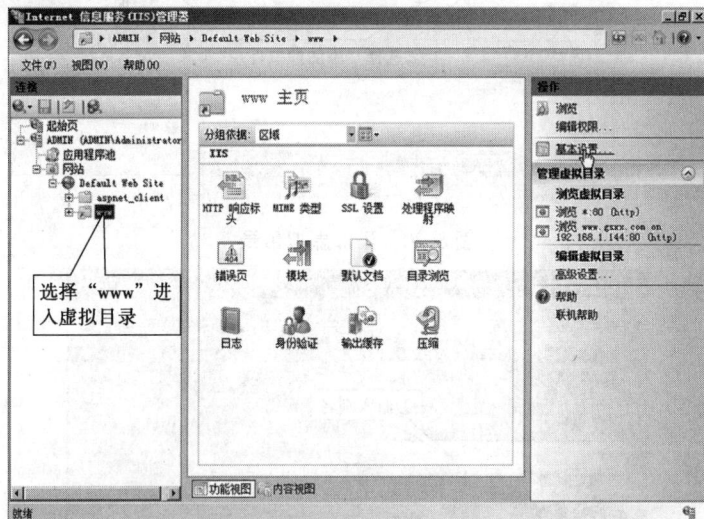

图 8.23　进入虚拟目录主页

在"基本设置"界面中可以将虚拟目录的物理路径更改到本地计算机的其他文件夹,也可以将网页保存到网络上其他计算机的共享文件夹中,并设置访问此共享文件夹的用户名与密码,逐步操作如图 8.24 所示。

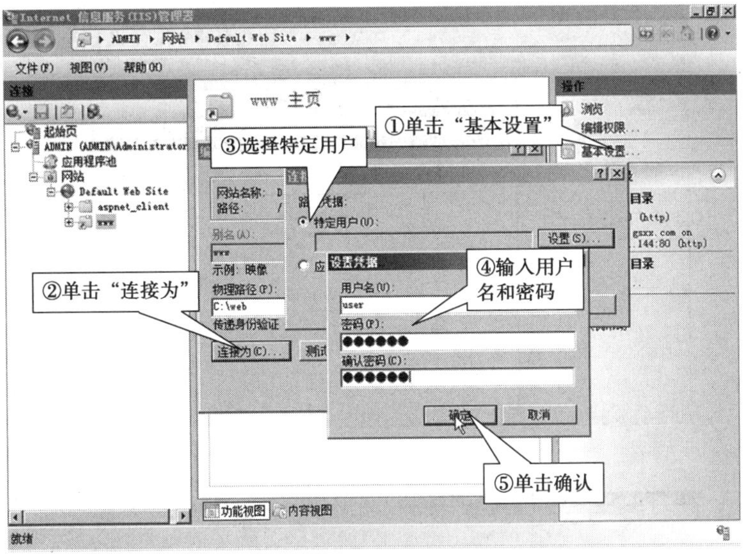

图 8.24 选择虚拟目录的物理路径

【小结】

本任务主要介绍了创建虚拟目录与设置虚拟目录。

【练一练】

创建、设置和测试虚拟目录。

任务四 创建多个网站

1. 利用主机头名来识别网站

新建两个网站 www.gsxx.com 和 web.gsxx.com,网站的设置参数如表 8.1。

表 8.1 各网站参数

主机标头名	IP 地址	TCP 端口	主目录路径
www.gsxx.com	192.168.1.125	80	C:\web
Web.gsxx.com	192.168.1.125	80	C:\web1

(1)在 DNS 服务器中添加主机。为了让客户端能通过 DNS 服务器查询到 www.gsxx.com 和 web.gsxx.com 的 IP 地址需要在 DNS 服务器上添加两个主机,如图 8.25 所示。

(2)编辑测试网页内容。在 C 盘下分别创建“web”和“web1”两个文件夹作为站点文件夹,分别在其文件夹内创建一张网页,网页内容分别如图 8.26 和图 8.27。

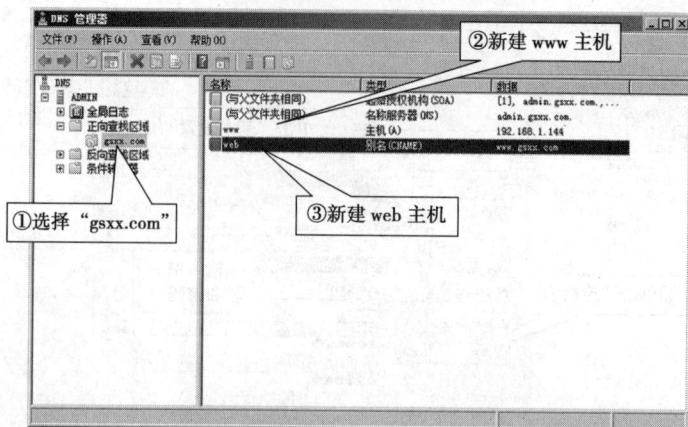

图 8.25　在 DNS 中添加主机

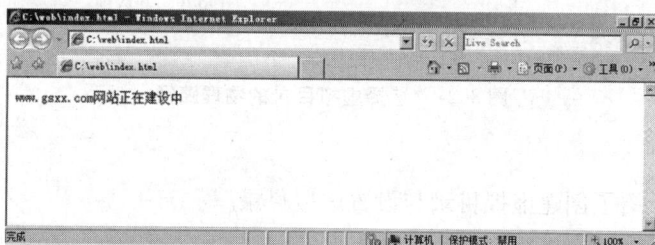

图 8.26　www.gsxx.com 网页内容

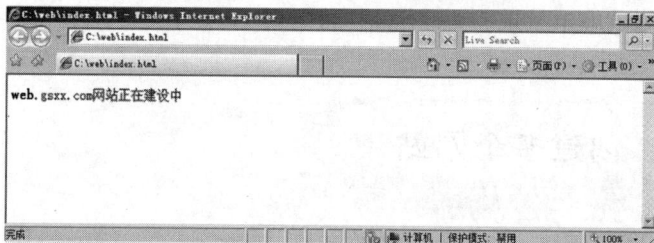

图 8.27　web.gsxx.com 网页内容

　　(3)新建网站 www.gsxx.com。打开"Internet 信息服务(IIS)管理器"对话框,展开"计算机",右击"网站"选择"添加网站"命令,如图 8.28 所示。

　　在"添加网站"对话框输入网站名称"web",选择网站路径"c:\web",输入主机名"www.gsxx.com",其余设置默认,然后单击"确定"按钮,新建 www.gsxx.com 网站,操作如图 8.29 所示。

　　(4)新建网站 web.gsxx.com。用第(3)步的方法新建 web.gsxx.com 网站,操作如图 8.30 所示。

　　(5)测试网站。输入不同的主机名进行测试,测试结果如图 8.19 所示。

2. 利用 IP 地址来识别网站

　　如果计算机有多个 IP 地址,则可以利用为每个网站分配一个 IP 地址的方式来架设多个网站。直接修改前一节中所使用的两个网站 www.gsxx.com 和 web.gsxx.com,使每个网站拥有一个 IP 地址网站,设置如表 8.2 所示。

图 8.28 新建网站

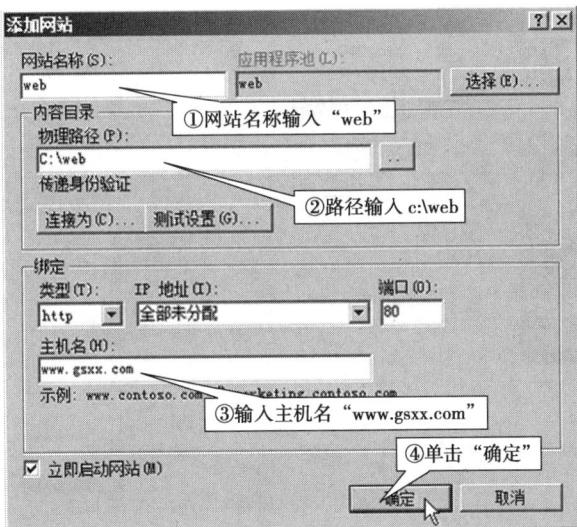

图 8.29 新建 www.gsxx.com 网站

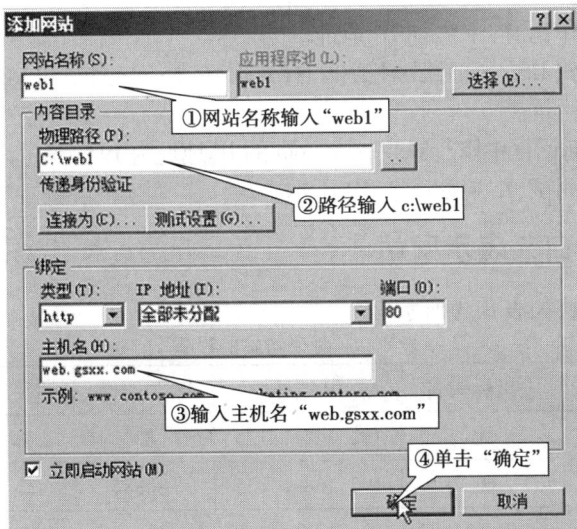

图 8.30 新建 web.gsxx.com

表8.2　网站主要设置

网　站	主机标头名	IP 地址	TCP 端口	主目录路径
www	无	192.168.1.125	80	C:\web
Web	无	192.168.1.126	80	C:\web1

右击桌面上的"网络"图标选择"属性"命令,单击窗口右侧的"本地连接",打开"本地连接状态"对话框,操作如图8.31所示。

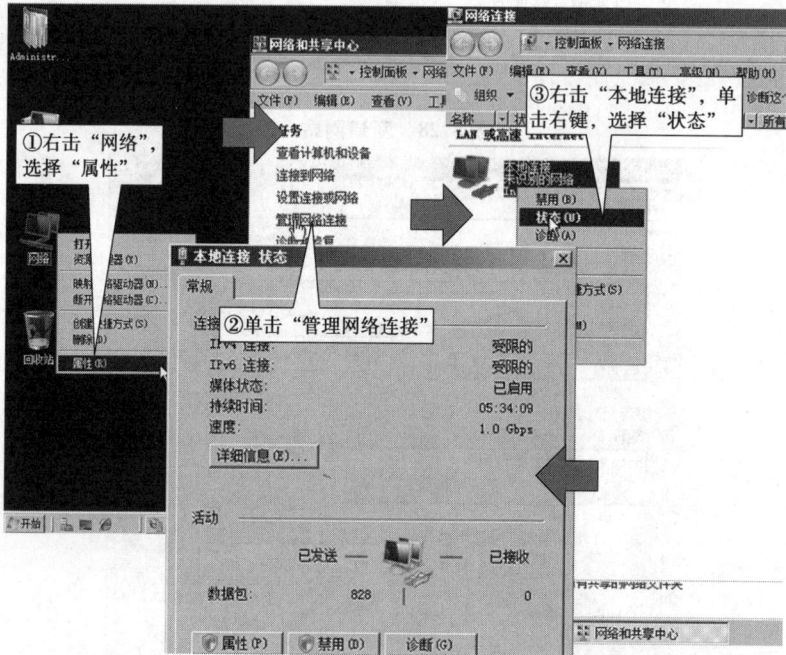

图8.31　本地连接 状态界面

在"Internet 协议(TCP/IP)"对话框中单击"高级"按钮,打开"高级 TCP/IP 设置"对话框,按图8.32所示操作,为网卡添加 IP 地址。

然后在"信息服务(IIS)管理器"对话框中,分别修改 web 网站和 web1 网站的绑定信息,如图8.33和图8.34所示。

在"DNS 服务器"对话框中修改 web.gsxx.com 的 IP 地址为192.168.1.126,如图8.35所示。

用站点名称进行测试,结果如图8.19所示。

3. 利用 TCP 端口来表示网站

两个网站设置参数如表8.3所示。

表8.3　两个网站的设置

网　站	主机标头名	IP 地址	TCP 端口	主目录路径
www	无	192.168.1.125	80	C:\web
web	无	192.168.1.125	8088	C:\web1

图 8.32　添加多个 IP 地址

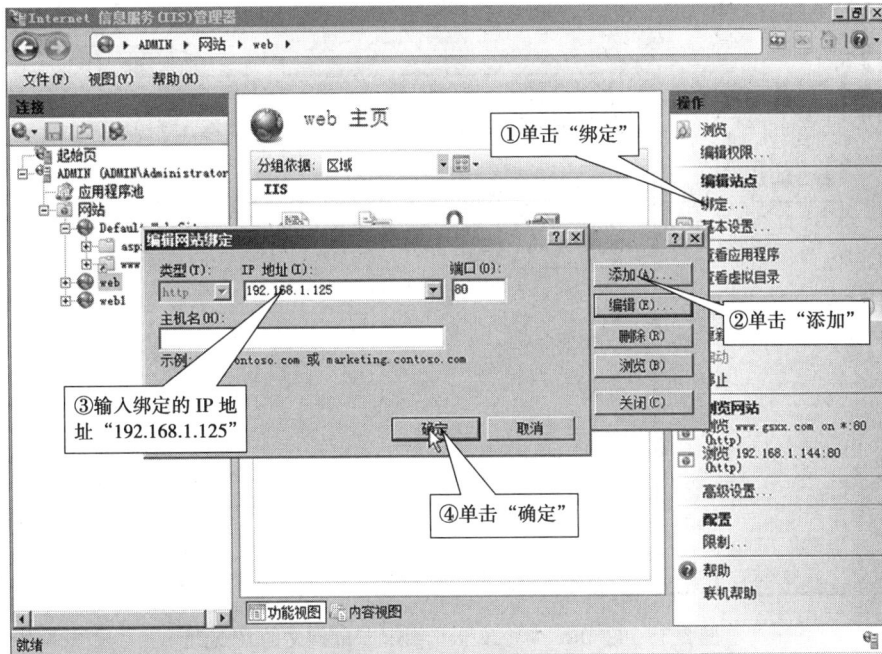

图 8.33　web 网站绑定 IP 地址

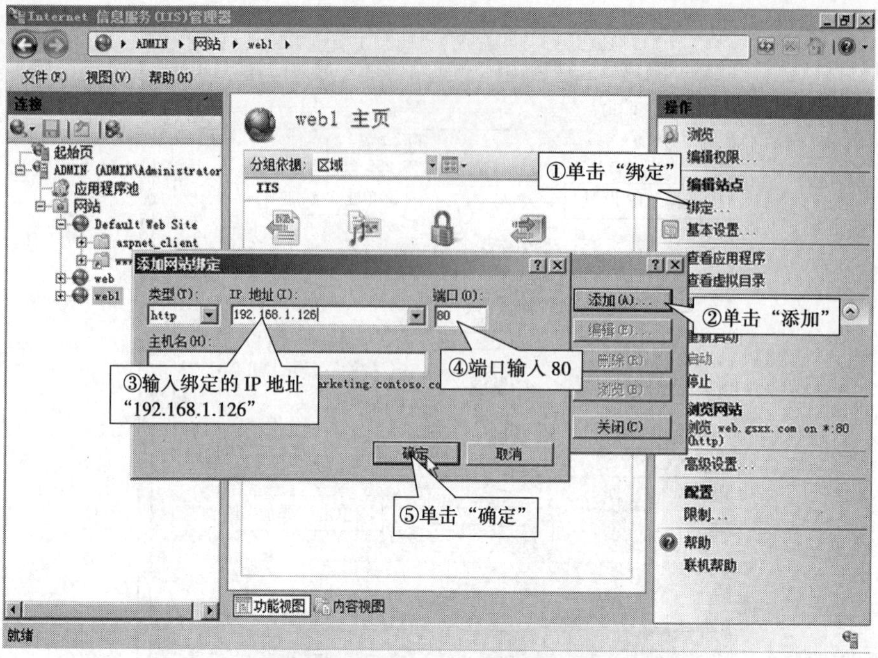

图 8.34　web1 网站绑定 IP 地址

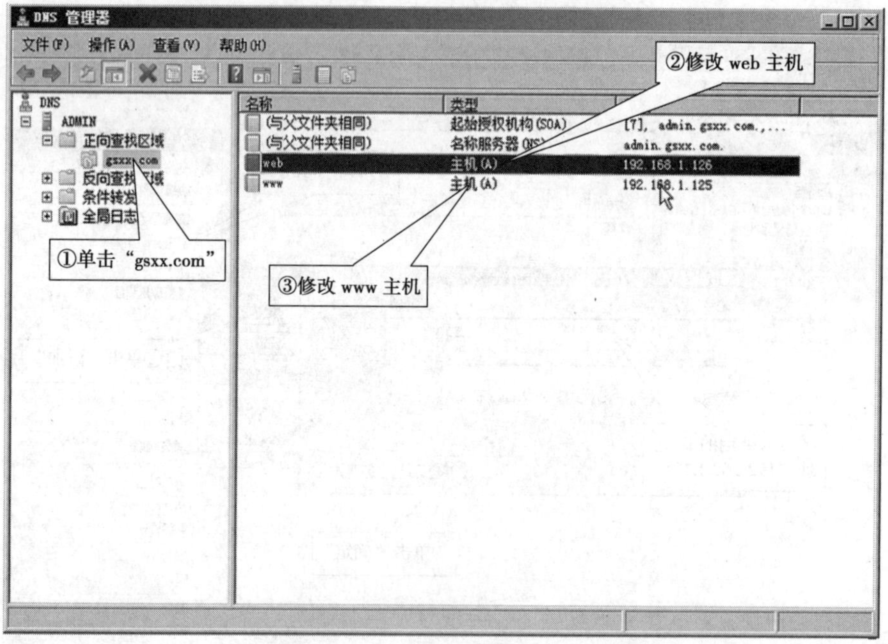

图 8.35　在 DNS 中修改 web.gsxx.com 网站的 IP 地址

在"DNS 管理器"对话框中修改 DNS 服务器,将两个网站的 IP 地址统一设为 192.168. 1.125。

在"信息服务(IIS)管理器"中将 www.gsxx.com 网站的设置修改为:IP 地址 192.168.1. 125,端口 80,主机名为空,将 web.gsxx.com 网站的设置修改为:IP 地址 192.168.1.125,端口

8088，主机名为空，操作方法与步骤如图 8.36 和图 8.37 所示。

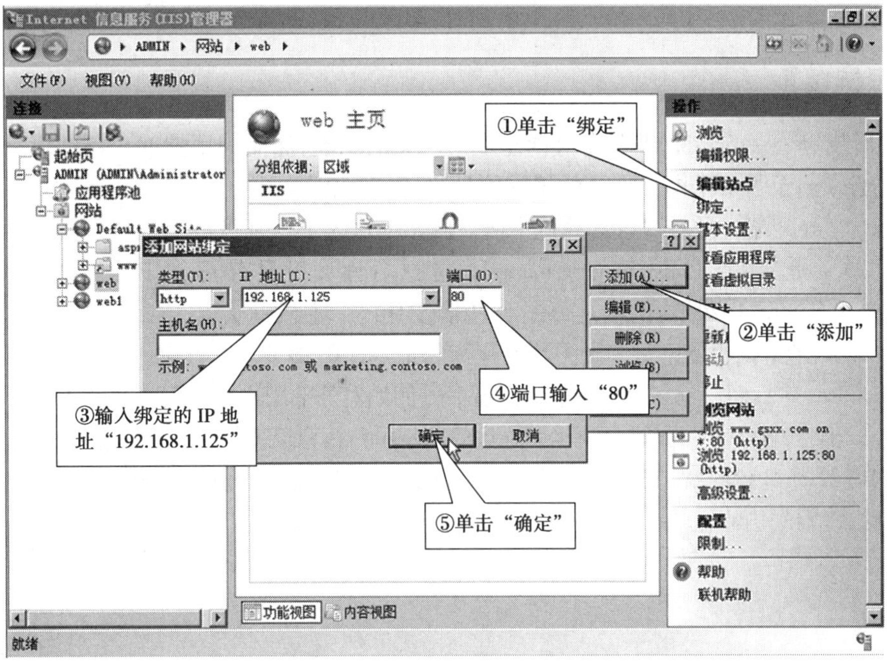

图 8.36　修改 www.gsxx.com 网站

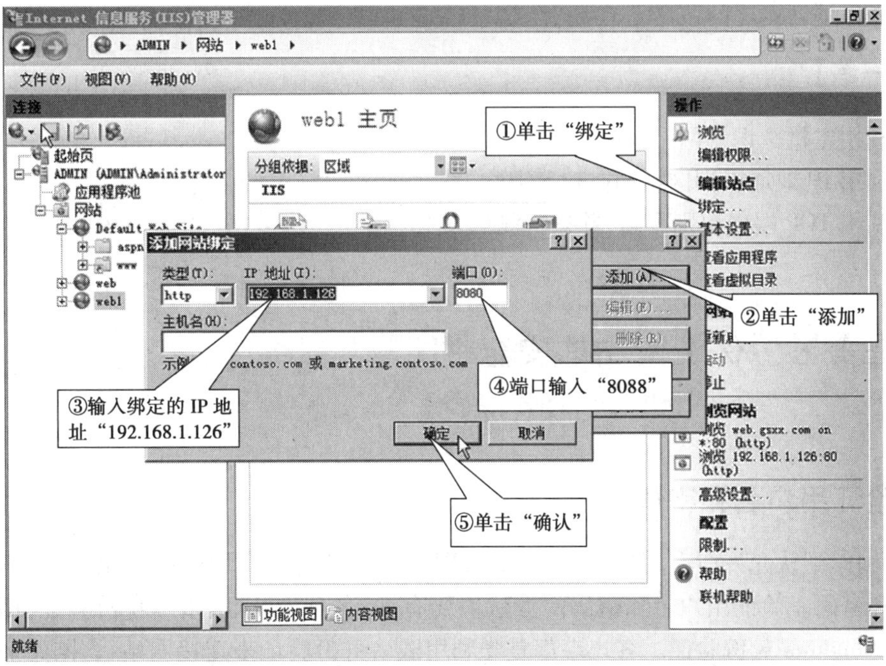

图 8.37　修改 web.gsxx.com 网站的 TCP 端口为 8088

由于 Windows Server 2008 的防火墙默认是启用的，在安装 Web 服务器（IIS）角色后，会自动开放 TCP 端口 80，但是没有开放 8088 连接端口，因此需要关闭 Windows 防火墙。

在 IE 浏览器地址栏分别输入 http://www.gsxx.com:80 和 http://web.gsxx.com:8088 进行连接,结果见图8.19所示。

【知识链接】

IIS 支持在一台计算机上同时创建多个网站的功能,然而为了能够正确的区分这些网站,必须给予每一个网站唯一的识别信息,而用来识别网站的识别信息有主机标头名、IP 地址与 TCP 端口号。这台计算机中所有网站的这3个识别信息不可以完全相同。

(1)主机标头名(host header name)。若这台计算机只有一个 IP 地址,可以采用主机标头名来区分网站,也就是每一个网站各有一个主机标头名。

(2)IP 地址。也就是每一个网站各有一个唯一的 IP 地址。此方法比较适合于启用了 SSL(Secure Socket Layer)安全连接功能的网站,例如对外部用户提供服务的商业网站。

(3)TCP 端口号。此时每一个网站将被赋予一个 TCP 端口号(TCP port number),以便 IIS 计算机利用端口号来区别每一个网站。它比较适合于为内部用户提供服务的网站或测试用网站。

【小结】

本任务主要介绍了利用主机头识别和创建网站、利用 IP 地址识别和创建网站、利用 TCP 端口识别和创建网站。

【练一练】

1.利用主机头识别网站,并进行测试。

2.利用 IP 地址识别网站,并进行测试。

3.利用 TCP 端口识别网站,并进行测试。

任务五 保证网站的安全性

1.验证用户名和密码

IIS 网站默认允许所有用户来连接,如果网站只是针对特定用户提供服务,就需要输入用户名和密码。验证用户名和密码的方法主要有:匿名身份验证、基本身份验证、摘要式身份验证、Windows 身份验证。客户端都是先利用匿名身份验证来连接网站,若网站的4种身份验证方式都是合法的,则客户端会按照以下顺序来选择其余3种验证方法:Windows 身份验证、摘要式身份验证、基本身份验证。

如图8.38所示,添加"Windows 身份验证、摘要式身份验证、基本身份验证"服务。安装其他身份验证如图8.39所示。

图 8.38 勾选基本身份验证、Windows 身份验证、摘要式身份验证

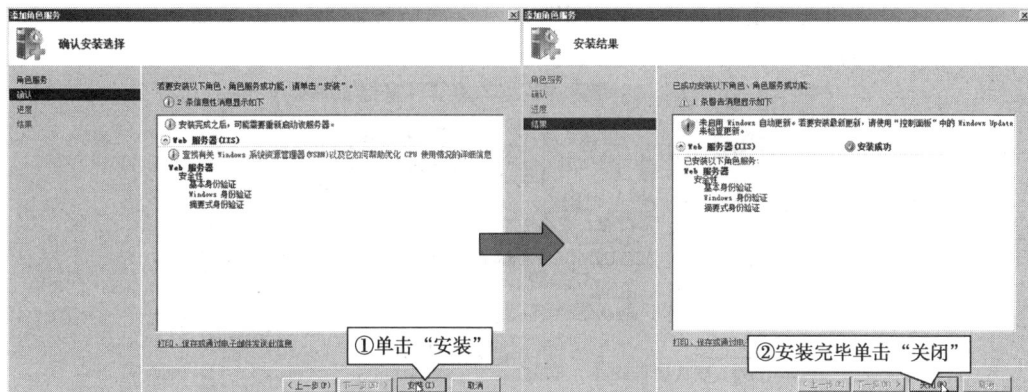

图 8.39 安装其他身份验证

在"信息服务(IIS)管理器"中右击"基本身份验证",从快捷菜单中选择"启动"命令,如图 8.40 所示。

图 8.40 启用其他身份验证

友情提示

基本身份验证要求用户提供有效的用户名和密码才能访问内容。这种身份验证方法不需要特殊浏览器，所有主流浏览器都支持这种身份验证方法。基本身份验证还可以跨防火墙和代理服务器工作。鉴于这些原因，在要仅允许访问服务器上的部分内容而非全部内容时，这种身份验证方法是一个不错的选择。但是，基本身份验证的缺点是其在网络上传输不加密的 Base64 编码的密码。只有当用户知道客户端与服务器之间的连接是安全连接时，才能使用基本身份验证。应通过专用线路或利用安全套接字层(SSL)加密和传输层安全性(TLS)来建立连接。如果要使用基本身份验证，必须禁用匿名身份验证。单击身份验证右侧的"编辑"，如图 8.41 所示配置基本身份验证(如果默认域有指定的域名，则网站会将用户账户视为此域的账户，如果没有指定域名则有两种情况：①若 IIS 计算机是成员服务器或独立服务器，则以本地安全数据库来检查用户名和密码是否正确。②若 IIS 计算机室域控制器，则以本域数据库来检查用户名和密码)。

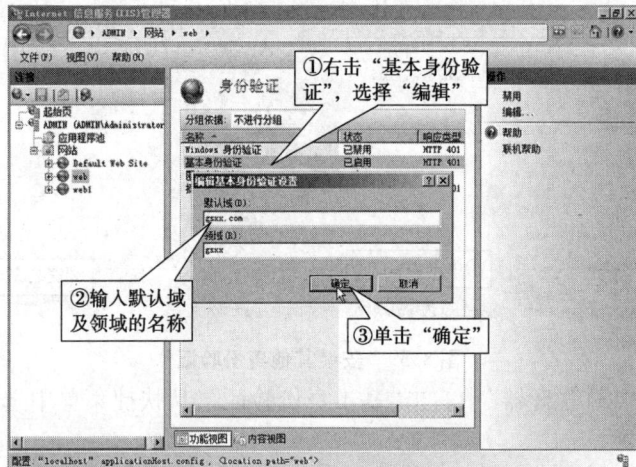

图 8.41　编辑基本身份验证设置

测试基本身份验证，当打开网站时会要求输入用户名和密码，操作如图 8.42 所示。

摘要式身份验证克服了基本身份验证的许多缺点。在使用摘要式身份验证时，密码不是以明文形式发送的。另外，用户可以通过代理服务器使用摘要式身份验证。摘要式身份验证使用一种质询/响应机制(集成 Windows 身份验证使用的机制)，其中的密码是以加密形式发送的。要使用摘要式身份验证，请注意下列要求：

①用户和 IIS 服务器必须是同一个域的成员或被同一个域信任。

②用户必须有一个存储在域控制器上 Active Directory 中的有效 Windows 用户账户。

③该域必须使用 Microsoft Windows 2000 或更高版本的域控制器。

④必须将 IISSuba. dll 文件安装到域控制器上。此文件会在 Windows 2000 或 Windows Server 2003 的安装过程中自动复制。

⑤必须将所有用户账户配置为选择"使用可逆的加密保存密码"账户选项(见图 8.43)。

要选择此账户选项,必须重置或重新输入密码(见图 8.44)。

图 8.42　测试基本身份验证

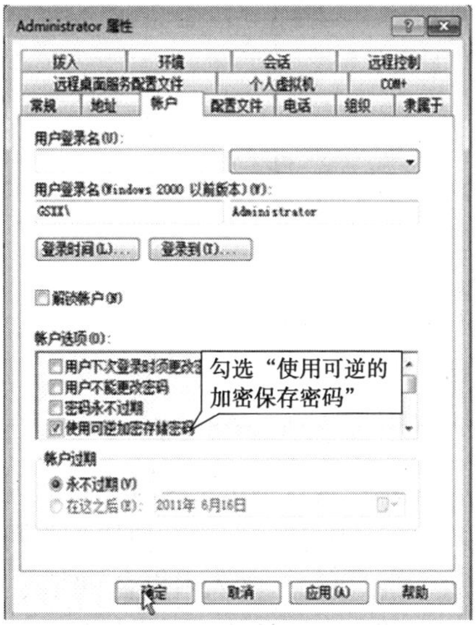

图 8.43　设置用户账户密码属性

图 8.44　重置用户账户密码

注意:如果用户使用的是摘要式身份验证,则必须使用 Microsoft Internet Explorer 5.0 或更高版本作为您的 Web 浏览器。

在"账户属性"对话框中右击账户,在弹出的快捷菜单中选择"重置密码"命令,如图 8.44 所示。

在"信息服务(IIS)管理器"对话框中,禁用其他验证方式,右击"摘要式身份验证",选择"编辑"命令,在"领域"文本框中输入领域名,操作如图 8.45 所示。

当利用浏览器连接启用了摘要式身份验证的网站时,要求必须输入有效的域用户名和密码后才可以连接网站,如图 8.46 所示。

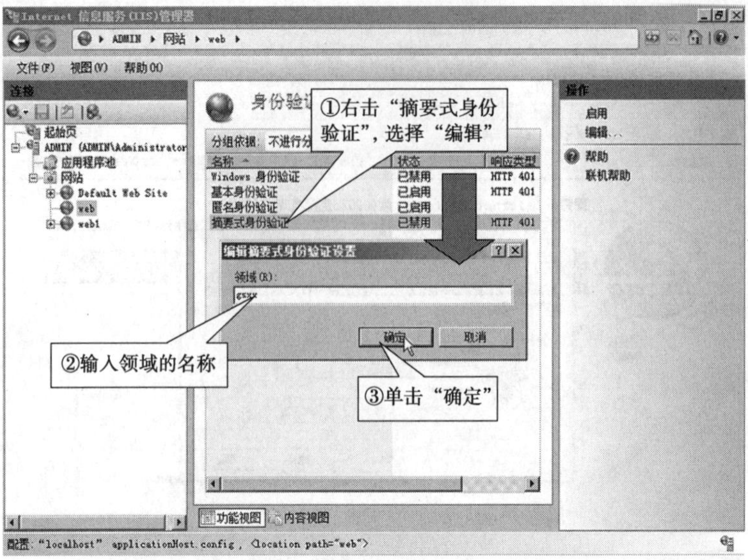

图 8.45　启用摘要式身份验证并输入领域名

图 8.46　测试摘要式身份验证网站

友情提示

如 Windows 身份验证比基本身份验证安全,而且在用户具有 Windows 域账户的内部网环境中能很好地发挥作用。在集成 Windows 身份验证中,浏览器尝试使用当前用户在域登录过程中使用的凭据,如果此尝试失败,就会提示该用户输入用户名和密码。如果您使用集成 Windows 身份验证,则用户的密码将不传送到服务器。如果用户作为域用户登录到本地计算机,则此用户在访问该域中的网络计算机时不必再次进行身份验证。客户端利用 Windows 身份验证来连接内部网站时,会自动利用目前登录的用户名和密码来连接网站,如果此用户没有权利连接网站,就会要求用户自行另外输入用户名和密码。

2. 通过 IP 地址来限制连接

打开"服务器管理器"对话框,单击"Web 服务器(IIS)"下的"添加服务器角色",选择"IP 和域限制"复选框,单击"下一步"按钮安装,如图 8.47 和图 8.48 所示。

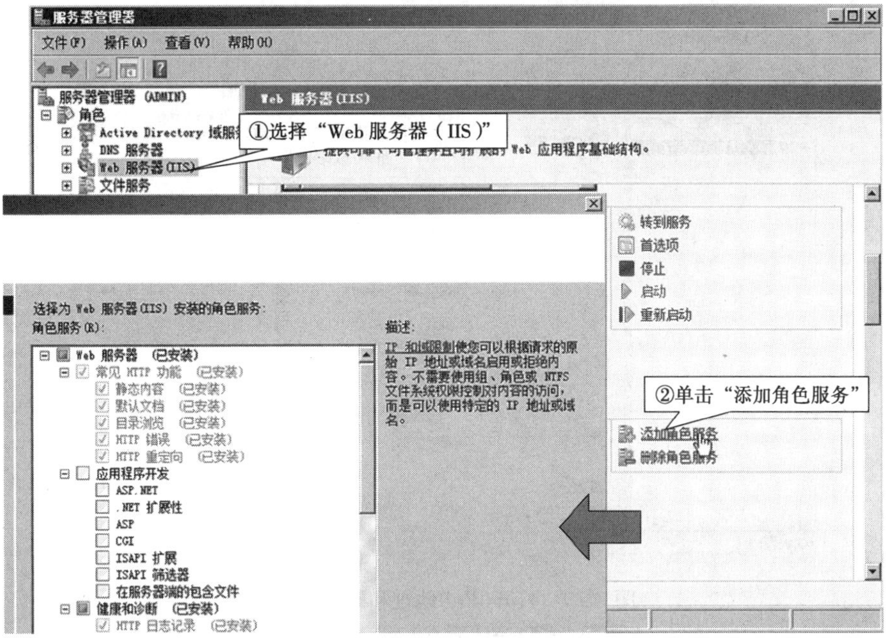

图 8.47　添加角色

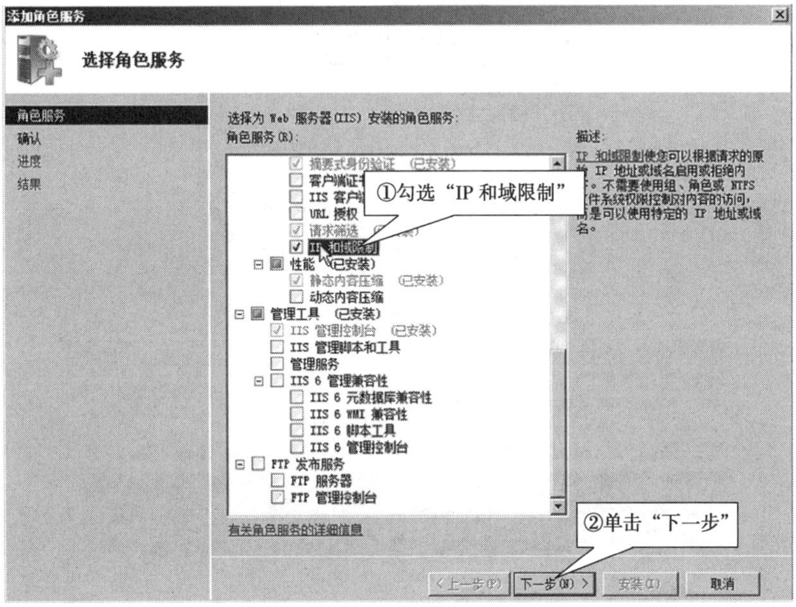

图 8.48　安装 IP 和域限制角色

重新启动"Internet 信息服务(IIS)管理器",选择需要设置的网站(如前面创建的 web),双击窗口中的"IPv4 地址和域限制",如图 8.49 所示。

在"添加拒绝限制规则"对话框中添加拒绝访问地址,如图 8.50 所示。

当被拒绝的计算机连接 Web 网站时,会显示被拒绝的界面,如图 8.51 所示。

如果需要通过域名来限制连接的设置项,按图 8.52 所示操作。

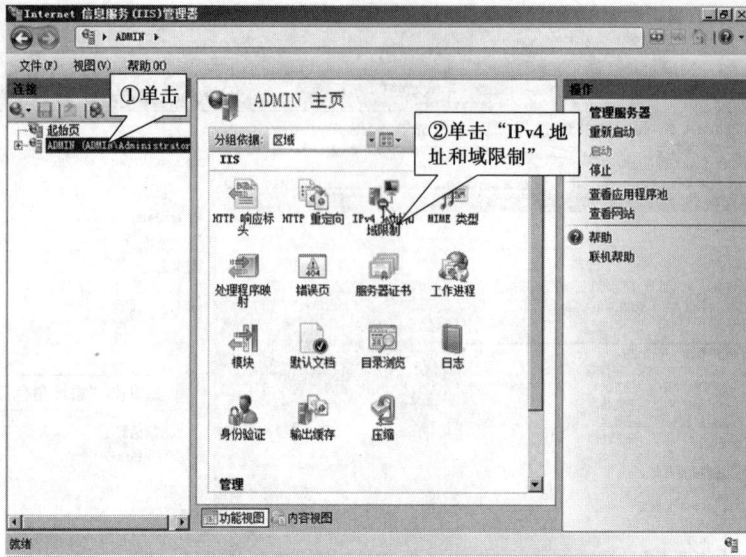

图 8.49　打开 IPv4 地址和域限制界面

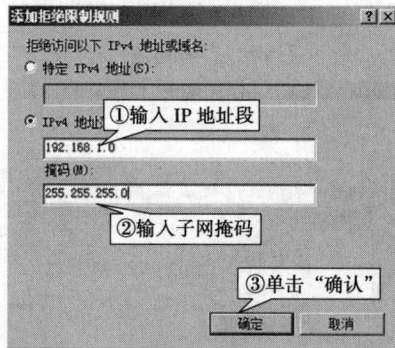

图 8.50　输入拒绝连接的 IP 地址段

图 8.51　拒绝连接界面

图 8.52　启用域名限制

　　单击"是"按钮,然后再单击"添加拒绝条目"按钮,在该对话框中就可以通过域名来限制连接的设置项,如图 8.53 所示。

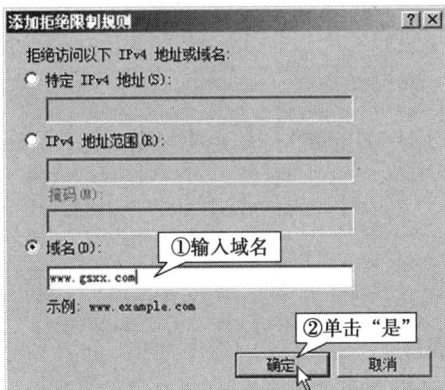

图 8.53　输入限制的域名

3. 通过 NTFS 权限来提高网页的安全性

　　网页文件应存储在 NTFS 磁盘分区中,以便利用 NTFS 权限来增加网页的安全性。NTFS 权限的设置,操作如图 8.54 所示,具体设置方法查看本书模块五。

【知识链接】

　　随着互联网的蓬勃发展,网站数量的增加,网站的安全问题也随之而来,并逐渐成为学校、企事业单位和政府部门网络应用所面临的主要问题。但是一个网站的安全问题可能从多方面而来。只是任何一方面,都不可能保证绝对的安全。一个安全的网站,必须要各方面配合。本任务通过验证用户名和密码、通过 IP 地址来限制连接、NTFS 权限、审核 IIS 日志记录等方面来设置网站的安全性。

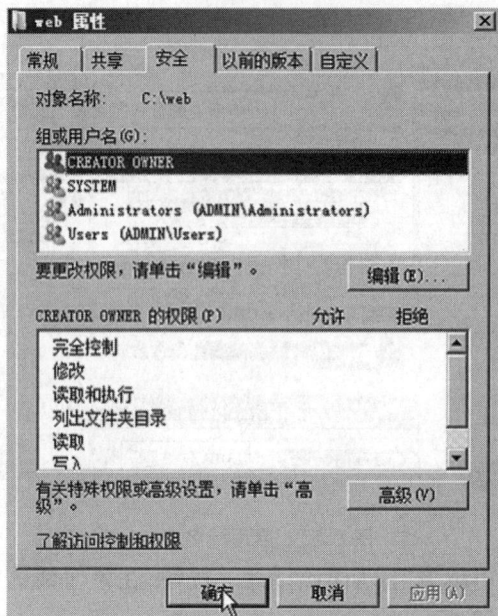

图 8.54 设置站点文件夹的 NTFS 权限

【小结】

本任务主要介绍了验证用户名和密码、通过 IP 地址来限制连接、通过 NTFS 权限来提高网页的安全性。

【练一练】

1. 验证用户名和密码。

2. 通过 IP 地址来限制连接。

3. 通过 NTFS 权限来提高网页的安全性。

【模块自测题】

一、应知(78 分)

1. 填空题(每题 2 分,总 18 分)

(1)安装 WEB 服务器时。选择＿＿＿＿＿＿→"管理工具"→＿＿＿＿＿＿,打开"服务器管理器"窗口。

(2)在"导出配置与使用共享配置"实做时,第一步:在＿＿＿＿＿＿对话框中单击网站的计算机名,然后双击＿＿＿＿＿＿。

(3)在物理路径文本框中可输入网页的存储位置,也可以通过单击＿＿＿＿＿＿按钮选择路径,网页的默认保存路径为＿＿＿＿＿＿,其中＿＿＿＿＿＿就是 Windows Server 2008 的磁盘。

(4)在设置网站名称跟物理路径时,单击＿＿＿＿＿＿打开＿＿＿＿＿＿对话框。

(5)在"利用 IP 地址来识别网站"中第一步:右击桌面上的＿＿＿＿＿＿图标选择

_____,单击界面右侧的_____,打开_____对话框。

(6)在"利用 IP 地址来识别网站"中第二步:单击_____界面的_____按钮,选择_____,然后单击_____按钮,在打开的"Internet 协议版本 4(TCP/IP v4)属性"界面中单击_____按钮,打开"高级 TCP/IP 设置"对话框。

(7)在"验证用户名和密码"的实做时,第一步:由于系统默认只启用匿名身份验证,其他三种都必须通过_____的方式来安装。

(8)在"验证用户名和密码"的实做时,第二步:打开_____,展开_____,选择其中创建好的一个网站,双击其界面中的_____可以看见只启用了_____,而其余验证都是处于禁止状态,可以通过右击的方法启用其他的验证。

(9)在"执行管理工作的计算机的设置"实做中,第一步:打开 Internet 信息服务(IIS)管理器,右击_____,选择_____。

2.简答题(每题 3 分,总 60 分)

(1)简述 IIS7.0 概述。

(2)简述 IIS7.0 新特性。

(3)什么是功能委派?

(4)在安装 Web 时应该注意什么?

(5)在"选择服务器角色"界面,角色服务应该勾选哪几个选项?

(6)怎样进行基本身份验证?

(7)简述 HTTP 重定向。

(8)简述 IP 地址的绑定。

(9)简述导出配置与使用共享配置的操作。

(10)简述为什么要创建物理目录与虚拟目录。

(11)简述创建物理目录与虚拟目录的好处。

(12)如何创建虚拟目录?

(13)如何设置虚拟目录?

(14)为什么要创建多个网站? 创建多个网站应该注意什么设置?

(15)如何利用 IP 地址来识别网站?

(16)简述如何利用主机头名来识别网站。

(17)简述利用 TCP 端口来标识网站。

(18)如何通过 NTFS 权限来提高网页的安全性?

(19)如何验证用户名和密码?

(20)如何通过 IP 地址来限制连接?

二、应会(22 分)

实操题

根据要求在服务器上创建如下 Web 站点:(1)网站域名 www.ruijie1.com,只允许通过域名地址访问网站,服务器 IP 地址不能访问网站。(2)禁止 192.168.4.0 网段访问网站。(3)登录网站时需要通过基本身份验证。

架设 FTP 服务器

一般来说,计算机联网的首要目的就是实现信息共享,文件传输是信息共享非常重要的内容之一。Internet 是一个非常复杂的计算机环境,连接其中的计算机可能运行不同的操作系统(Unix、Dos、Windows、MacOS 等),各种操作系统之间要实现文件交流,需要建立一个统一的文件传输协议,这就是 FTP(File Transfer Protocol)。

具体学习目标如下:

- 会安装 FTP 服务器与新建 FTP 网站;
- 掌握 FTP 网站基本设置;
- 掌握虚拟目录的设置;
- 掌握 FTP 网站用户的隔离设置。

任务一 安装 FTP 服务器与新建 FTP 网站

1. 安装 FTP 7.0 服务器

按以下操作提示逐步进行安装。

单击"开始"→"管理工具"→"服务器管理器",打开"服务器管理器"窗口,选择"角色"栏目,在"Web 服务器(IIS)"区域中单击"添加角色服务"链接。按图 9.1 至图 9.3 所示操作。

图 9.1 服务器管理

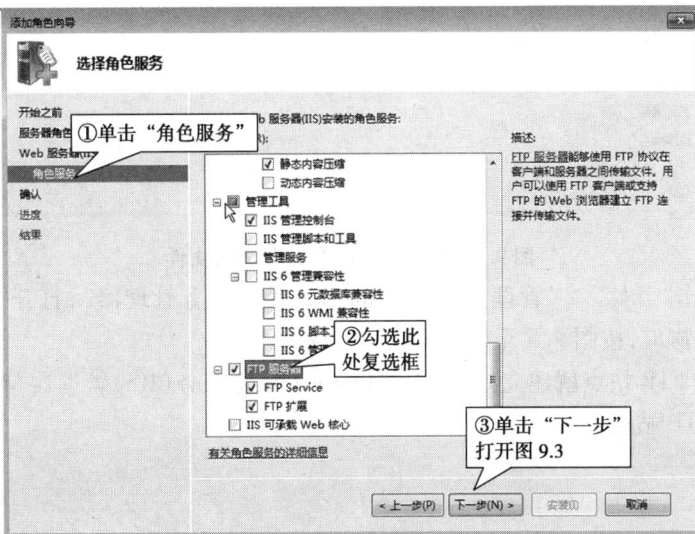

图 9.2 添加服务器角色

图 9.3 确认安装

2. 创建新的 FTP 站点

（1）在资源管理器中建立好 FTP 的主目录和测试文件，如图 9.4 所示。

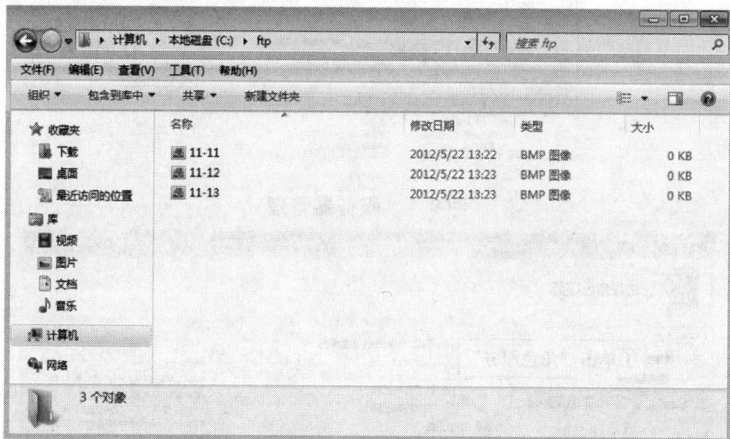

图 9.4 建立 FTP 主目录和测试文件

（2）然后单击"开始"→"管理工具"→"Internet 信息服务管理器"，打开"Internet 信息服务（IIS）管理器"窗口，按图 9.5 至图 9.8 所示操作。

至此第一个 FTP 站点就建立好了。在"Internet 信息服务（IIS）管理器"窗口中可以查看到刚才建立的 FTP 站点。

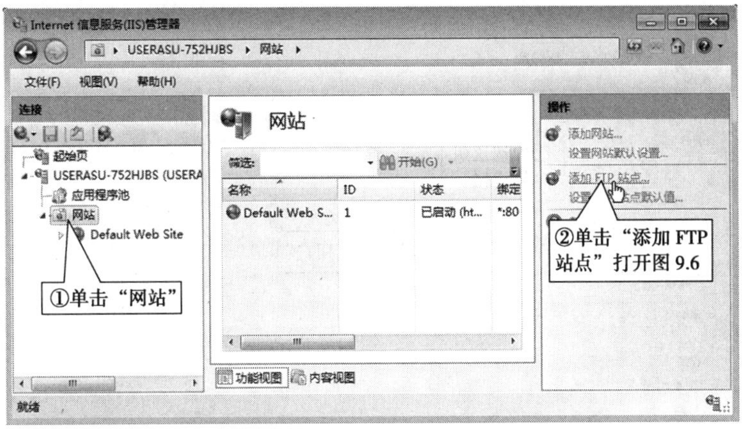

图 9.5　FTP Internet 信息服务管理器

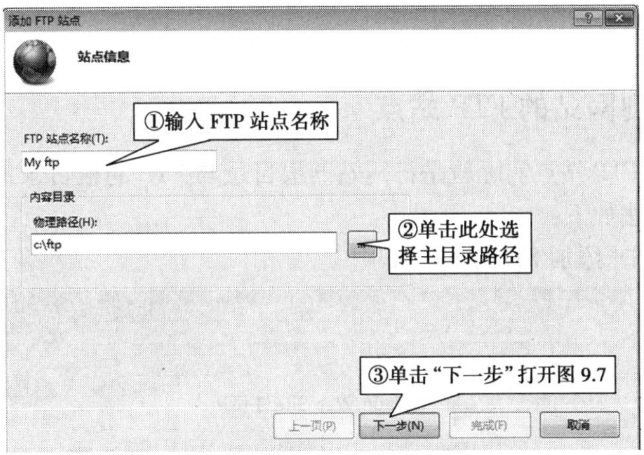

图 9.6　添加 FTP 站点

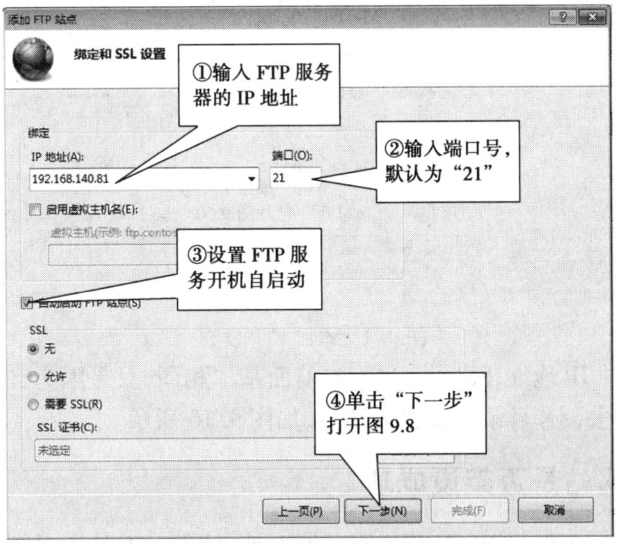

图 9.7　绑定和 SSL 设置

图 9.8 身份验证

3. 创建集成到网站的 FTP 站点

集成到网站的 FTP 站点实际就是将网站的根目录与 FTP 的根目录设置成一样，以便于同时管理。设置方法如下：

在图 9.9 中单击"添加 FTP 发布"选项。

图 9.9　添加 FTP 发布

然后设置 FTP 的 IP 地址，SSL 等，过程与前面基本相同，只是因为和网站使用同一个根目录，所以不需要再去设置目录。设置成功后，如图 9.10 所示。

4. 测试 FTP 网站是否架设成功

在"计算机"窗口的地址栏输入 FTP 服务器地址，访问 FTP 站点，如图 9.11 所示。

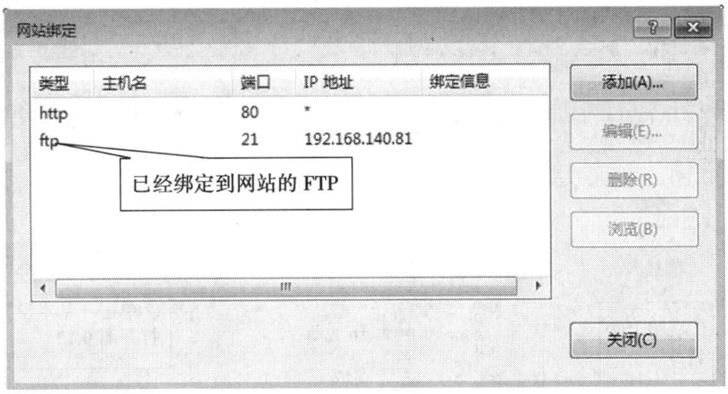

图 9.10　已经绑定到网站的 FTP

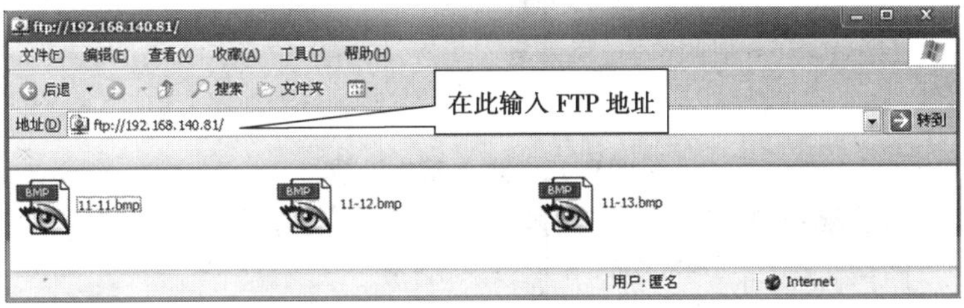

图 9.11　测试结果

【小结】

本任务主要介绍了创建 FTP 服务器的方法。

【练一练】

1. 自己建立一个 FTP 服务器。

2. 将自己建立的 FTP 服务器集成到网站服务器。

任务二　FTP 网站的基本设置

1. 文件储存位置与目录样式

在 "Internet 信息服务(IIS)管理器" 窗口中作如下设置,如图 9.12 和图 9.13 所示。

2. FTP 网站绑定设置

用户可以在 Windows Server 2008 中建立多个 FTP 站点,FTP 的绑定设置就是为了区分开多个 FTP 网站。

(1) 在图 9.14 中作如下设置。

(2) 在图 9.15 中作如下设置。

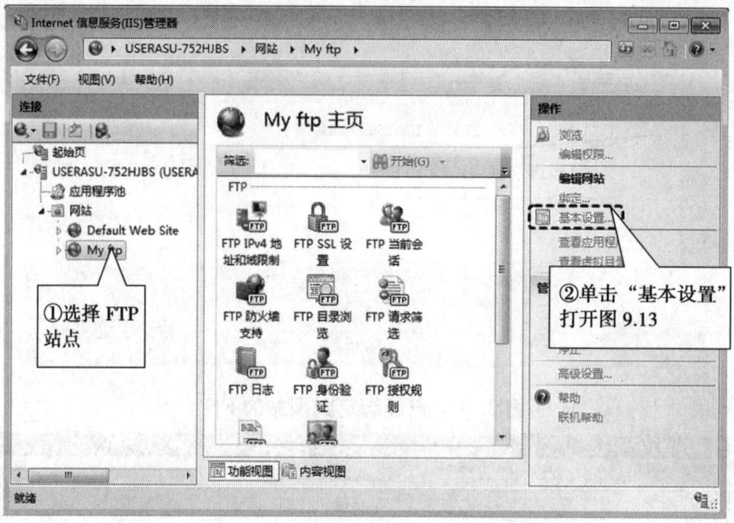

图 9.12　进入基本设置

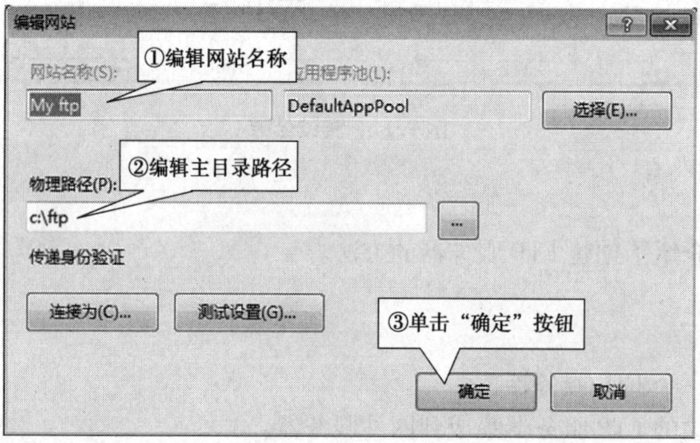

图 9.13　编辑 FTP 网站

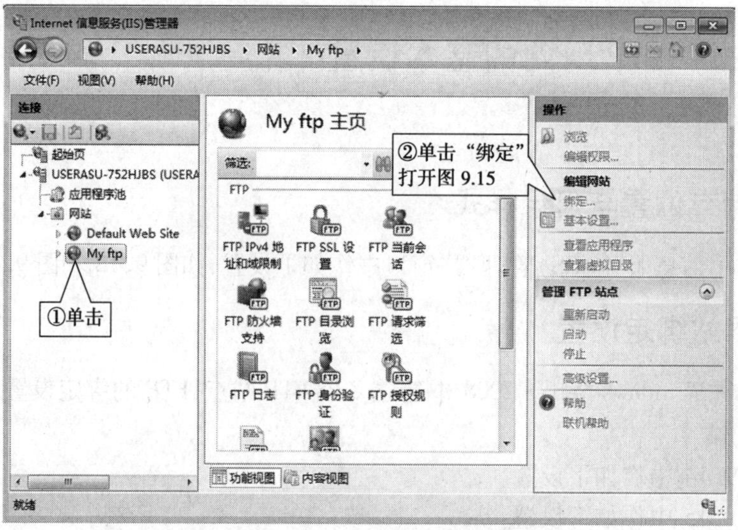

图 9.14　MY FTP 主页

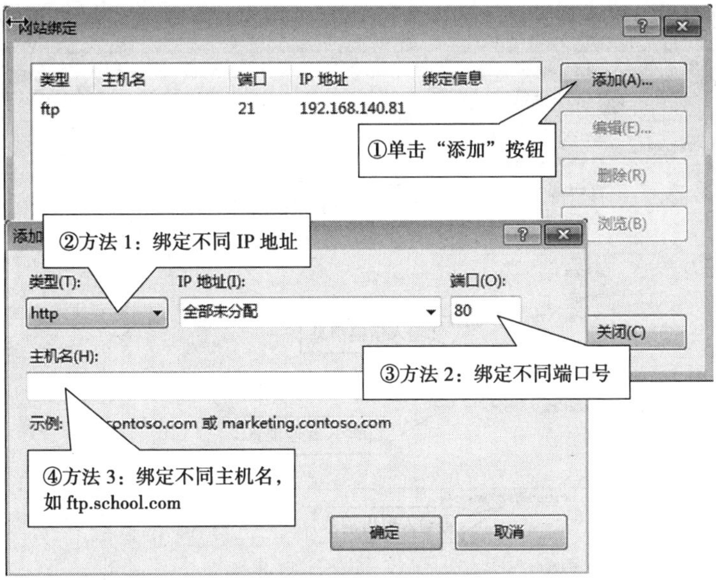

图 9.15 绑定不同 FTP 站点

3. FTP 网站的信息设置

FTP 网站的信息设置是在登录 FTP 服务器时显示的信息。在图 9.16 中,双击"FTP 消息"图标并进行如图 9.17 的设置。

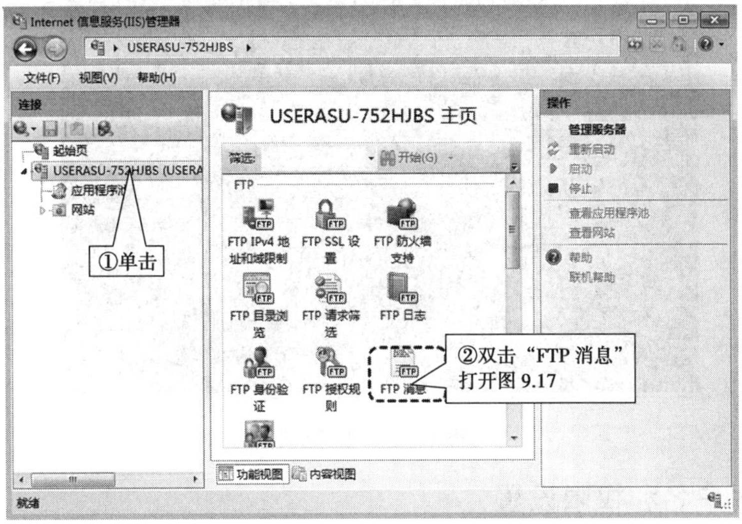

图 9.16 FTP 服务器管理主页

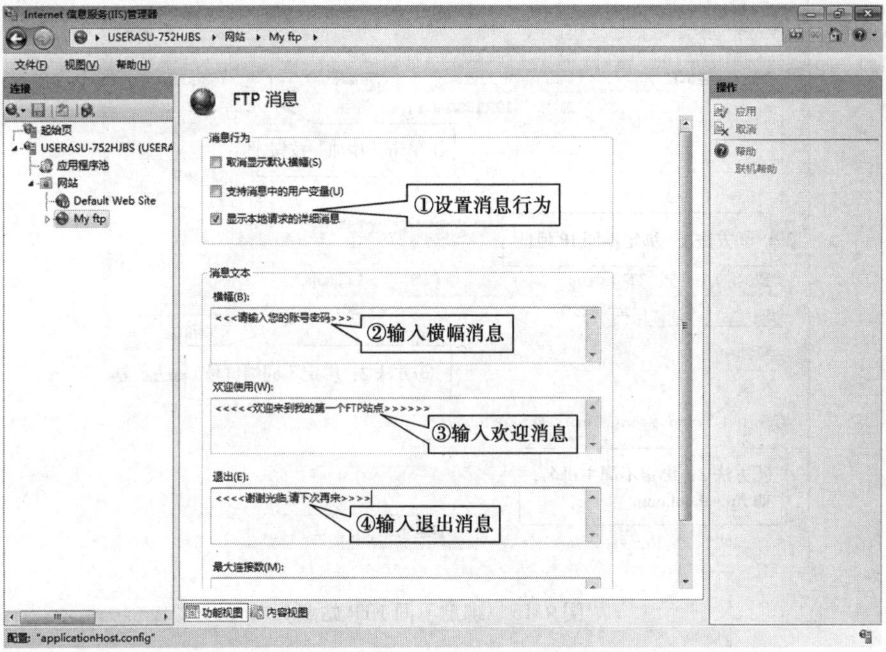

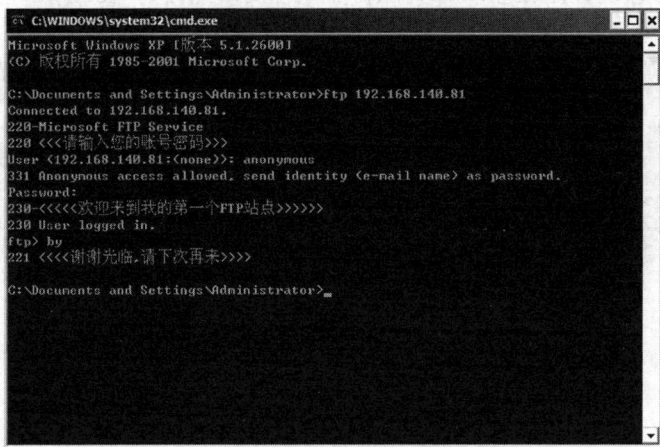

图 9.17　FTP 消息设置

使用 CMD 命令提示行界面来测试。图 9.18 为测试界面,显示测试成功。

图 9.18　FTP 测试

4.验证用户名和权限设置

在"Internet 信息服务(IIS)管理器"窗口中作如下设置:进入"FTP 身份验证"对话框进行设置,如图 9.19 所示。

Windows Server 2008 为用户提供了两种验证方式:基本身份验证和匿名身份验证。其意义与 Web 站点的身份验证是完全相同的。

图 9.19 进入 FTP 身份验证

5. FTP 权限设定

打开"Internet 信息服务(IIS)管理器"窗口,按图 9.20 所示操作。

图 9.20 打开权限设置

在图 9.21 中可以看到,FTP 服务器在创建的时候选择的是允许所有用户访问。右边的"添加允许规则"和"添加拒绝规则"可以分别设置允许规则和拒绝规则,如图 9.22 所示。

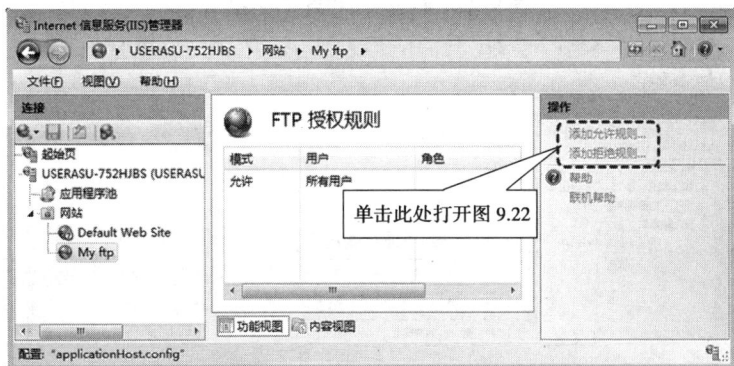

图 9.21 FTP 授权规则设置

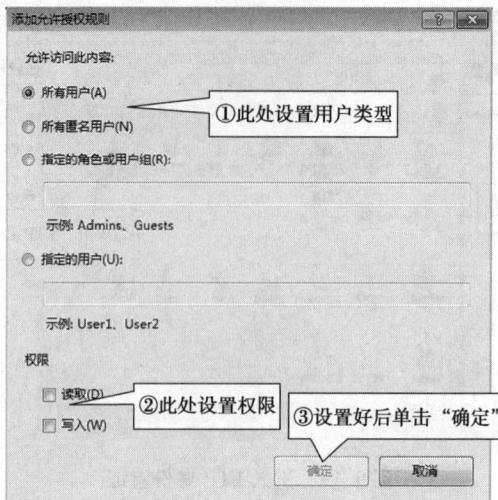

图 9.22　允许规则设置

6. 查看当前连接的用户

在"Internet 信息服务(IIS)管理器"窗口中,按图 9.23 所示操作。显示当前连接用户如图 9.24 所示。

图 9.23　打开"FTP 当前会话"

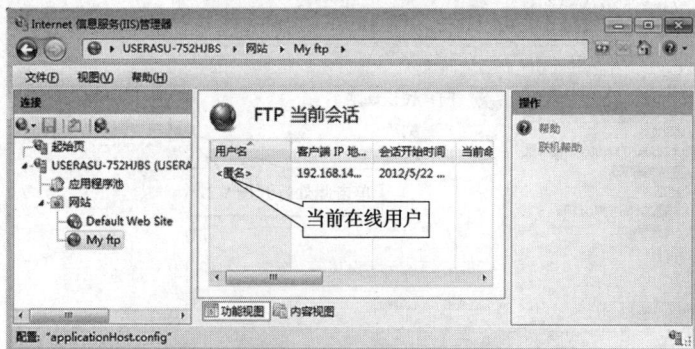

图 9.24　FTP 当前会话

7. 通过 IP 地址来限制连接

在"Internet 信息服务(IIS)管理器"窗口中,按图 9.25 所示操作。

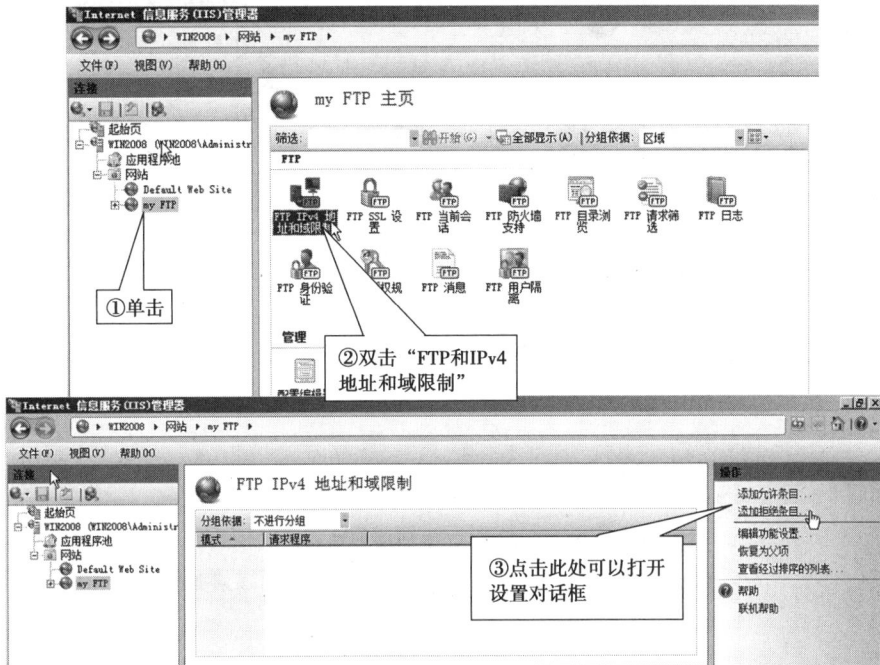

图 9.25　打开地址和域限制

设置允许条目的设置方式与 Web 完全一样,这里不再叙述。

【小结】

本任务主要介绍了 FTP 网站的基本设置方法。

【练一练】

1. 在一台服务器上安装多个 FTP 服务。
2. 对 FTP 用户进行授权。

任务三　设置 FTP 虚拟目录

首先在 FTP 服务器上新建一个文件夹,作为虚拟目录的根目录,并建立测试文件。然后在"Internet 信息服务(IIS)管理器"窗口中,按图 9.26 和图 9.27 所示操作。

图 9.28 是测试虚拟目录所得到的界面,访问虚拟目录的方法为:输入 ftp://IP 地址/别名。

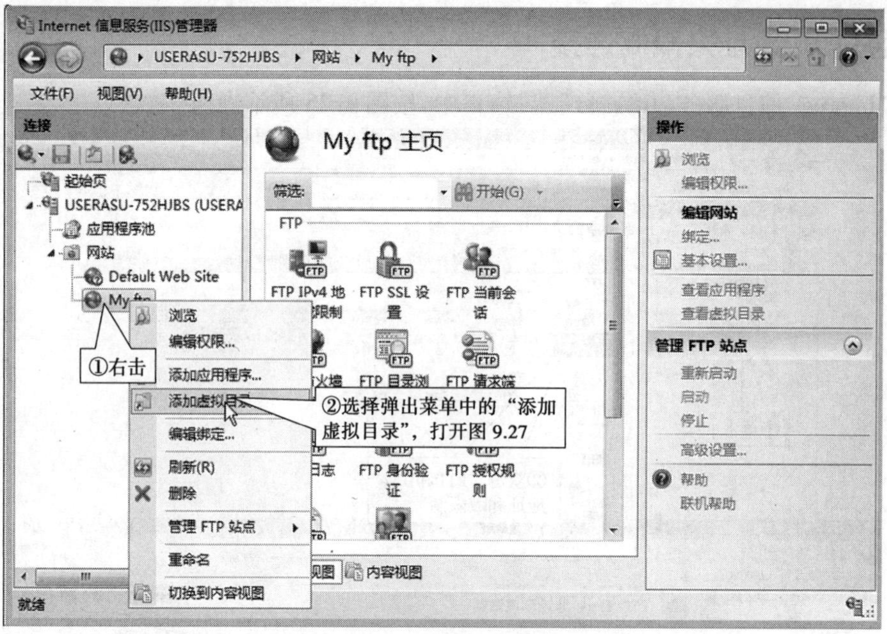

图 9.26 打开添加虚拟目录

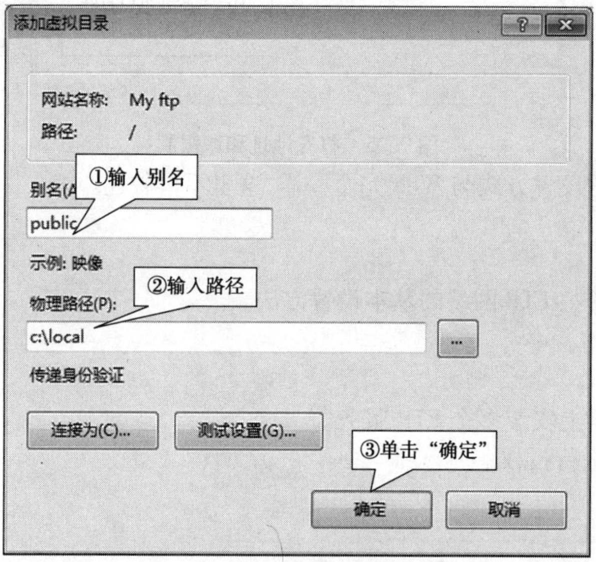

图 9.27 添加虚拟目录

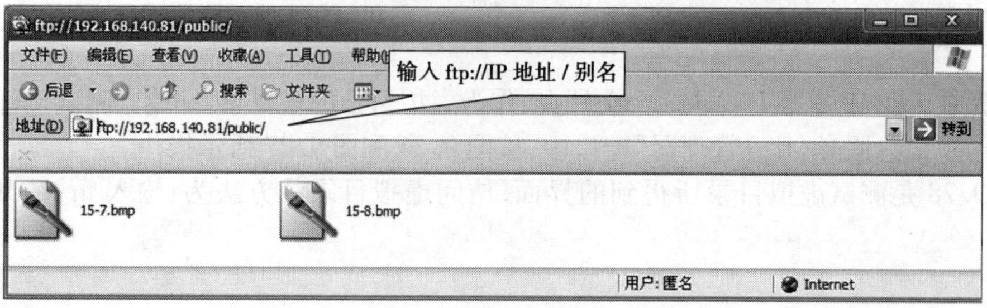

图 9.28 测试结果

【小结】

本任务主要介绍了设置 FTP 虚拟目录的方法。

【练一练】

为 FTP 服务器创建一个虚拟目录。

任务四　FTP 网站的用户隔离设置

用户隔离,主要是指让用户在访问 FTP 时只能分别访问自己的目录,可以理解为个人仓库。

在"Internet 信息服务(IIS)管理器"窗口中,双击"FTP 用户隔离"图标,出现图 9.29 所示的界面,这就是用户隔离的界面。接下来我们所讲的配置都在此界面设置。

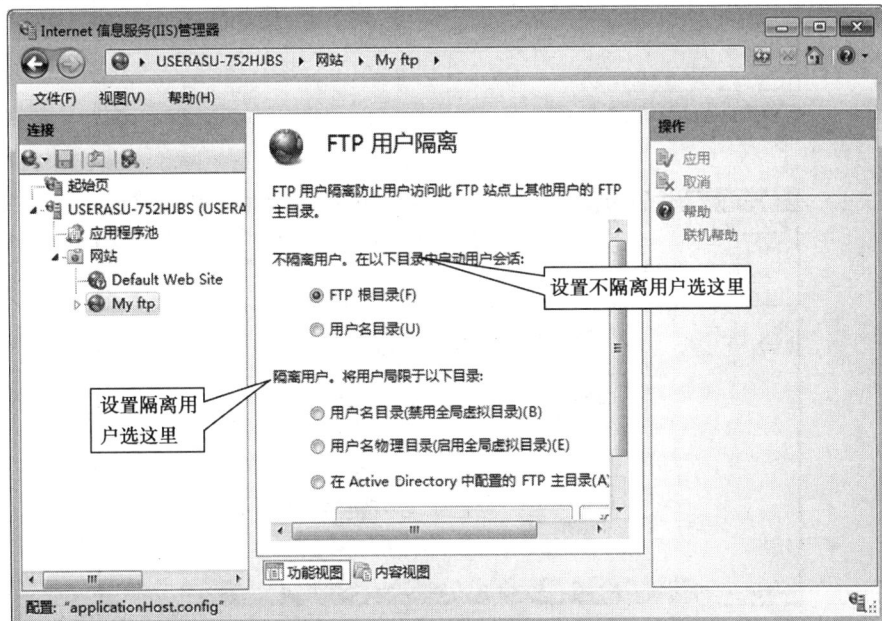

图 9.29　FTP 用户隔离

1. 不隔离用户,但是用户有自己的主目录

在 FTP 站点的根目录中为每个用户创建不同的文件夹,文件夹名同用户名。如图 9.30 所示。

使用客户机登录时,结果如图 9.31 所示。

此方法虽然可以隔离开用户,但是互相并不影响访问,也就是说 user1 在 CMD 界面下可以访问 user2 的目录。

图 9.30　不隔离用户设置

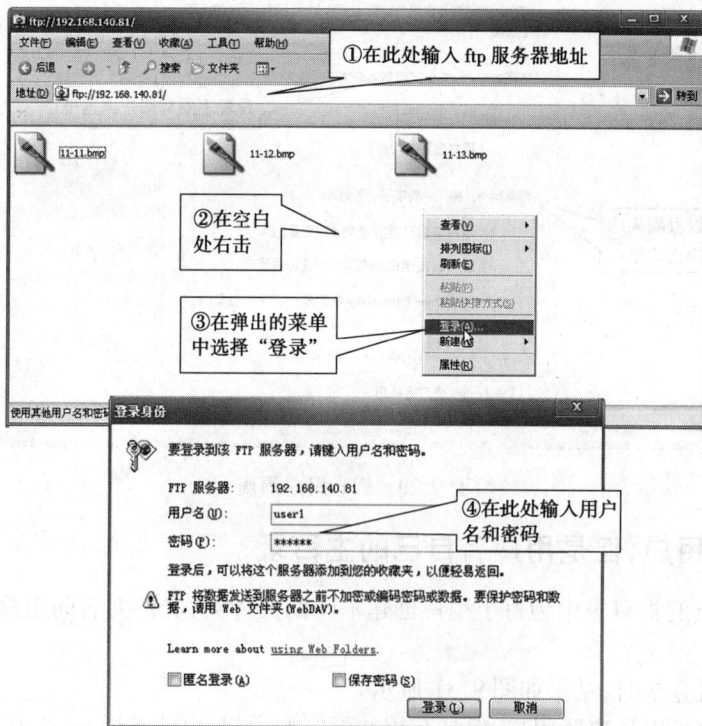

图 9.31　登录 FTP 服务器

2. 隔离用户,有专属主目录,但无法访问全局虚拟目录和其他用户目录

隔离用户是不直接在根目录下新建目录,而是在根目录下创建名为"localuser"的文件夹,然后在"localuser"中建立以用户名为文件夹名的用户文件夹。创建隔离用户目录的方法如图9.32所示。

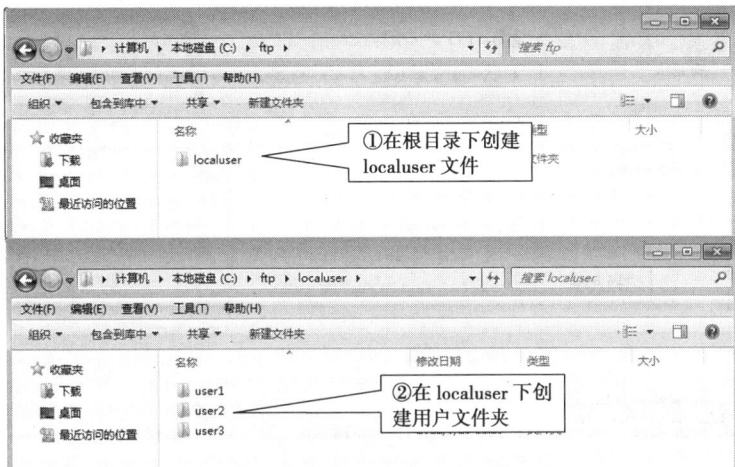

图 9.32　创建隔离用户目录

在"FTP"站点的选项中选择"用户名目录(禁用全局虚拟目录)",如图9.33所示。

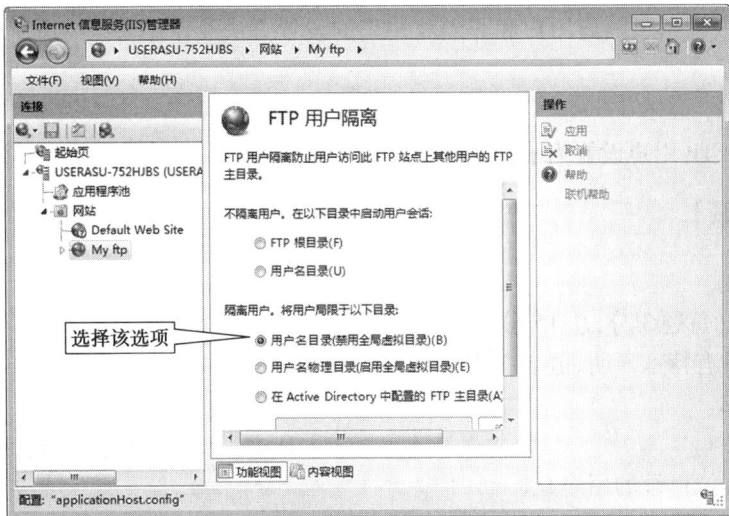

图 9.33　设置隔离用户

再次测试时系统会自动让用户输入账号和密码,访问成功后进入用户自己的文件夹,但是不能访问其他用户文件夹,该模式下,用户不能访问上个任务创建的虚拟目录。

3. 隔离用户,有专属主目录,可以访问全局虚拟目录

按图 9.34 设置。

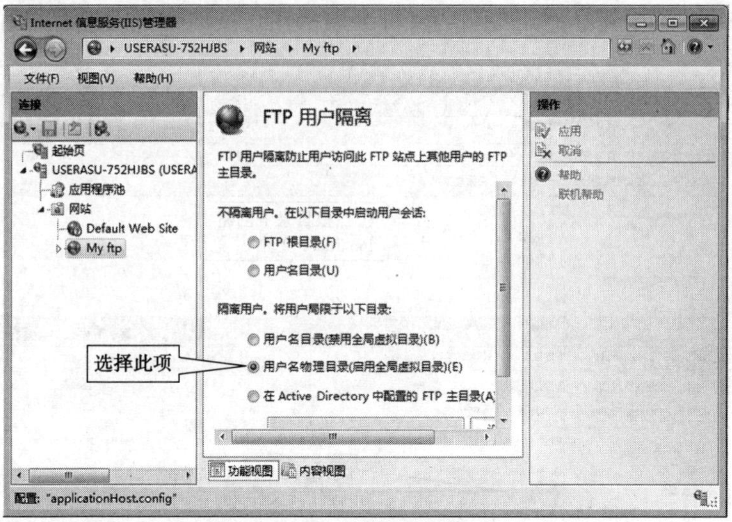

图 9.34 FTP 隔离用户设置

【小结】

本任务主要介绍了隔离用户和非隔离用户的设置方法及作用。

【练一练】

把所有的 FTP 用户设置为隔离用户。

【模块自测题】

一、应知(33 分)

　　1. 选择题 (每题 3 分,总 15 分)

　　(1) 如果没有特殊声明,匿名 FTP 服务登录账号为(　　)。

　　　　A. user   B. anonymous

　　　　C. guest   D. 用户自己的电子邮件地址

　　(2) 创建虚拟目录的用途是(　　)。

　　　　A. 一个模拟主目录的假文件夹

　　　　B. 以一个假的目录来避免染毒

　　　　C. 以一个固定的别名来指向实际的路径,这样,当主目录变动时,相对用户而言是
　　　　　　不变的

　　　　D. 以上皆非

　　(3) 以下命令或软件中,不能用来登录 FTP 服务器的是(　　)。

　　　　A. ftp   B. CuteFTP Pro

　　　　C. gftp   D. http://FTP 服务器地址

（4）FTP 系统是一个通过 Internet 传输（　　　）的系统。

    A. 声音　　　　　　　B. 视频　　　　　　　C. 文件　　　　　　D. 数据

（5）FTP 服务器默认使用 TCP 协议的（　　　）号端口。

    A. 80　　　　　　　　B. 25　　　　　　　　C. 21　　　　　　　　D. 23

2. 问答题（每题 6 分,总 18 分）

（1）什么叫"上传""下载"？

（2）FTP 是什么协议？

（3）什么是隔离用户？什么是非隔离用户？分别在什么情况下使用？

二、应会(67 分)

    实操题

    安装一台 FTP 服务器,域名为 ftp. school. cn,设置匿名访问。建立 3 个用户:user1,user2,user3,并把这 3 个用户设置成为隔离用户,对这 3 个用户进行连接限制设置。

架设 SMTP 服务器

SMTP(Simple Mail Transfer Protocol)是用来发送与接收电子邮件的协议。在 Windows Server 2008 中已内置 SMTP 服务器。SMTP 服务器的主要工作是提供电子邮件的发送和接收服务。

具体学习目标如下:

- 会安装 SMTP 服务器及其基本管理;
- 掌握 SMTP 服务器的安全设置;
- 掌握邮件传递设置;
- 掌握邮件的管理设置;
- 会添加 SMTP 域。

任务一　安装 SMTP 服务器与基本管理工作

某学校正在进行信息化建设,其中一个内容就是建立和管理电子邮件系统。可以建立邮件系统的操作系统比较多,为了方便管理,学校信息中心决定用 Windows Server 2008 来建立学校的电子邮件系统。下面就让我们一起来建立这个电子邮件服务器吧。

1. 安装 SMTP 服务器

如图 10.1 所示开始安装 SMTP 服务器。后续操作步骤如图 10.2 和图 10.3 所示。

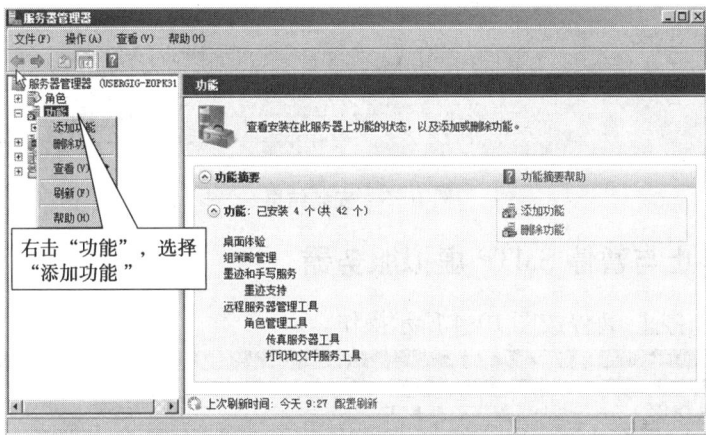

图 10.1　服务器管理器

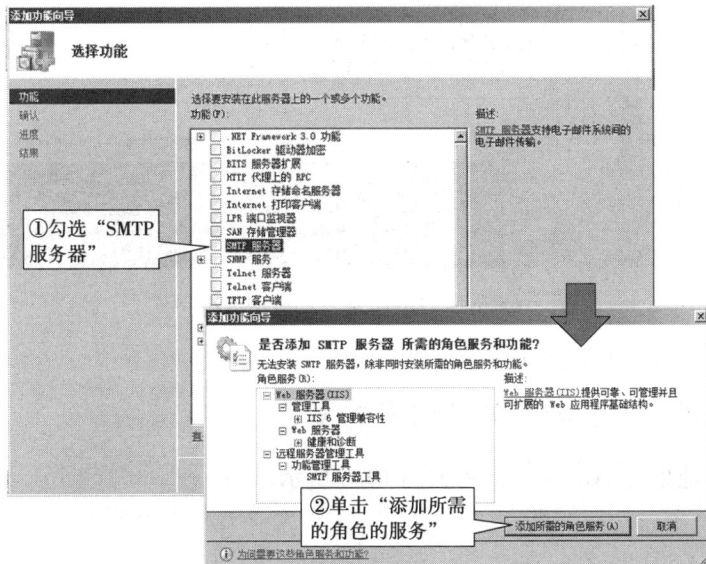

图 10.2　选择功能

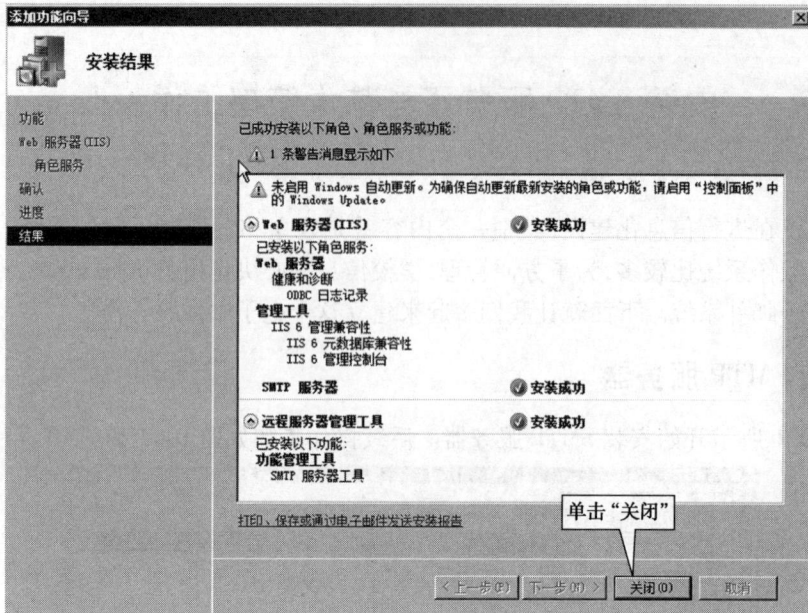

图 10.3　安装结果

2. 启动、停止与暂停 SMTP 虚拟服务器

邮件的启动、停止、暂停按图 10.4 所示操作。

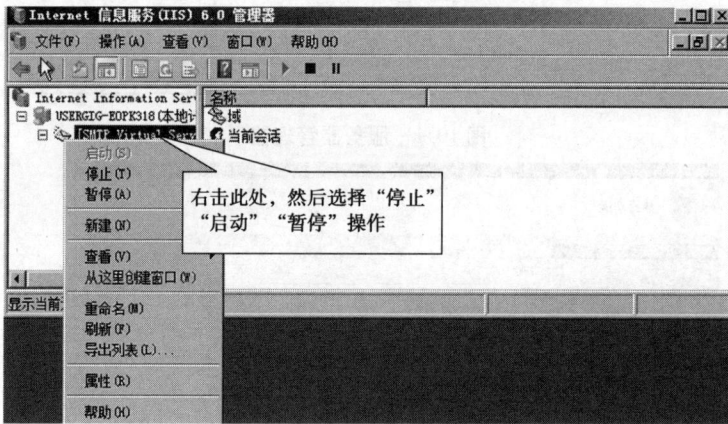

图 10.4　SMTP 服务的起停操作

简单邮件传输协议的启动类型设置按图 10.5 所示操作。

3. SMTP 的 IP 地址与 TCP 端口号的设置

SMTP 的 IP 地址与 TCP 端号设置如图 10.6 所示。

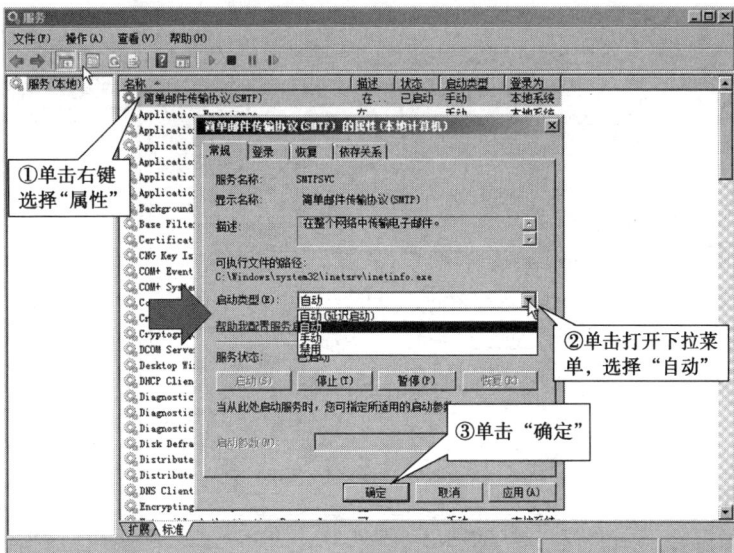

图 10.5 SMTP 协议的属性设置

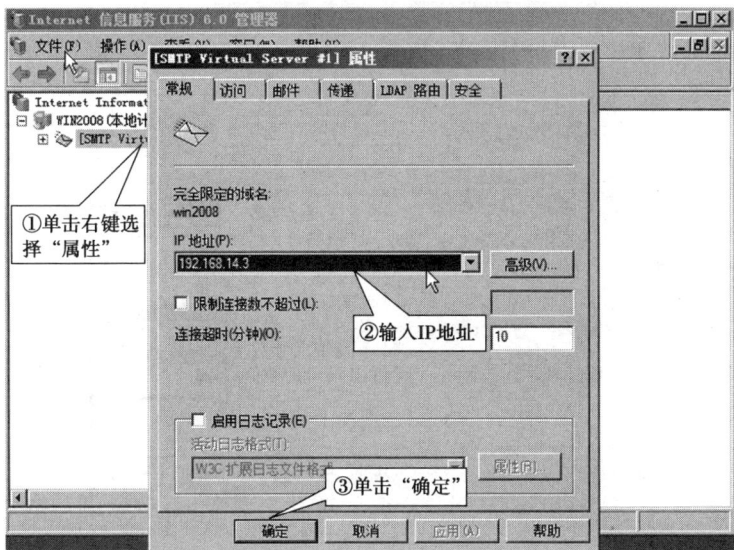

图 10.6 SMTP 服务器属性设置

4. SMTP 连接设置

SMTP 连接设置如图 10.7 所示。

SMTP 出站连接设置如图 10.8 所示。

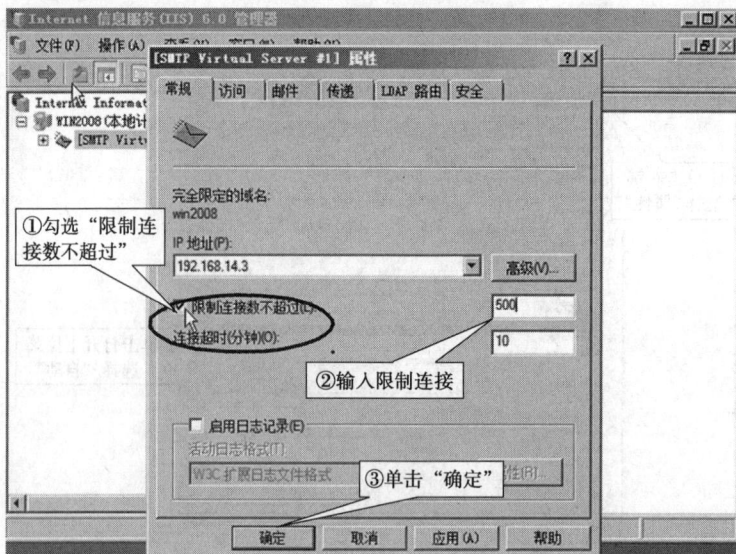

图 10.7　SMTP 连接设置

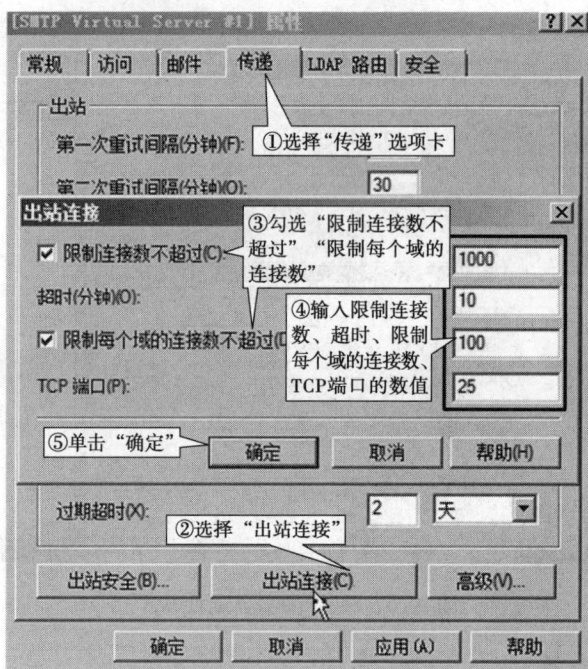

图 10.8　出站连接设置

5. 新建 SMTP 虚拟服务器

按图 10.9 至图 10.13 所示新建 SMTP 虚拟服务器。

图 10.9　新建虚拟服务器

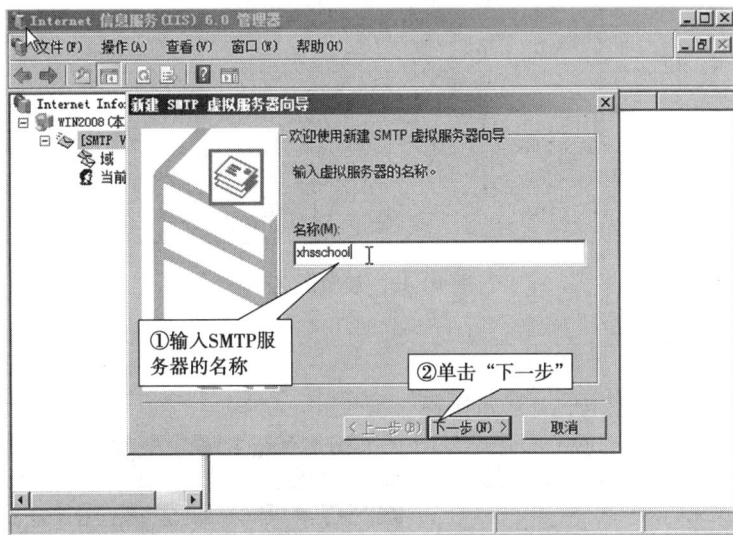

图 10.10　新建虚拟服务器向导

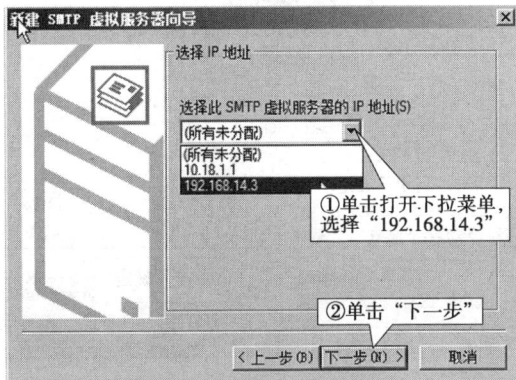

图 10.11　选择 IP 地址

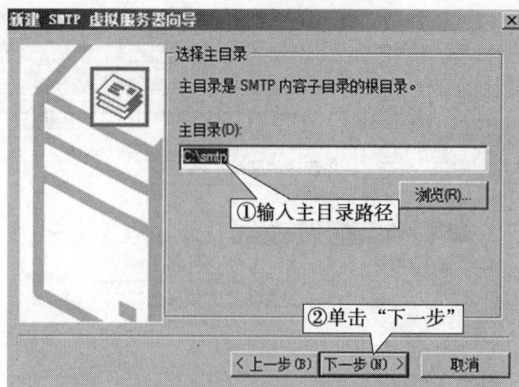

图 10.12 设置主目录

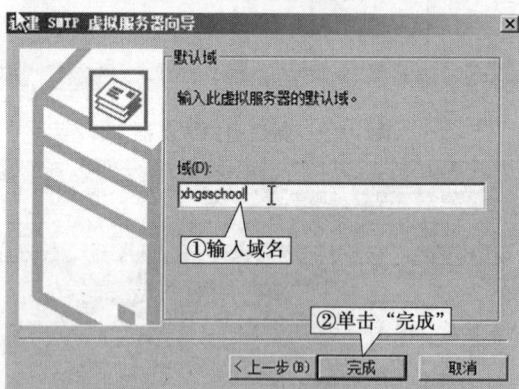

图 10.13 设置域名

6. 启用日志记录

启用日志记录按照图 10.14 所示操作。

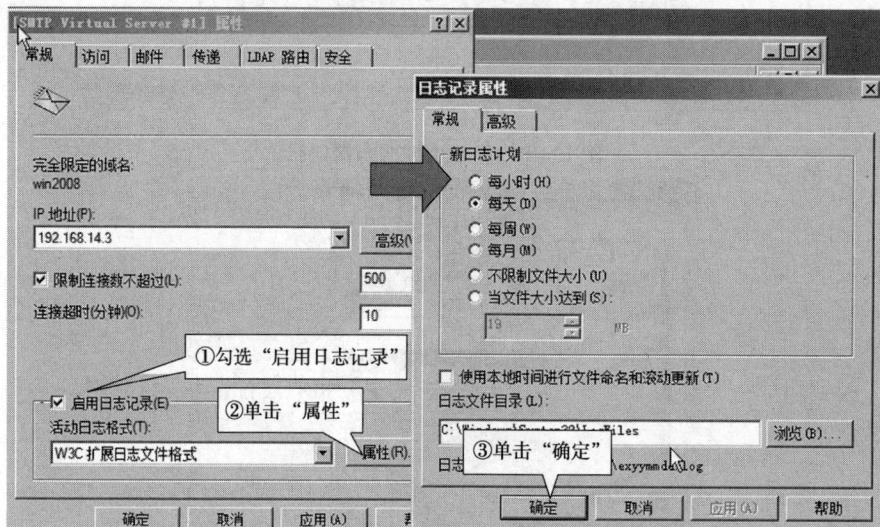

图 10.14 日志设置

【小结】

本任务主要介绍了建立及管理电子邮件服务器的方法。

【练一练】

安装一台 SMTP 服务器并进行基本管理操作。

任务二　SMTP 服务器的安全设置

经过上面的操作,建立起了学校的邮件服务器,可是网络中不确定的因素太多,为了保证服务器长时间正常稳定的运行以及信息安全,还需要做很多优化和安全设置,下面就让我们一起来对我们的邮件服务器进行安全设置吧。

1. SMTP 指定操作员

选择 SMTP 指定操作员如图 10.15 所示。

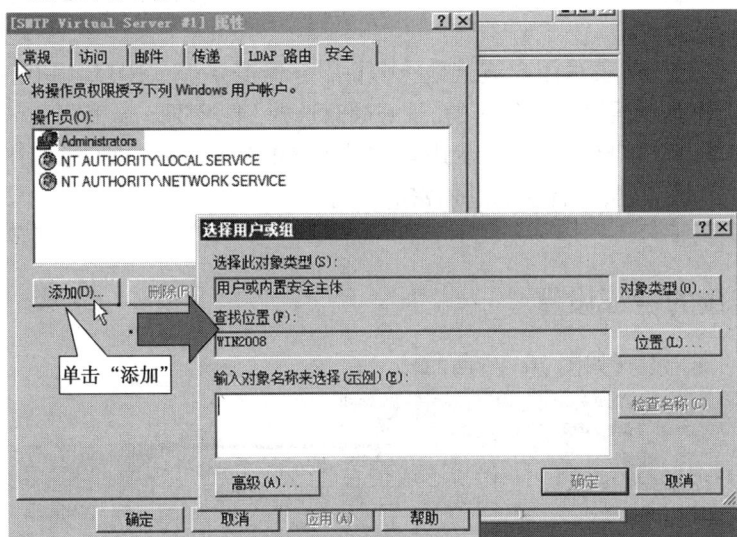

图 10.15　选择操作员

2. 身份验证设置

设定用户身份验证设置如图 10.16 所示。

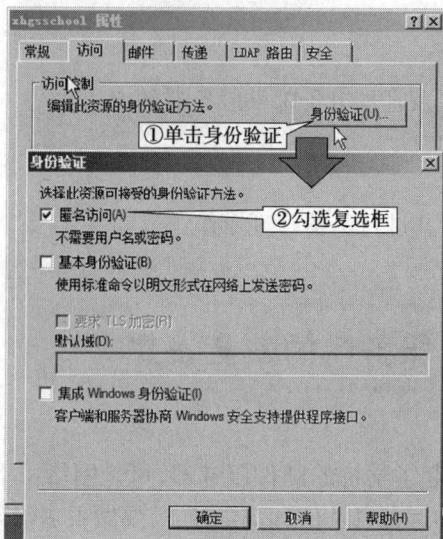

图 10.16 身份验证

友情提示

● 匿名认证：表示用户或其他 SMTP 服务器可以不需要提供用户名和密码来连接此 SMTP 虚拟服务器。

● 基本身份验证：表示用户或其他 SMTP 服务器需要提供用户名和密码来连接此 SMTP 服务器，但是密码是明文发送的，最好同时选择"要求 TLS 加密"。

● 集成 Windows 身份验证：表示用户和其他 SMTP 服务器需要提供用户名和密码来连接此 SMTP 服务器，并且密码是加密的。

3.出站连接的验证设置

出站连接的安全设置如图 10.17 所示。

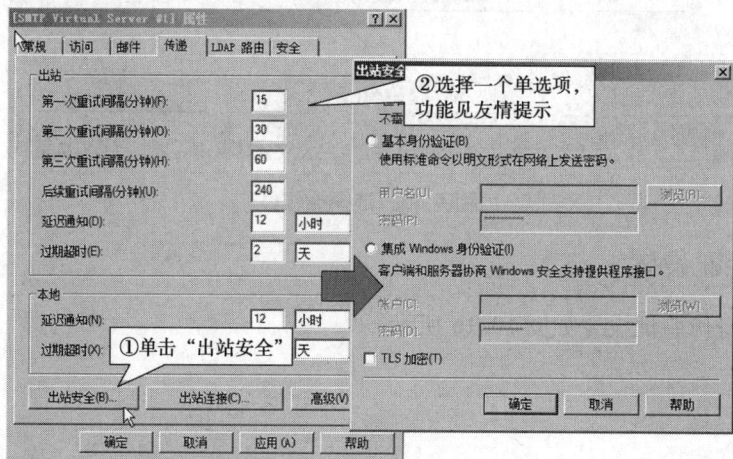

图 10.17 出站安全设置

友情提示

- 匿名访问：表示利用匿名方式来连接其他 SMTP 服务器。
- 基本身份验证：表示提供用户名和密码来连接其他 SMTP 服务器，密码不加密。
- 集成 Windows 身份验证：提供用户名和密码来连接其他 SMTP 服务器，密码加密。
- TLS 加密：若对话要求采用 TLS 加密方式连接，请选择"TLS 加密"。

4. 利用 IP 地址来限制连接

利用 IP 地址进行限制连接的设置如图 10.18 所示。

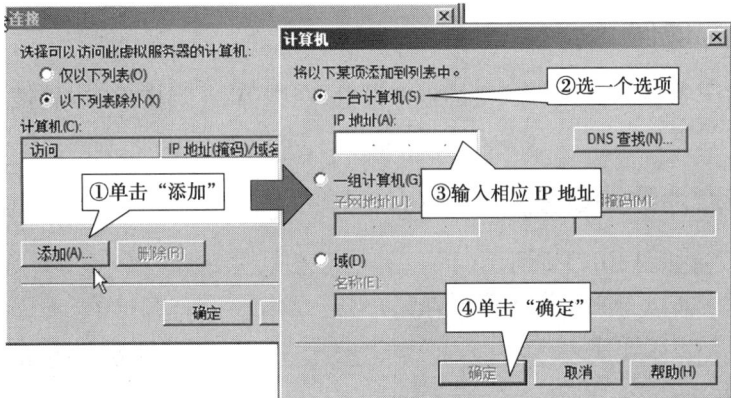

图 10.18　利用 IP 地址限制连接

5. 设置或删除中继限制

中继限制的设置如图 10.19 所示。

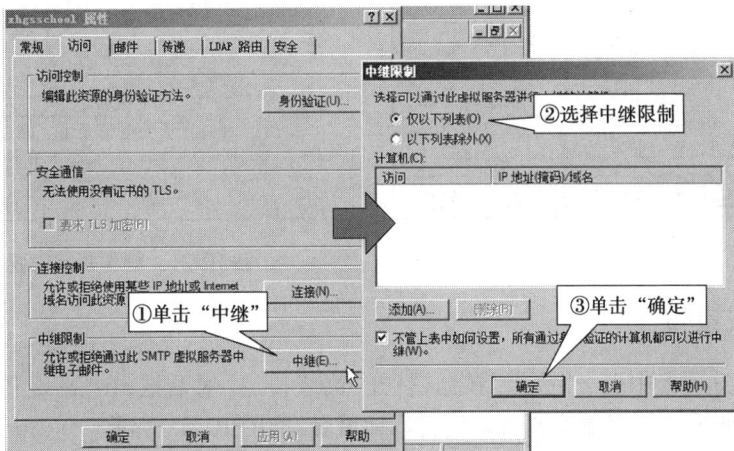

图 10.19　中继设置

【小结】

本任务主要介绍了电子邮件服务器安全管理方面的设置。

【练一练】

在 SMTP 服务器上进行身份认证设置。

任务三　邮件传递设置

为了保证服务器的性能和邮件传递的安全有序，还需要进行邮件传递设置。

1. 重试间隔时间

可以在 SMTP 服务器的"属性"对话框中设置，在图 10.4 当中单击"属性"，可以打开图 10.20 进行相应设置。

2. 邮件跃点计数器设置

邮件跃点设置如图 10.21 所示。

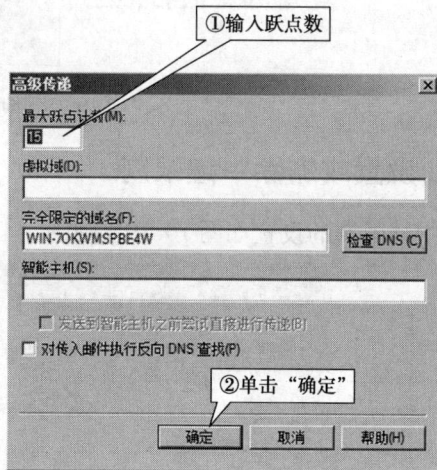

图 10.20　传递设置

图 10.21　邮件跃点设置

3. 虚拟域设置

在"传递"选项卡中点击"高级"按钮，打开"高级传递"对话框，在"高级传递"对话框中输入虚拟域名便可以使用虚拟域名来代替本地域名，如图 10.22 所示。

4. 智能主机的设置

智能主机的设置如图 10.23 所示。

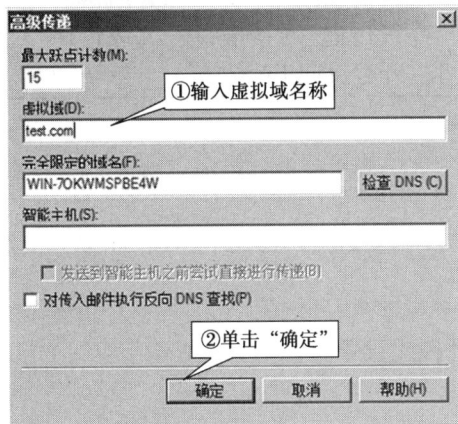

图 10.22　虚拟域设置　　　　图 10.23　智能主机

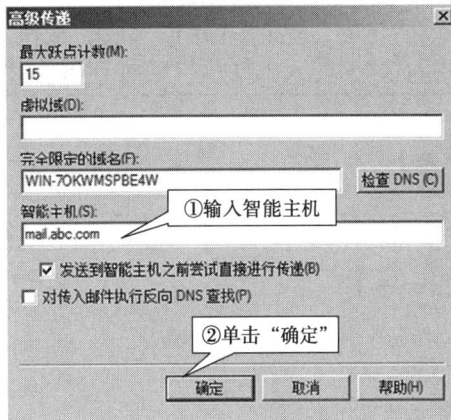

友情提示

当 SMTP 虚拟服务器要发送远程邮件时,它会通过 DNS 的 MX 记录来寻找这封远程邮件所属的 SMTP 服务器。智能主机设置后,不通过 DNS,直接传送到特定主机。

在"传递"选项卡中单击"高级"按钮,打开"高级传递"对话框,在"高级传递"对话框中输入"智能主机"便可以设定智能主机,如果勾选"发送到智能主机之前尝试直接进行传递"则还是会通过 DNS,若失败则使用智能主机。

5. 反向 DNS 查询设置

邮件反向 DNS 查询设置如图 10.24 所示。

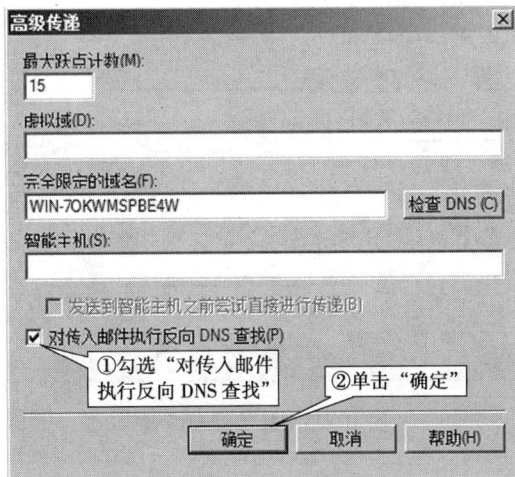

图 10.24　邮件反向 DNS 查询

友情提示 ------------------------------

　　此功能可以通过 DNS 的反向查找验证邮件的来源 IP 是否为这台计算机拥有，以此来检查邮件是否为垃圾邮件。

　　在"传递"选项卡中单击"高级"按钮，打开"高级传递"对话框，在"高级传递"对话框中勾选"对传入邮件执行反向 DNS 查找"便可以开起反向 DNS。

【小结】

　　本任务主要介绍了邮件传递设置的方法。

【练一练】

　　对 Windows Server 2008 邮件服务器进行邮件传递设置。

任务四　邮件的管理

　　为了更好地使用邮件服务器，还需要进行邮件管理设置。

　　打开"Internet 信息服务(IIS)6.0 管理器"窗口，右击"SMTP"，选择"属性"命令，然后选择"邮件"选项卡，通过指定各个参数来管理邮件，如图 10.25 所示。

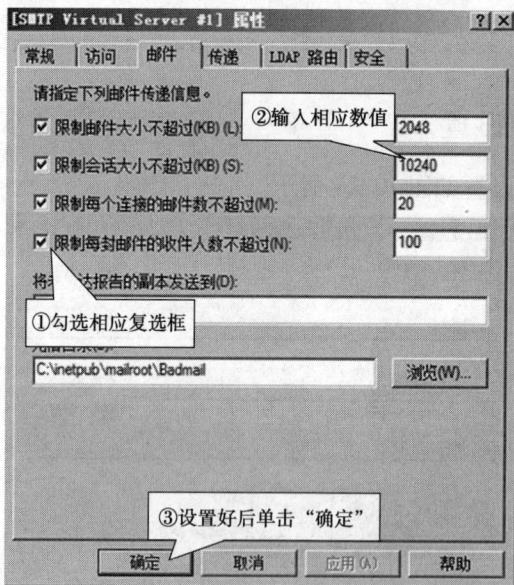

图 10.25　邮件管理设置

【小结】

本任务主要介绍了邮件的管理设置方法。

任务五　添加 SMTP 域

为了让学生和老师的邮件分开管理,需要在一台服务器上设置多个域来解决这个问题。操作步骤如图 10.26 至图 10.28 所示。

图 10.26　新建域

图 10.27　新建 SMTP 向导

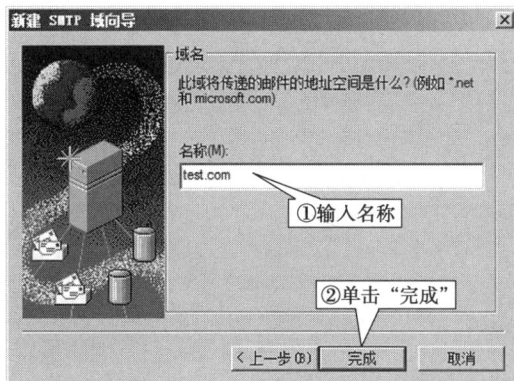

图 10.28　完成新建

友情提示

新建的域的相关设置参见前面几个任务。

【小结】

本任务主要介绍了在一台服务器上设置多个域的方法。

【模块自测题】

一、应知(27 分)

1. 填空题(每题 3 分,总 9 分)

(1)电子邮件服务主要使用的是_____和_____两种协议。

(2)电子邮件服务使用的端口号是_____。

(3)Windows Server 2008 邮件服务器有_____、_____和_____3 种用户认证方式。

2. 问答题(每题 6 分,总 18 分)

(1)简述添加域的设置方法。

(2)Windows Server 2008 邮件服务器有哪几种身份验证方式?

(3)为什么要限制邮件大小?

二、应会(73 分)

实操题

某学校正在进行信息化建设,需要用 Windows Server 2008 来建立学校的电子邮件系统。IP 地址为 192.168.10.10,端口号为 25,限制连接数为 5 000,连接超时为 5 分钟;验证方式为基本身份验证,一个 IP 地址最多可以有 2 个连接;限制邮件大小为 10 MB;为学生添加一个域,域名和参数自定。

PKI、SSL 网站与证书管理

PKI(Public Key Infrastructure)即"公钥基础设施",是一种遵循既定标准的密钥管理平台,它能够为所有网络应用提供加密和数字签名等密码服务及所必需的密钥和证书管理体系,简单来说,PKI 就是利用公钥理论和技术建立的提供安全服务的基础设施。SSL(Secure Sockets Layer,安全套接层)及其继任者 TLS(Transport Layer Security,传输层安全)是为网络通信提供安全及数据完整性的一种安全协议。TLS 与 SSL 在传输层对网络连接进行加密。可以用 PKI 和 SSL 来确保电子邮件、电子商务交易、文件传送等数据发送的安全。

具体学习目标如下:

- 理解 PKI 的概念;
- 掌握根 CA 的安装;
- 掌握 SSL 网站的架设;
- 掌握证书的管理。

任务一　PKI 概述

PKI 的基础技术包括加密、数字签名、数据完整性机制、数字信封、双重数字签名等。

完整的 PKI 系统必须具有权威认证机构（CA）、数字证书库、密钥备份及恢复系统、证书作废系统、应用接口（API）等基本构成部分，构建 PKI 也将围绕着这五大系统来着手构建。

PKI 的目标是充分利用公钥密码学的理论基础，建立起一种普遍适用的基础设施，为各种网络应用提供全面的安全服务。

1. 公钥加密

公钥加密是由对应的一对唯一性密钥（即公开密钥和私有密钥）组成的加密方法。公钥加密数据，并相应地解密数据，公钥可以对外公布，但是私钥必须秘密保存；发送方利用接收方的公钥将数据加密，而接收方利用自己的私钥将数据解密，它解决了密钥的发布和管理问题，是目前商业密码的核心。

如用户 A 要发送一封经过加密的电子邮件给用户 B，其发送过程如图 11.1 所示。

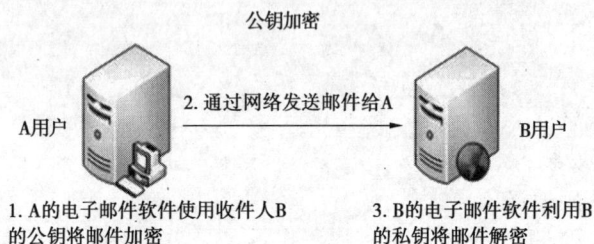

公钥加密

2. 通过网络发送邮件给A

A用户　　　　　　　　　　　　　　　　　　B用户

1. A的电子邮件软件使用收件人B　　　3. B的电子邮件软件利用B
的公钥将邮件加密　　　　　　　　　　的私钥将邮件解密

图 11.1　公钥加密示意图

在图 11.1 中 A 必须先获得 B 的公钥，才可以利用此密钥将邮件加密，且 B 的密钥只保存在 B 的计算机中，所以只有 B 的计算机才可以将此邮件解密，B 可以正常读取此邮件，其他用户即使成功拦截这封邮件也读不到邮件的内容。

2. 公钥认证

在邮件发送的过程中，发送方可以利用公钥认证对发送的数据进行数字签名（又称数字签章、数字签署、Digital Signature），而接收方在收到数据后，便能够通过此数字签名来验证数据是否确实是由发送方本人发出的，同时还会检查数据在发送的过程中是否被改动。

发送方在签名时是利用自己的私钥将数据签名，而接受方会利用发送方的公钥来验证此数据。例如，用户 A 要发送一封经过签名的电子邮件给用户 B，其发送的过程如图 11.2 所示。

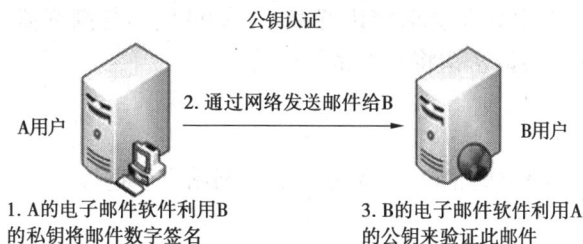

图 11.2　公钥认证示意图

【知识链接】

由于图 11.2 中的邮件经过 A 的私钥签名,而公钥与私钥是一对的,因此收件人 B,必须先获得发件人 A 的公钥,然后才可以利用此密钥来验证此封邮件是否由 A 本人所发送的,并检查此封邮件是否被改动。

数字签名是如何产生的? 又如何用来验证身份呢? ①A 和 B 都将自己的公开密钥 Key 公开登记并存入管理中心共享的公开密钥数据库 PKDB,以此作为对方及仲裁者验证签名的数据之一。②A 用自己保密的解密密钥 Kda 对明文数据 M 进行签名得到签名 S,然后 A 查询 PKDB 查到 B 的公开的加密钥 Key,并用 Key 对 S 再加密,得到密文 C。③最后 A 把 C 发送给 B,并将 S 和 C 留底。

简单地说一个数字签名能被用于任何种类的信息,无论加密与否,都可以使接收者确认发送人的身份和信息内容的完整性,而数字证书包含证书发证机关的数字签名,这样人们就能证实该证书是真的。

3. SSL 网站安全连接

SSL(Secure Socket Layer)是一个以 PKI 为基础的安全协议。若要让网站拥有 SSL 安全连接功能,就必须为网站向证书颁发机构申请 SSL 证书,证书中包含了公钥、证书有效期限、发放此证书上的 CA、CA 的数字签名等数据。

当网站拥有 SSL 证书之后,客户端与网站之间就可以通过 SSL 安全连接来通信,也就是将 URL 网站中的 "http" 改为 "https"。例如,若网站为 www. gsxx. com,则客户端可使用 https://www. gsxx. com/来连接网站。

新建 SSL 安全连接时,需要新建一个双方都同意的会话密钥(Session Key),并利用此密钥将双方发送的数据加密、解密与检查数据是否被篡改。

- 客户端在浏览器中通过 https://www. gsxx. com/来连接网站,其中的 https 表示要与网站新建 SSL 安全连接。
- 网站收到客户端的请求后,会将网站本身的证书信息(内含公钥)发送给客户端的浏览器。
- 浏览器与网站双方开始协商 SSL 连接堵塞安全级别,例如选择 40 位或 128 位的加密方式。加密位位数越多,越难被破解,数据越安全。
- 浏览器根据双方同意的安全级别来新建会话密钥,然后利用网站的公钥将会话密钥加密,最后将加密后的会话密钥发送给网站。

●网站利用它自己的私钥将会话密钥解密。之后的网站与浏览器双方相互之间发送的所有数据,都会利用这个会话密钥将其加密与解密。

【小结】

本任务主要介绍了公密钥加密、公钥认证、SSL 网站安全连接。

任务二　证书颁发机构(CA)概述与根 CA 的安装

1. CA 的信任

打开"IE 浏览器",按如图 11.3 所示操作,查看计算机上已经信任的 CA。

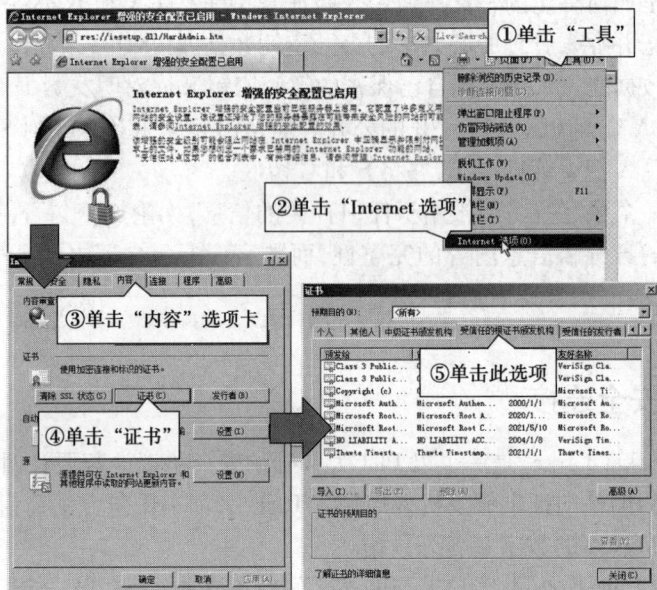

图 11.3　Internet 选项界面

友情提示

●在 PKI 架构下,当用户使用某 CA 发送的证书来发送一封签名的电子邮件时,或客户端利用浏览器连接 SSL 网站时,收件人的计算机或客户端应该要信任 CA 发放的证书,否则会出现将电子邮件视为问题邮件或客户端浏览器显示警告信息。

●Windows 系统默认已经自动信任一些权威的 CA,我们可以通过如图 11.3 所示步骤来查看计算机上已经信任的 CA。

2. AD CS 的 CA 种类

通过在 Windows Server 2008 计算机中安装 Active Directory 证书服务(AD CS)角色,可以让该计算机来提供 CA 服务,可以选择将 CA 设置为企业根 CA、企业子级 CA、独立根 CA 或独立子级 CA。

(1)企业根 CA(Enterprise Root CA)。企业根 CA 需要 Active Directory 域,用户可以将企业根 CA 安装到域控制器或成员服务器中。企业根 CA 发放证书的对象是域用户,非域用户无法向企业根 CA 申请证书。当域用户申请证书时,企业根 CA 可以从 Active Directory 得知该用户的相关信息,并据此决定该用户是否有权利申请所需证书。

大部分情况下,企业根 CA 主要应该用来发放证书给子级 CA,虽然企业根 CA 可以发放保护电子邮件安全、SSL 网站安全连接等证书,不过应该将发放这些证书的工作交给子级 CA 来负责。

(2)企业子级 CA(Enterprise Subordinate CA)。企业子级 CA 也需要 Active Directory 域,企业子级 CA 适用来发放保护电子邮件安全、SSL 网站安全连接等证书。企业子级 CA 必须向其父 CA(如企业根 CA)取得证书之后,才能正常运行。企业子级 CA 也可以发放证书给下一层子级 CA。

(3)独立根 CA(Standard-Alone Root CA)。独立根 CA 的角色与功能类似与企业根 CA,但是不需要 Active Directory 域,扮演独立根 CA 角色的计算机可以是独立服务器、成员服务器或域控制器。无论是否是域用户,都可以向独立根 CA 申请证书。

(4)独立子级 CA(Standard-Alone Subordinate CA)。独立子级 CA 的角色与功能类似于企业子级 CA,但是不需要 Active Directory 域,扮演独立子级 CA 角色的计算机可以是独立服务器、成员服务器或域控制器。无论是否是域用户,都可以向独立子级 CA 申请证书。

3. 安装 AD CS 与架设根 CA

通过添加 Active Directory 证书服务(AD CS)角色的方式将企业根 CA 或独立根 CA 安装到计算机中,下面以安装企业根 CA 为例,先要用域系统管理员登录计算机,如图 11.4 所示。

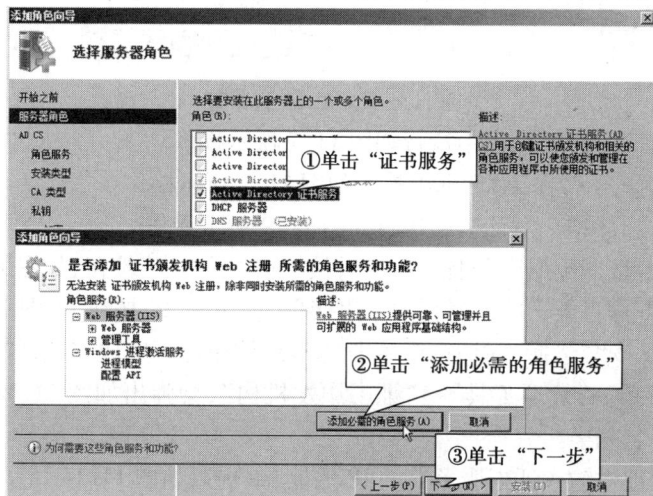

图 11.4　选择证书服务

然后选择"企业"单选按钮，单击"下一步"按钮，如图11.5所示。

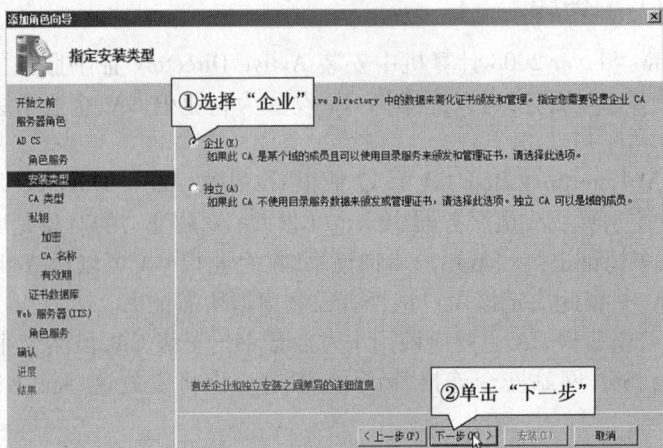

图11.5　选择企业证书

在弹出的"指定CA类型"对话框中执行如图11.6所示操作。

图11.6　选择AC的类型

在弹出的"设置私钥"对话框中执行如图11.7所示操作。

在弹出的"配置CA名称"对话框中执行如图11.8所示操作。

在弹出的"设置有效期"对话框中执行如图11.9所示操作。

在弹出的"配置证书数据库"对话框中，直接单击"下一步"按钮，如图11.10所示。

在弹出的"Web服务器(IIS)"对话框中直接单击"下一步"按钮，如图11.11所示。

在弹出的"确认安装选择"对话框中单击"安装"按钮即可完成安装，如图11.12所示。

单击"开始"菜单→"管理工具"→"证书颁发机构"，会弹出如图11.13所示对话框，可以看到证书已经安装完毕。

在浏览器的地址栏输入证书服务器的IP地址/certsrv，如图11.14所示操作。

然后设置保存的名字和路径，如图11.15所示。

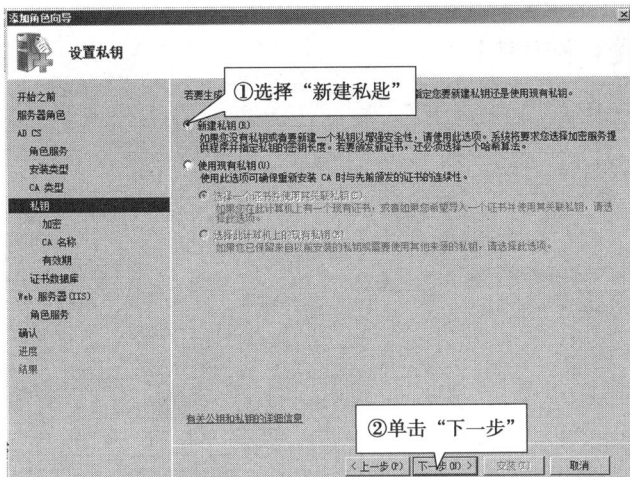

图 11.7　选择新建私钥

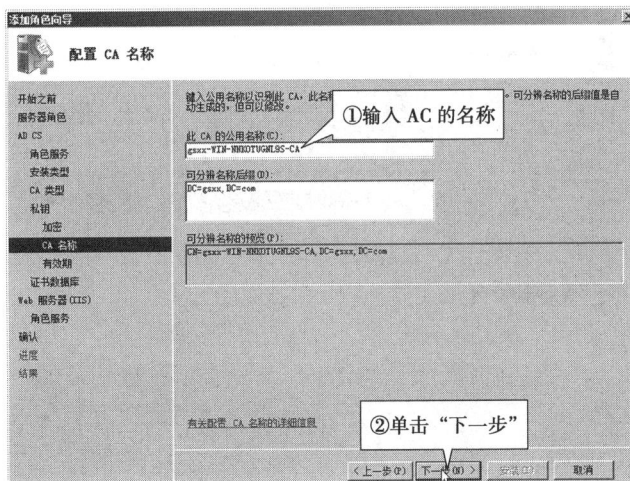

图 11.8　AC 名称

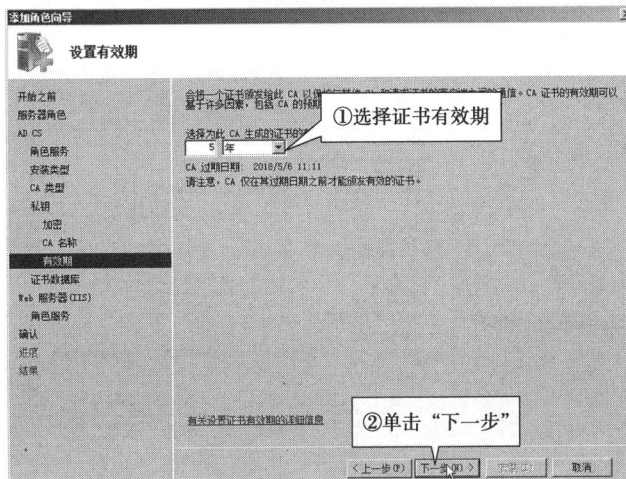

图 11.9　证书的有效期

图 11.10　证书数据库

图 11.11　Web 服务器

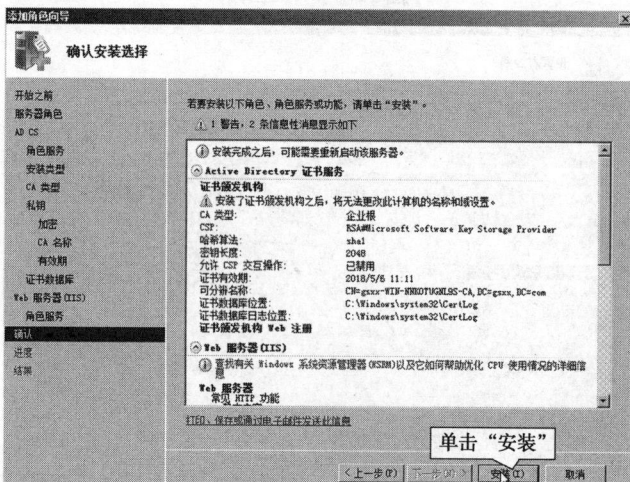

图 11.12　确认安装

图 11.13　保存的证书

单击"下载 CA 证书、证书链或 CRL"

图 11.14　下载 AC 证书

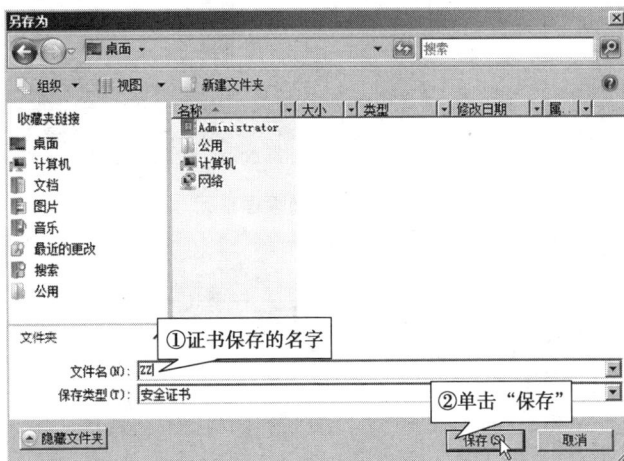

①证书保存的名字

②单击"保存"

图 11.15　保存证书

打开"运行"对话框,输入"mmc"然后单击"确定"按钮,如图 11.16 所示。

在控制台中选择"文件"→"添加/删除管理单元",在"可用的管理单元"列表框中选择"证书",单击"添加"按钮,如图 11.17 所示。

添加完证书后,右击"证书",选择"所有任务"→"导入"命令,如图 11.18 所示。

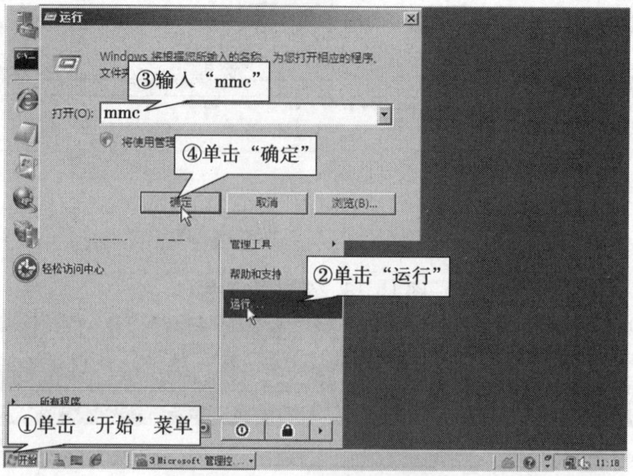

图 11.16　打开 MMC 控制台

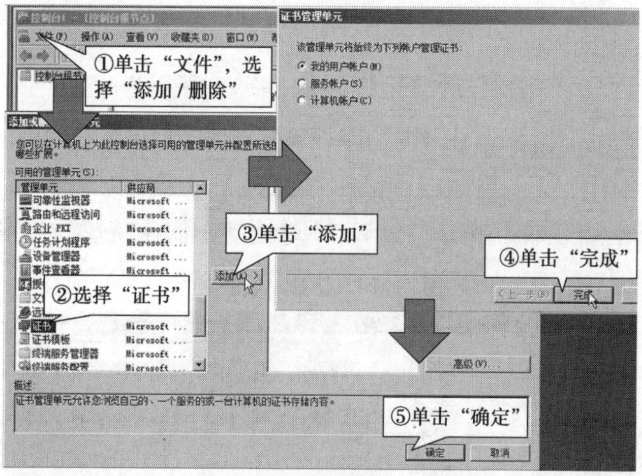

图 11.17　添加管理单元

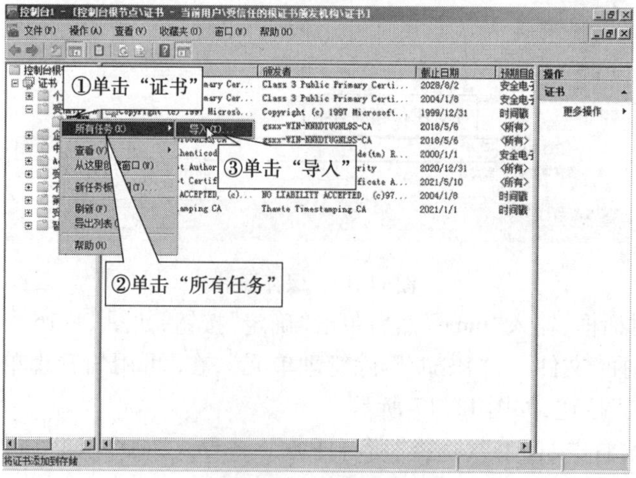

图 11.18　导入证书

然后选中要导入的文件,如图 11.19 所示。

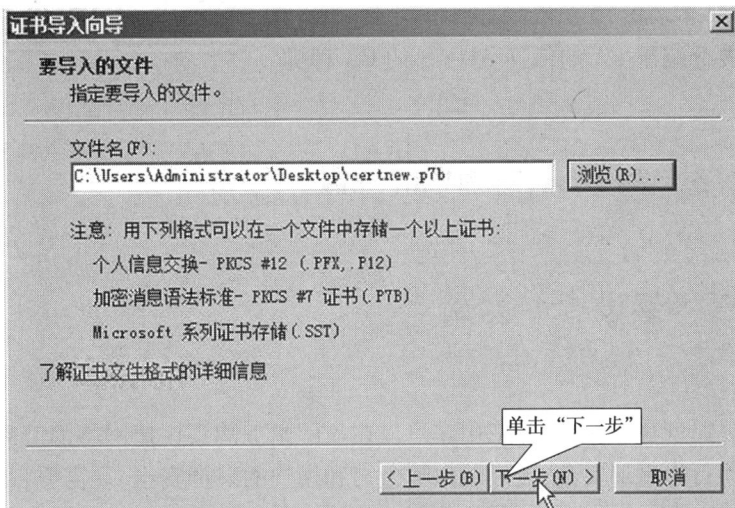

图 11.19　选择导入的证书

选择证书保存的位置,如图 11.20 所示,保存完毕后即可完成证书导入。

图 11.20　选择证书存储位置

【知识链接】

• 无论是电子邮件保护或 SSL 网站安全连接,都必须先申请证书,才可以使用公钥与私钥来执行数据加密与身份认证的操作。证书就好像是我们开车需要使用的驾驶执照。而负责发放证书的机构称为证书颁发机构(Certificate Authority,CA)

• CA(证书颁发机构)主要负责证书的颁发、管理以及归档和吊销,证书内包含了拥有证书者的姓名、地址、电子邮件账号、公钥、证书有效期、发放证书的 CA、CA 的数字签名等信息。证书主要有 3 大功能:加密、签名、身份验证。

【小结】

本任务主要介绍了 CA 的信任 AD CS 的 CA 种类

【练一练】

安装证书服务器,练习导入证书和导出证书。

任务三 架设 SSL 网站

锐捷网络公司创建了一个网站,用户可以在该网站上购买锐捷网络的产品以及图书,为了使网上的交易行为更加安全,更好地保障公司和用户的财产安全,现需要将网站架设成一个 SSL 网站。

1. 在网站上创建证书申请文件

打开"Internet 信息服务(IIS)管理器"窗口,执行如图 11.21 所示操作。

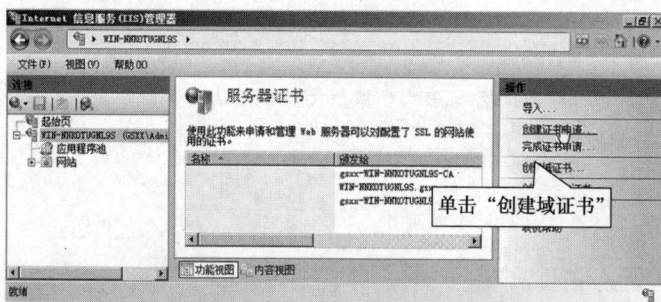

图 11.21 服务器证书界面

在弹出的"可分辨名称"对话框中按要求输入内容,如图 11.22 所示。

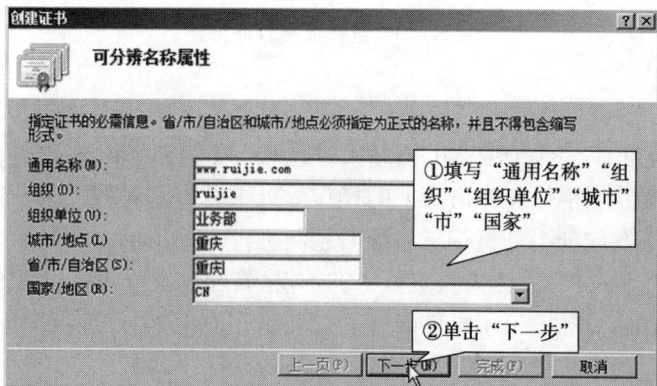

图 11.22 输入证书基本信息

在弹出的"加密服务提供程序属性"对话框中设置加密服务提供程序和位长，如图 11.23 所示。

图 11.23　加密服务提供程序属性界面

在弹出的"文件名"对话框中为证书申请指定一个文件名，如图 11.24 所示。

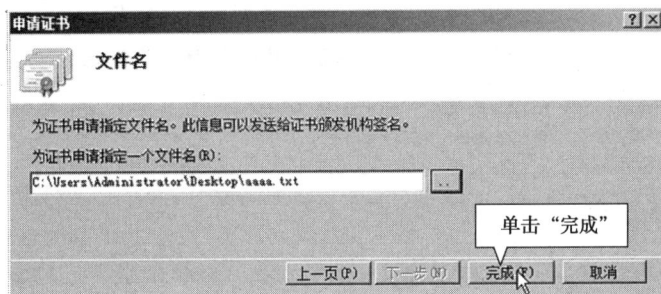

图 11.24　证书存储位置

2. 申请证书与下载证书

打开 IE 浏览器，在地址栏输入"http://本机 IP 地址/certsrv/"，打开证书申请页面，单击"申请证书"，如图 11.25 所示。

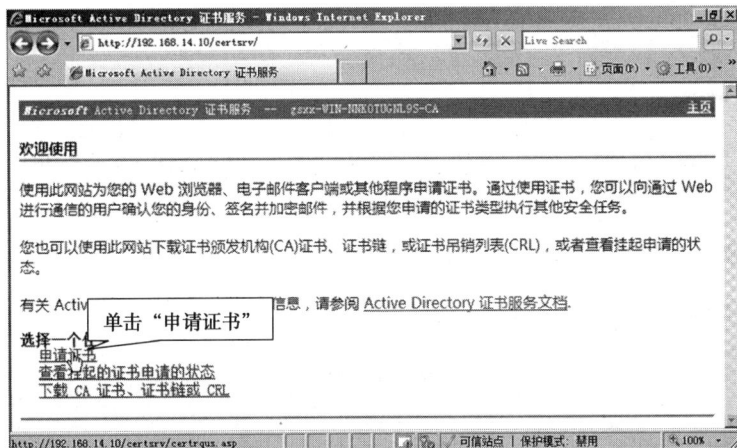

图 11.25　证书申请页

然后单击"高级证书申请",如图 11.26 所示。

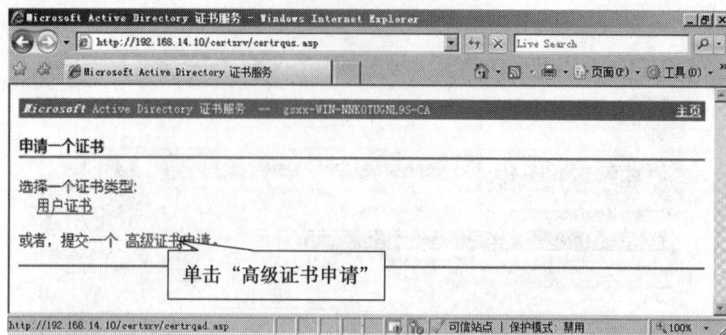

图 11.26　申请高级证书

选择编码类型,如图 11.27 所示。

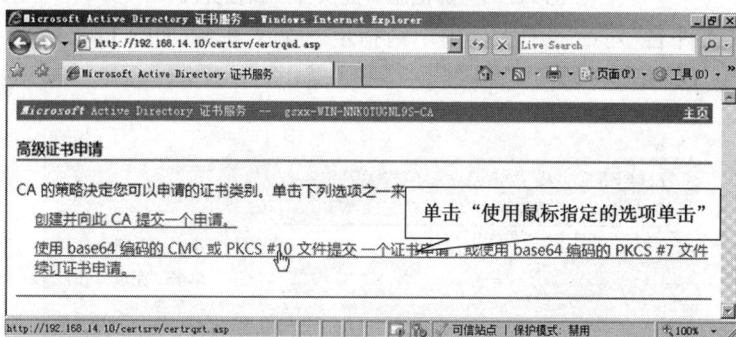

图 11.27　选择证书编码

打开前面申请的"ruijiecertreq. txt",然后复制整个文件的内容。

将复制的内容粘贴到"Base-64 编码的证书申请"文本框中,然后单击"提交"按钮,如图 11.28 所示。

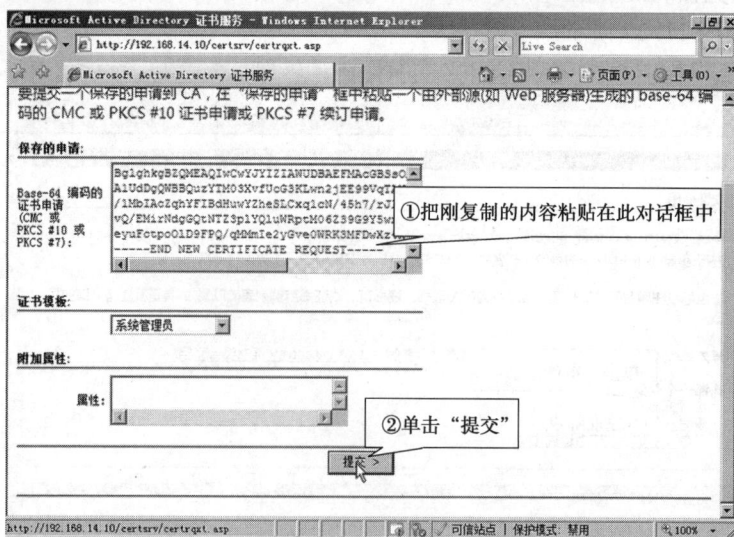

图 11.28　提交证书

友情提示

提交成功以后,会返回一个页面给我们告诉我们证书已经成功提交了,现在是挂起状态就是等待 CA 中心来颁发这个证书了。

如图 11.29 所示可以查看证书是否挂起。

图 11.29　挂起证书

打开"证书颁发机构"窗口,单击"挂起的申请"就会看见一个证书,如图 11.30 所示操作。

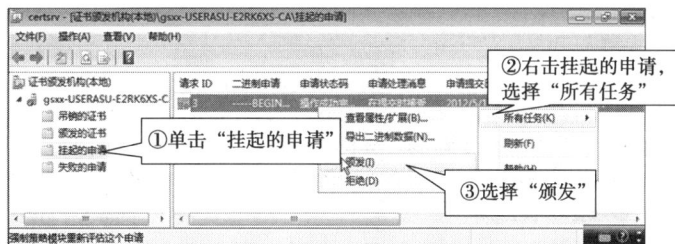

图 11.30　颁发挂起的证书

重新打开 IE 浏览器,连接到 CA 网站,单击"查看挂起的证书申请状态",如图 11.31 所示。

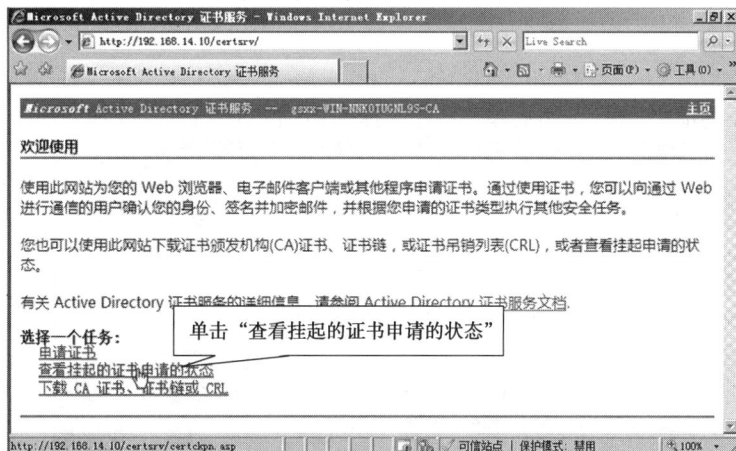

图 11.31　查看挂起的证书

单击"保存的申请证书",如图 11.32 所示。

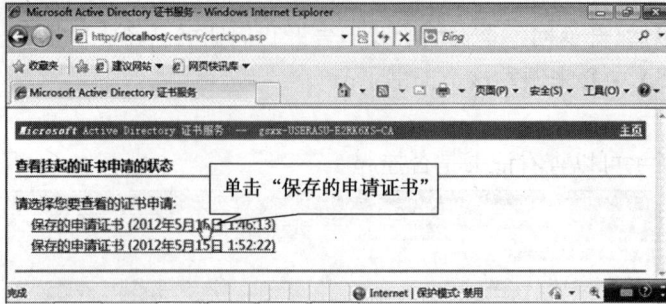

图 11.32　保存申请的证书

选择证书保存位置,如图 11.33 所示。

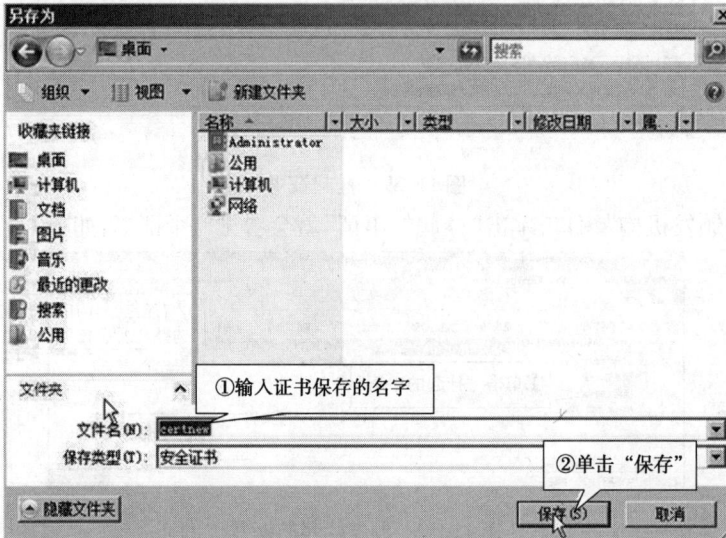

图 11.33　下载保存的证书

3. 安装证书

打开"服务器证书"窗口,然后单击"完成证书申请",如图 11.34 所示。

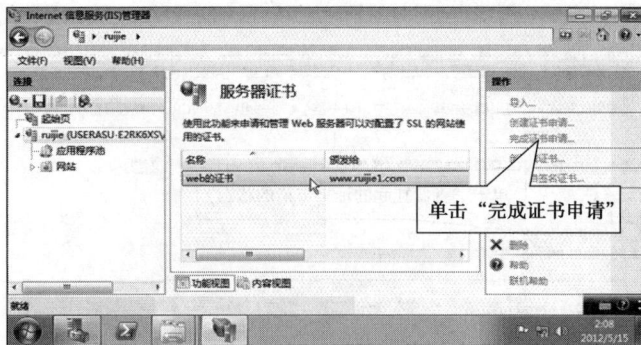

图 11.34　完成证书申请

在弹出的"指定证书颁发机构响应"对话框中,执行图 11.35 所示操作。

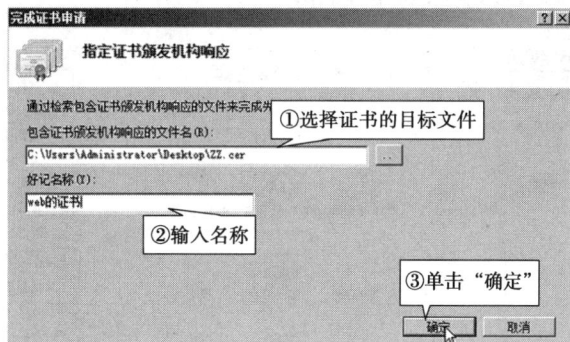

图 11.35 **输入证书名称**

然后执行图 11.36 所示操作。

图 11.36 **配置绑定 SSL 证书**

在"Internet 信息服务(IIS)管理器"窗口中,单击"浏览 443",如图 11.37 所示。
在本地计算机上创建一张网页,然后双击,按图 11.38 所示操作。

4. SSL 连接测试

然后在浏览器中分别以"http://加域名"浏览和"https://加域名"浏览,如图 11.39
所示。

图 11.37 设置浏览

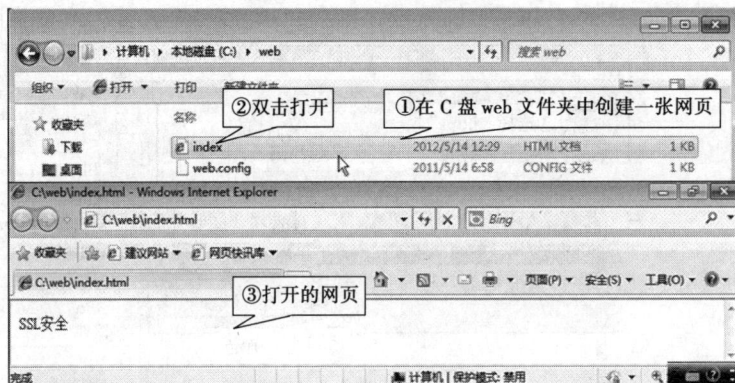

图 11.38 创建测试网页

图 11.39 用常规和 SSL 方式连接测试页

友情提示

接着用 SSL 连接来访问,在 IE 地址栏输入"https://www.ruijie1.com",弹出如图 11.40 所示的安全警报,表示现在打开的网站是一个安全网站,单击"是"按钮就能够访问 SSL 连接网站。

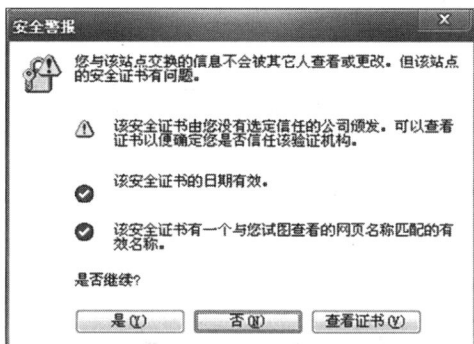

图 11.40　用 https 连接的安全警报

【知识链接】

从商业机构到政府部门再到个人家庭,越来越多的用户使用网络来处理事务,交流信息和进行交易活动,这些都不可避免地涉及网络安全问题,尤其是认证和加密问题。特别是在网上进行购物交易活动中,必须保证交易双方能够互相确认身份,安全地传输敏感信息,事后不能否认交易行为,同时还要防止他人截获篡改宝贵信息或假冒交易方。

在默认情况下,IIS 使用 HTTP 协议以明文形式传输数据,没有采取任何加密措施,用户的重要数据很容易被窃取,如何提高站点信息的安全性呢? 目前最简单的解决方案就是利用 SSL 安全技术来实现 Web 的安全访问。

建立了 SSL 安全机制后,只有 SSL 允许的客户才能与 SSL 允许的 Web 站点进行通信,并且在使用 URL 资源定位器时,输入"https://",而不是"http://"。

要想成功架设 SSL 安全站点关键要具备如下几个条件:

- 需要从可信的证书颁发机构 CA 获取服务器证书。
- 在 Web 服务器上安装服务器证书。
- 在 Web 服务器上启用 SSL 功能。

【小结】

本任务主要介绍了创建证书、完成证书和绑定地址的方法。

【练一练】

1. 创建一个证书。

2. 绑定一个证书。

3. 创建 SSL 网站,并进行测试。

任务四　证书的管理

　　将证书安装在系统中后,需要对证书进行后期的管理,便于用户更好地对安装好的证书进行操作,在本任务中将介绍 CA 的备份与还原,CA 证书管理与客户端证书管理。

1. CA 的备份与还原

　　(1)CA 的备份。打开"证书颁发机构"窗口,执行如图 11.41 所示操作。

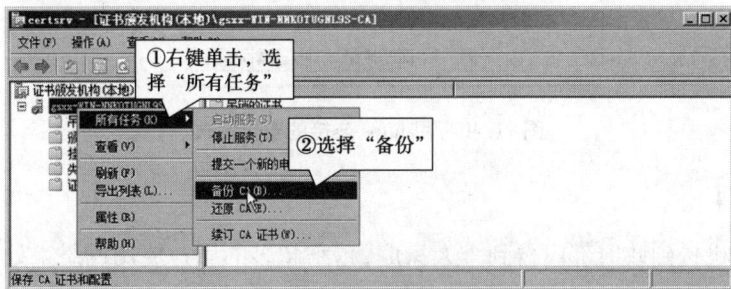

图 11.41　执行证书备份命令

在打开的"证书颁发机构备份向导"对话框中,单击"下一步"按钮,如图 11.42 所示。

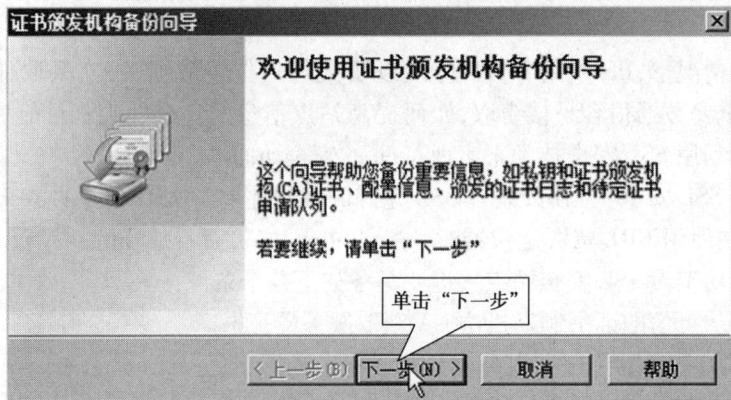

图 11.42　证书颁发机构备份向导

选择备份项目和备份路径,如图 11.43 所示。

在弹出的"选择密码"对话框中输入密码,如图 11.44 所示即可完成证书的备份。

　　(2)还原 CA。在"证书颁发机构"窗口中执行如图 11.45 所示操作。

在打开的"证书颁发机构还原向导"对话框中单击"下一步"按钮,如图 11.46 所示。

在弹出的"要还原的项目"对话框中,选择要还原的项目,单击"下一步"按钮,如图 11.47所示。

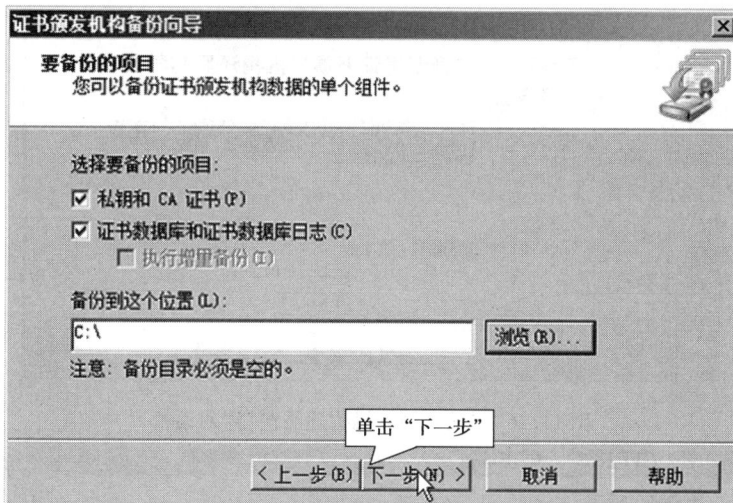

图 11.43　选择备份项目和备份路径

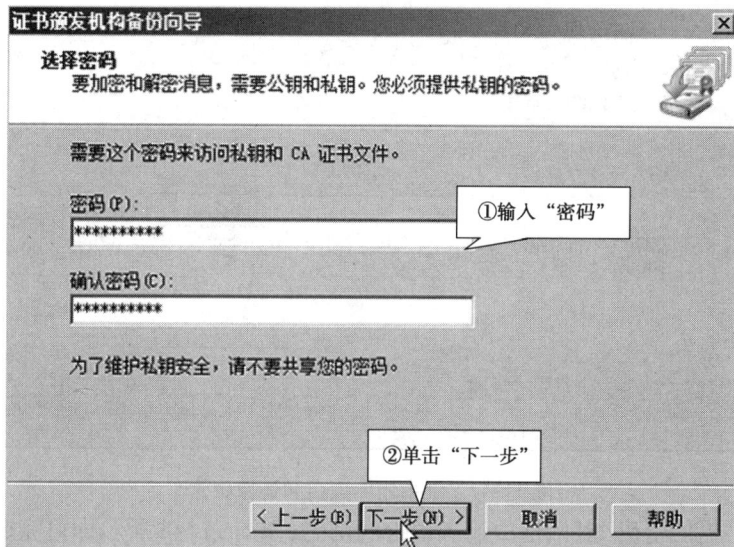

图 11.44　设置访问私钥密码

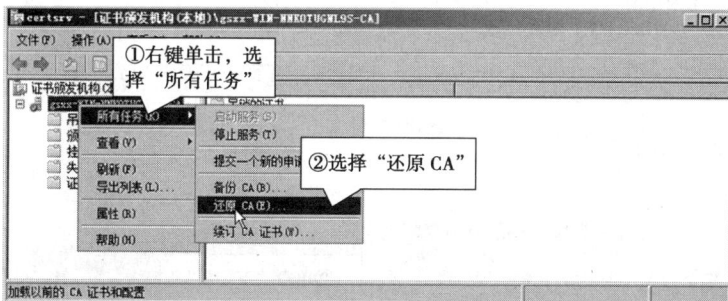

图 11.45　执行证书还原命令

图 11.46 "证书颁发机构还原向导"对话框

图 11.47 证书还原项目和还原位置

在弹出的"提供密码"对话框中输入备份的密码,如图 11.48 所示即可完成证书的还原。

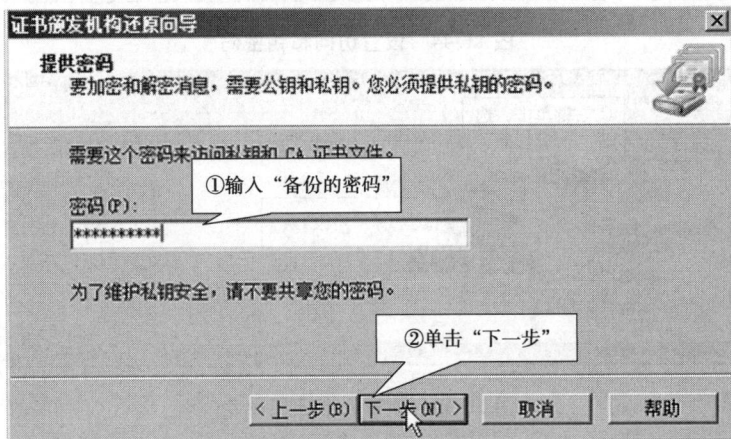

图 11.48 输入访问私钥的密码

2. 管理证书模板

打开"证书颁发机构"窗口,然后按图 11.49 所示操作。

图 11.49   新建证书模板

在弹出的"启用证书模板"对话框中执行图 11.50 所示操作。

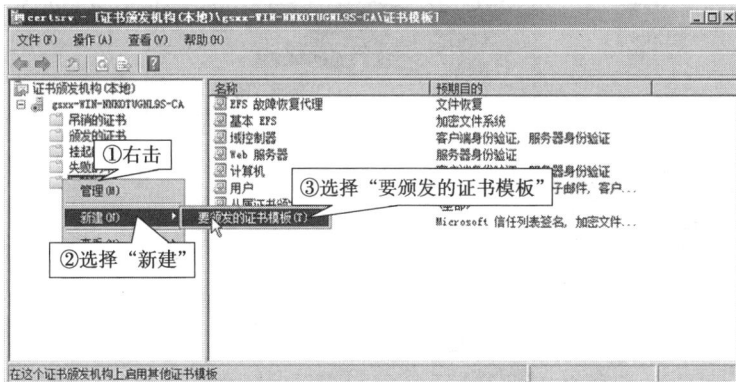

图 11.50   启用证书模板

友情提示

企业 CA 根据证书模板来发放证书,每一个模板可能具有多个不同的用途。

3. 吊销证书与 CRL

单击"颁发的证书",在右边窗口中右击一个证书,选择"所有任务"→"吊销证书"来吊销证书,如图 11.51 所示。

通过执行如图 11.52 所示操作来解除证书吊销。

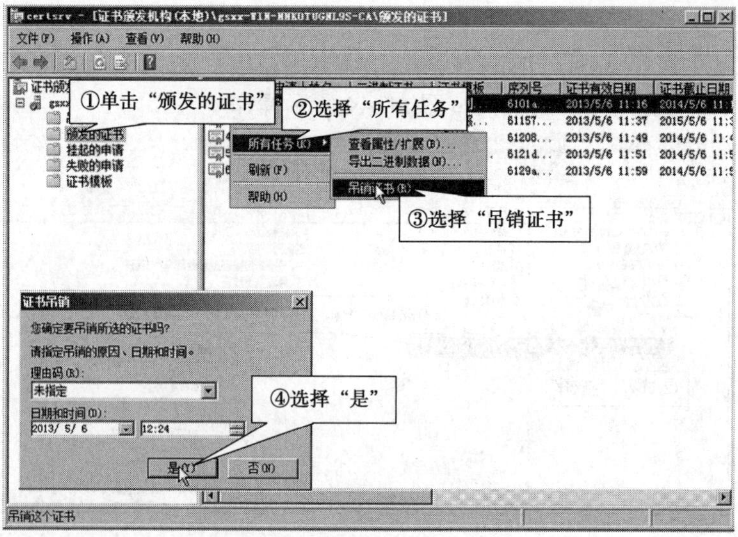

图 11.51　执行吊销证书命令

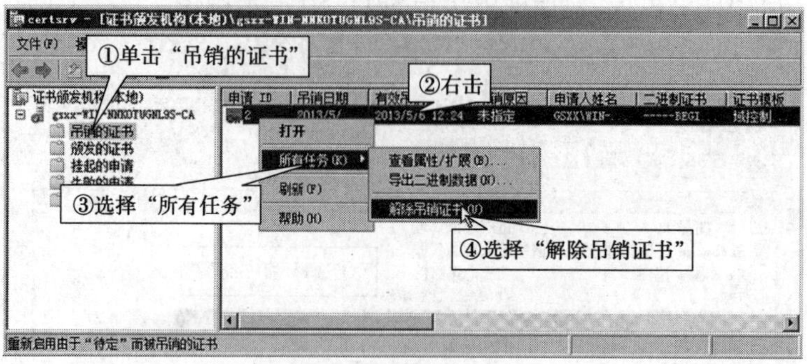

图 11.52　解除吊销的证书

【知识链接】

　　可以通过下载"CRL"(证书吊销列表)来得知哪一些证书已经被吊销,但是必须先将 CA 的"CRL"发布出来。下面介绍两种发布"CRL"的方法。

　　(1)发布 CRL。自动发布,CA 默认会每隔一周发布一次 CRL,可以通过右键单击"吊销的证书",选择"属性"命令来更改此间隔时间,如图 11.53 所示。

　　在弹出的"发布 CRL"对话框中,按图 11.54 所示操作。

　　(2)下载 CRL。下载 CRL 也分为自动下载和手动下载。打开"Internet 选项"对话框,然后按图 11.55 所示操作。

　　在浏览器地址栏输入"http://服务器 ip 地址/certsrv",如图 11.56 所示。

　　然后单击"下载 CA 证书",按如图 11.57 所示操作。

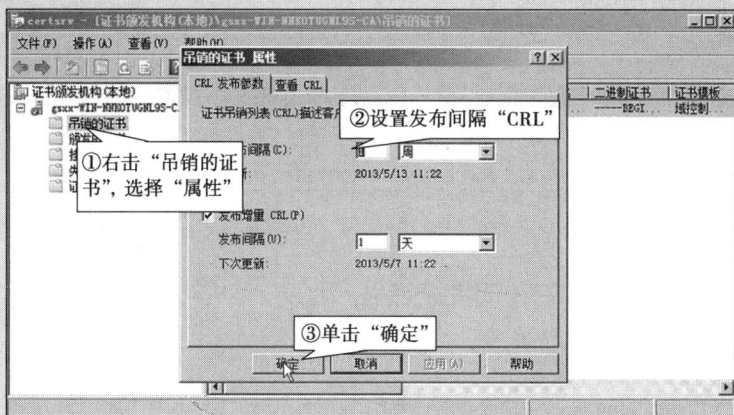

图 11.53　更改 CRL 发布时间

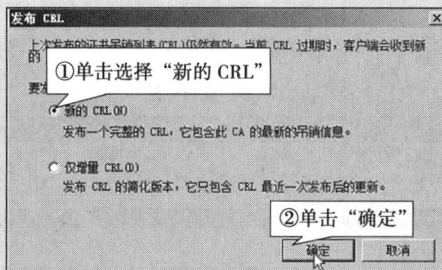

图 11.54　手动发布 CRL

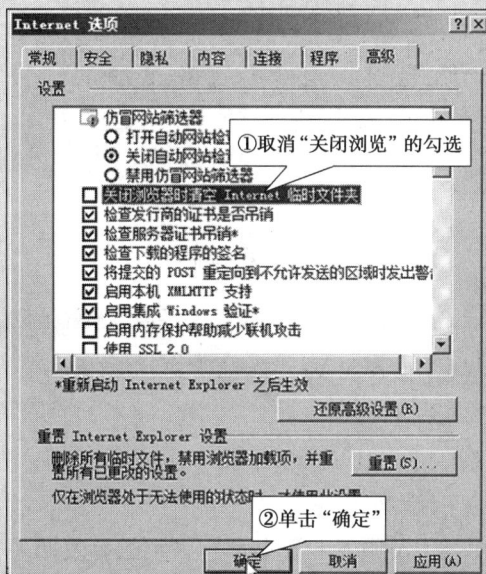

图 11.55　设置 CRL 自动下载

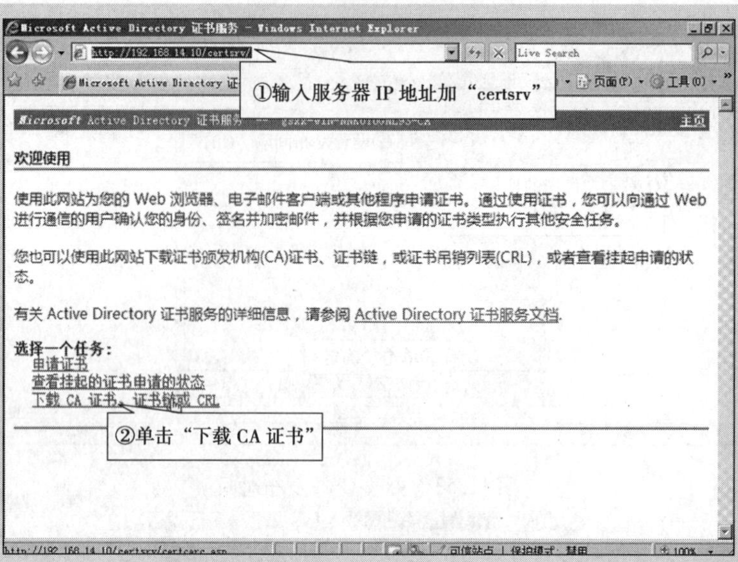

图 11.56 手动下载 CRL

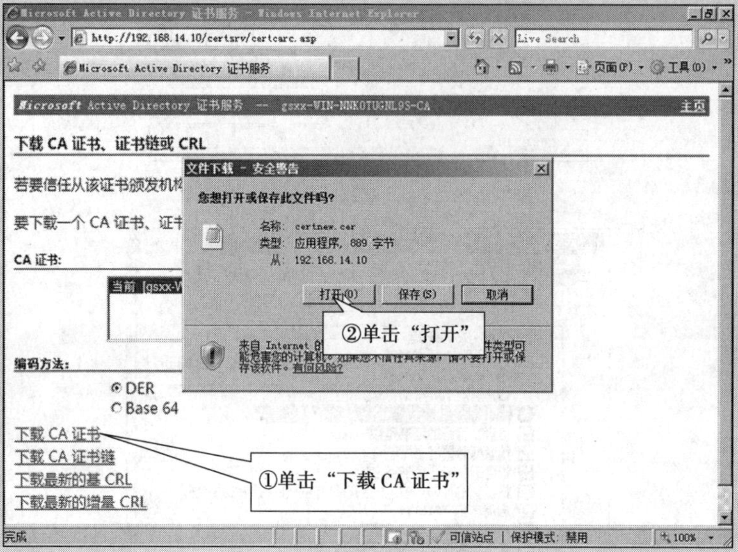

图 11.57 安装下载的 CRL

4. 续订证书

每一台 CA 自己的证书与 CA 颁发的证书都有一定的有效期限,证书到期前必须续订证书,否则此证书将无效,表 11.1 列出了各类证书的有效期限。

表 11.1　证书期限表

证书种类	有效期限
根 CA	可在安装时设置,默认 5 年
子级 CA	默认最多为 5 年
其他的证书	不一定,但是大部分是 1 年

根 CA 的证书是自己发给自己的,而子级 CA 的证书是向父 CA(如根 CA)申请的,当根 CA 发放证书给子级 CA 时,此证书的有效期限绝对不会超过根 CA 本身的有效期限,所以如果 CA 本身的有效期限所剩无几,则它发出的证书的有效期限也会很短,因此应该尽早续订 CA 的证书。至于用户证书,只要在证书过期前续订即可。

打开"证书颁发机构"执行如图 11.58 所示操作。

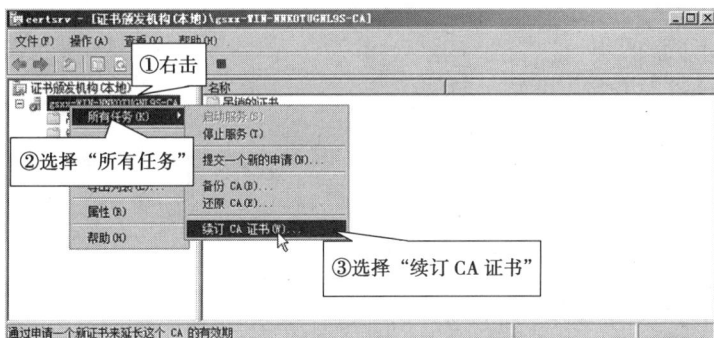

图 11.58　执行续订 CA 证书命令

在打开的"续订 CA 证书"对话框中选择"是"单选按钮,然后单击"确定"按钮即可完成 CA 证书的续订,如图 11.59 所示。

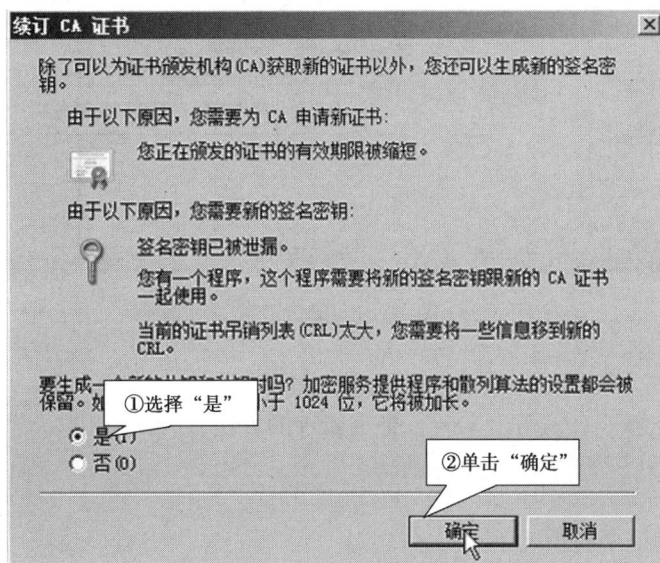

图 11.59　创建新的密钥

打开"MMC 控制台"对话框，然后执行如图 11.60 所示操作。

图 11.60　添加/删除管理单元

执行如图 11.61 所示操作。

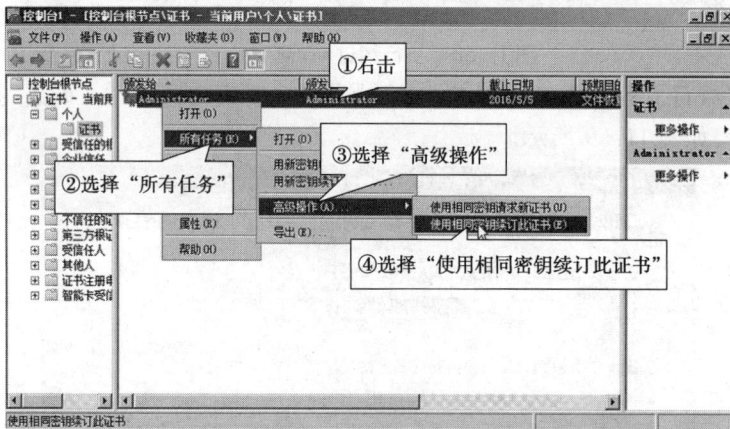

图 11.61　续订证书

【小结】

本任务主要介绍了 CA 还原与备份、证书管理的方法。

【练一练】

创建一个管理证书模板。

![图标] **【模块自测题】**

一、应知(40 分)

填空题(每题 5 分,共 40 分)

(1)公钥加密是由对应的一对唯一性密钥即_____和_____组成的加密方法。

(2)公钥可以_____,但是私钥_____保存。

(3)PKI 的基础技术包括_____、_____、_____、_____、_____等。

(4)SSL 是一个以 PKI 为基础的_____。若要让网站拥有 SSL 安全连接功能,就必须为网站向证书颁发机构申请 SSL 证书,证书中包含了_____、_____、发放此证书上的_____、_____的数字签名等数据。

(5)CA 主要负责_____、管理以及_____和_____,证书内包含了拥有证书者的姓名、地址、电子邮件账号、公钥、证书有效期、发放证书的 CA、CA 的数字签名等信息。证书主要有三大功能:_____、_____、_____。

(6)通过在 Windows Server 2008 计算机中安装 Active Directory 证书服务(AD CS)角色,可以让该计算机来提供 CA 服务,可以选择将 CA 设置为_____、_____、_____或_____。

(7)独立子级 CA 的角色与功能类似于企业子级 CA,但是不需要 Active Directory 域,扮演独立子级 CA 角色的计算机可以是_____、_____或_____。无论是否是域用户,都可以向独立子级 CA 申请证书。

(8)根 CA 的证书是自己发给自己的,而子级 CA 的证书是向父_____申请的,当根_____发放证书给子级 CA 时,此证书的有效期限绝对不会超过根 CA 本身的有效期限,所以如果 CA 本身的有效期限所剩无几,则它发出的证书的有效期限也会很_____,因此应该尽早续订 CA 的证书。至于用户证书,只要在证书过期前续订即可。

二、应会(60 分)

实操题

网站所在计算机名为"ruijie",IP 地址为 192.168.1.125,DNS 为 192.168.1.125,操作系统 Windows Server 2008 R2,在"ruijie"计算机上安装好"DNS"服务器并创建正向查找区域"ruijie.com",创建主机名为"www"(IP 地址为 192.168.1.125),计算机上网站名称为"Web",域名为"www.ruijie1.com",网站所在文件夹为"C:/web"。

测试计算机 IP 地址:192.168.1.160,DNS:192.168.1.125,操作系统:Windows XP。

两台计算机都没加入域,其 CA 为独立 CA,因此需要在这两台计算机上手动执行信任 CA 操作。

将 www.ruijie1.com 站点创建为 SSL 安全连接站点,并备份站点证书到 C:/证书文件夹中,续订该证书。

架设 NFS 服务器

NFS(Network File System,网络文件系统)是 FreeBSD 支持的文件系统中的一种。NFS 允许一个系统在网络上与他人共享目录和文件。通过使用 NFS,用户和程序可以像访问本地文件一样访问远端系统上的文件。

具体学习目标如下:

- 理解 NFS 服务的概念;
- 会安装 NFS 服务器;
- 掌握 NFS 服务器的配置;
- 掌握 NFS 服务器的测试。

任务一　安装 NFS 服务器

1. 安装 NFS 服务器组件

单击"开始"→"管理工具"→"服务器管理器",打开"服务器管理器"窗口,在其中单击"角色"→"添加角色"链接,打开图 12.1 所示"添加角色向导"对话框。按图 12.1 和图 12.2 所示操作。

图 12.1　"添加角色向导"对话框

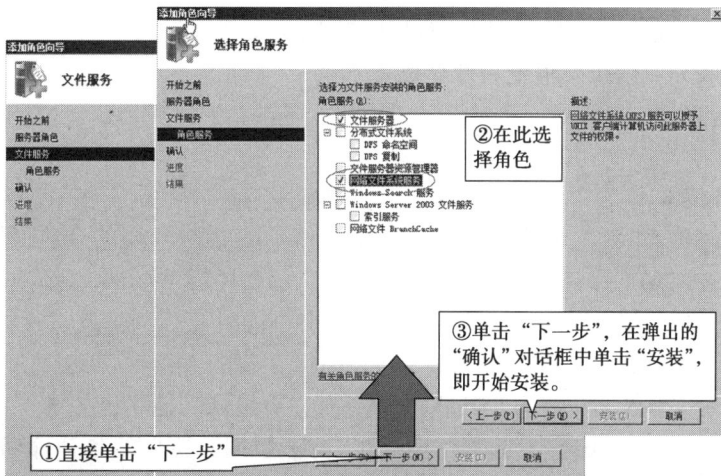

图 12.2　选择角色

友情提示

安装 NFS 服务之前,必须删除以前安装的任何 NFS 组件。建议在删除 NFS 组件之前备份计算机或记录用户的配置,以便可以在 NFS 服务上还原该配置。

2. 安装 Active Directory 域服务

安装域控制器,其域名为 gsxx. com。域服务的安装和 Active Directory 活动目录的安装请参见模块三。

3. 安装 Unix 标识管理

单击"开始"→"管理工具"→"服务器管理器",打开"服务器管理器"窗口,选中"Active Directory 域服务",单击"添加角色服务"链接,打开如图 12.3 所示"选择角色服务"对话框。

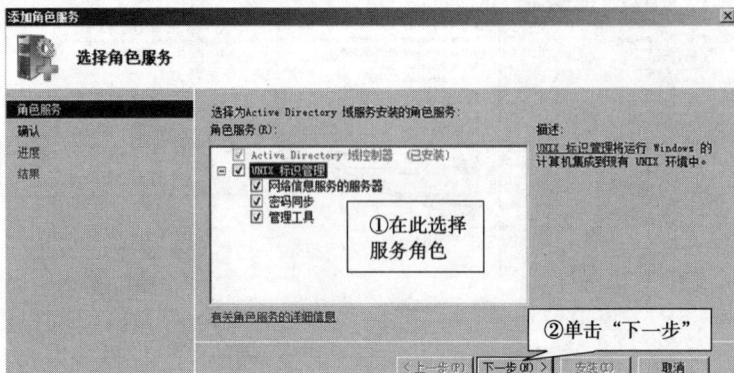

图 12.3 "选择角色服务"对话框

在图 12.3 中单击"下一步"按钮,在打开的"确认安装选择"对话框中单击"安装"按钮即开始安装,安装完成后按要求重启计算机。

【知识链接】

1. NFS 服务的概念

网络文件系统(NFS)服务为具有 Windows 和 Unix 混合环境的企业提供文件共享解决方案。通过 NFS 服务,用户可以使用 NFS 协议在运行 Windows Server 2008 R2 操作系统的计算机和基于 Unix 的计算机之间传输文件。

2. NFS 服务中的新增功能

在 Windows Server 2008 R2 中,NFS 服务有以下增强功能:

(1)网络组支持。NFS 服务支持网络组,网络组用于跨网络创建命名的主机组。网络组可以简化对用户和组登录以及对远程计算机的解释器访问的控制,并使系统管理员可以更方便地管理 NFS 访问控制列表。

（2）RPCSEC_GSS 支持。NFS 服务提供对 RPCSEC_GSS 的本机支持,即远程过程调用（RPC）安全功能,使用该功能,应用程序可以利用通用安全服务应用程序编程接口（GSS-API）中的安全功能。GSS-API 为应用程序提供包含完整性和身份验证安全服务的功能。使用 RPCSEC_GSS,NFS 服务可以使用 Kerberos 身份验证,并提供独立于正在使用机制的安全服务。

（3）使用 Windows Management Instrumentation（WMI）管理 NFS 服务器。使用 WMI,IT 专业人员能够远程管理 NFS,方法是允许基于 Web 的企业管理（WBEM）应用程序与本地计算机或远程计算机上的 WMI 提供程序进行通信米管理 WMI 对象。使用 WMI,用户可以使用诸如 VBScript 或 Windows PowerShell 等脚本语言以本地方式和远程方式管理运行 Microsoft Windows 操作系统的计算机和服务器。

（4）未映射的 Unix 用户访问。"未映射的 Unix 用户"选项可用于 NFS 共享文件夹。可以使用 Windows 服务器存储 NFS 数据,而无需创建 Unix 到 Windows 账户映射。映射的用户账户使用标准 Windows 安全标识符（SID）,而未映射用户使用自定义 NFS SID。

3. NFS 服务使用方案

通过 NFS 服务,可支持基于 Windows 和基于 Unix 操作系统的混合环境。使用 NFS 服务,用户在过渡阶段支持较旧技术的同时还可以更新公司的计算机。以下方案是企业如何从部署 NFS 服务中获益的示例。

（1）使基于 Unix 的客户端计算机能够访问运行 Windows Server 2008 R2 的计算机上的资源。用户的公司可能允许 Unix 客户端访问 Unix 文件服务器上的资源,如文件。为了利用 Windows Server 2008 R2 中的功能,如共享文件夹的卷影副本,可以将资源从 Unix 服务器移动到运行 Windows Server 2008 R2 的计算机。然后可以设置 NFS 服务以便使运行 NFS 软件的 Unix 客户端能够访问这些计算机。所有 Unix 客户端都将能够使用 NFS 协议访问资源,无需进行其他配置。

（2）使运行 Windows Server 2008 R2 的计算机能够访问 Unix 文件服务器上的资源。用户的公司可能具有 Windows 和 Unix 的混合环境,并且资源（如文件）存储在 Unix 文件服务器上。如果文件服务器运行的是 NFS 软件,则使用 NFS 服务,运行 Windows Server 2008 R2 的计算机能够访问这些资源。

（3）利用 64 位硬件。可以在 64 位版本的 Windows Server 2008 R2 上运行 NFS 服务组件。

4. NFS 服务组件

NFS 服务包括以下组件:

（1）NFS 服务器。一般情况下,基于 Unix 的计算机不能访问基于 Windows 的计算机上的文件。但是,运行 Windows Server 2008 R2 和 NFS 服务器的计算机可以充当基于 Windows 和基于 Unix 计算机的文件服务器。

（2）NFS 客户端。一般情况下,基于 Windows 的计算机不能访问基于 Unix 的计算机上的文件。但是,运行 Windows Server 2008 R2 和 NFS 客户端的计算机可以访问存储在基于 Unix 的 NFS 服务器上的文件。

【小结】

本任务主要介绍了 NFS 服务器的功能及 NFS 服务器组件的安装方法与步骤。

任务二　配置 NFS 服务器

1. NFS 服务器配置过程

配置用户名映射。如果 Linux 或 Unix 的用户访问 NFS 共享目录,需要将其他操作系统的用户名映射到服务器的用户上,下面我们来做这个设置。

单击"开始"→"管理工具"→"Active Directory 用户和计算机",在打开"Active Directory 用户和计算机"对话框中单击 gsxx.com 域下的 Users 容器,在 Users 列表中,找到管理员账户 Administrator 并双击,弹出"Administrator 属性"对话框,单击"Unix Attributes"选项卡,如图 12.4 所示。

在图 12.4 中单击"确定"按钮,返回到"Active Directory 用户和计算机"对话框。至此,就把 Linux 或 Unix 下的 root 用户,映射成为了 Windows 2008 服务器中的 Administrator 用户,他们的权限也是这样对应的。

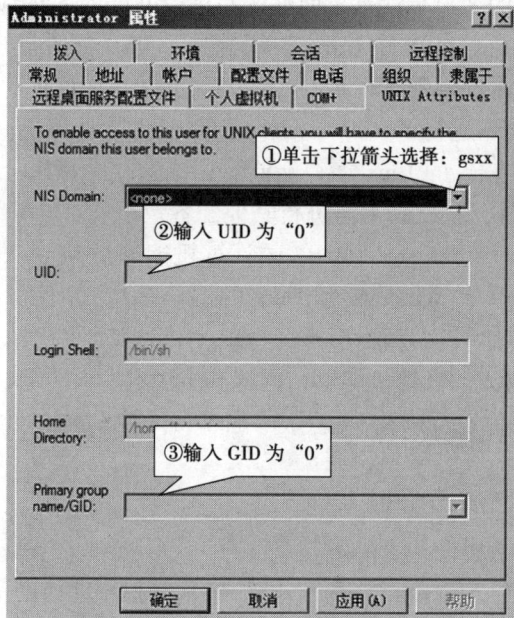

图 12.4　"Unix Attributes"选项卡

2. 配置 NFS 服务器

单击"开始"→"管理工具"→"Network File System 服务（NFS）"，在打开的"Network File System 服务（NFS）"对话框的"NFS 服务"项目上右击，选取"属性"命令，弹出"NFS 服务 属性"对话框，如图 12.5 所示。

图 12.5 "NFS 服务 属性"对话框

3. 设置目录 NFS 共享

（1）在 C 盘建一个"sharegsxx"文件夹，用于 NFS 共享，提供给 Linux 来访问和操作。

（2）右击"sharegsxx"文件夹，在快捷菜单中选择"属性"命令，打开"sharegsxx 属性"窗口，单击"NFS 共享"选项卡，如图 12.6 所示。后续操作如图 12.7 所示。

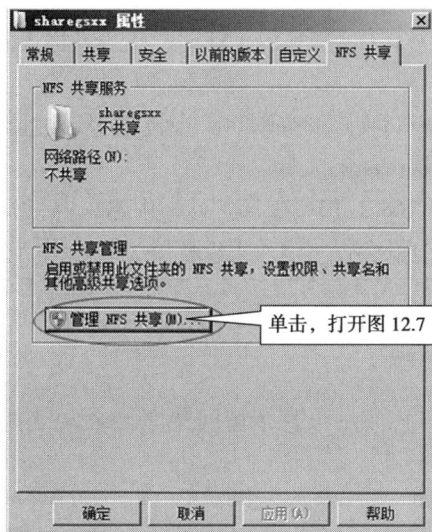

图 12.6 "NFS 共享"选项卡

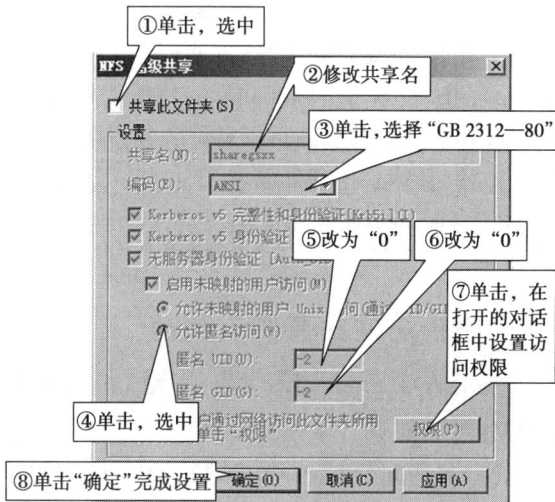

图 12.7 "NFS 高级共享"对话框

友情提示

（1）要记住这个 NFS 共享名称，在 Linux 或 Unix 下访问时需要用到。
（2）"权限"设置参考值：
- 在"访问类型（T）"下拉列表框中，选择"读写"选项。
- 勾选"允许根目录访问（w）"单选按钮。

4. 设置目录 Windows 共享

在图 12.6 所示"sharegsxx 属性"对话框中，选择"共享"选项卡，单击"共享"按钮，打开"文件共享"对话框，如图 12.8 所示。

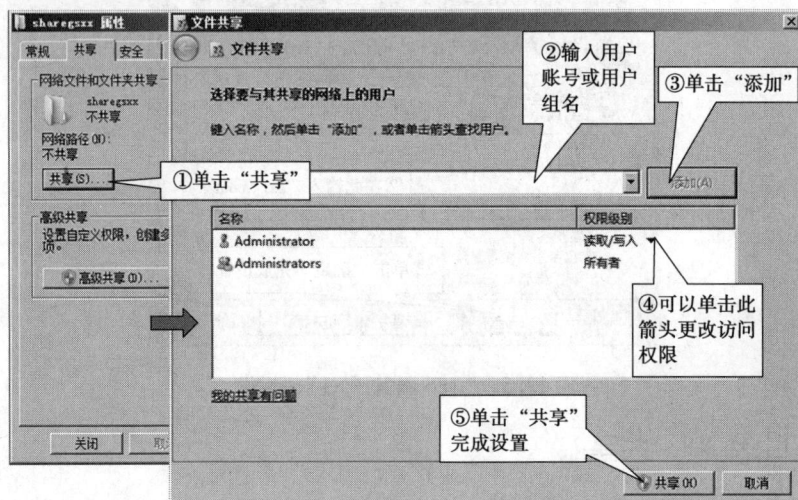

图 12.8 "文件共享"对话框

友情提示

Windows 共享这个目录缺省的共享名就是目录名称。建议与 NFS 共享的名称设置成一样的，都是目录名称，方便记忆。

测试一下 Windows 共享的情况。假设这台 Windows Server 2008 主机的 IP 地址为 192.168.1.4，共享的目录名称和共享名称都是"sharegsxx"。

使用另外一台 Windows XP 主机，IP 地址为 192.168.1.122，在"运行"框中输入"\\192.168.1.4\sharegsxx"。我们会发现，打开这个共享目录前，会提示输入用户名和密码登录。

5. 直接访问共享目录设置

为了访问共享目录时不出现"Windows 登录"窗口，而用户直接访问共享目录，可用以下两个办法来实现。

（1）将访问的主机（客户端），设置为登录到域中。
（2）在服务器中建立一个可以访问共享目录的用户，在客户端主机建立一个同样的用户,包括密码也相同。在客户端主机启动登录时,使用这个新建的用户来登录。这样访问这个共享目录就不会有登录过程了。

考虑到用户的客户端可能安装在网络系统中的任意一台主机上,一般采用第二种方式来实现直接访问共享目录。

6. 测试 NFS 连接

经过以上的步骤,用户应该可以在两种操作系统下来访问服务器的共享目录了。Windows 下使用共享方式来访问,这种访问方式已经在上面测试过了,此处略。

Linux 或 Unix 下,使用 NFS 共享方式来访问,下面就在 Linux 下测试 NFS 共享是否正确。设 Windows Server 2008 NFS 服务器的 IP 地址为 192.168.1.4,Linux 操作系统的 IP 地址为 192.168.1.20。

(1)在 Linux 系统主机上 ping Windows Server 2008 服务器。

输入命令:"ping 192.168.1.4",如果出现如图 12.9 所示提示信息,表示 Linux 与服务器能够联通。

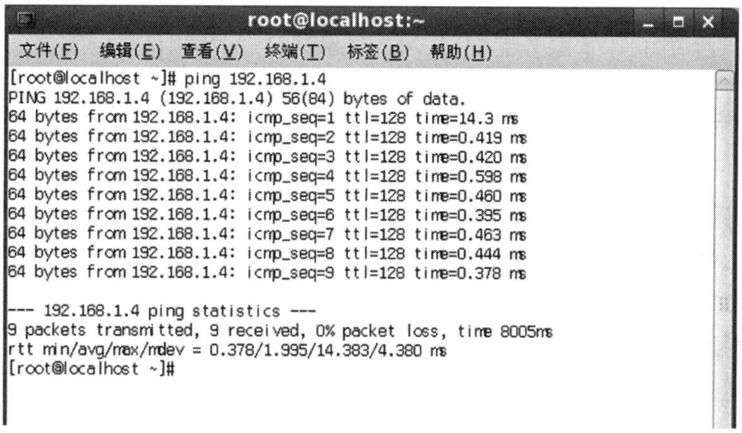

图 12.9　"用 ping 命令拼 NFS 服务器"窗口

(2)测试挂载。在 Linux 服务器的命令行中输入"mount-t nfs-o nolock,vers = 2 192.168.1.4:/sharegsxx /mnet",完成后出现提示符"＄";再在命令提示符后输入"mount"命令,这条命令会列出所有挂载的设备,其中有一条用红线标记的信息,表示挂载成功,如图 12.10 所示。

(3)在命令提示符后输入"cp /etc/profile /mnt",将/etc 目录下的文件 profile 拷贝到 NFS 服务器的共享目录中;使用命令"cd /mnt",进入 NFS 共享目录;使用命令"ls",查看 NFS 共享目录下的文件,可以看到已经出现 profile 这个文件。

(4)在 Windows Server 2008 NFS 服务器上,打开 sharegsxx 这个共享目录,可以看到 Linux 系统中的/etc/profile 文件已被复制到此处,并且能够访问。

图 12.10 "sharegsxx 挂载至 linux 下 mnt 目录"窗口

【小结】

本任务主要介绍了 NFS 服务器配置、NFS 目录共享、NFS 测试等的方法。

【模块自测题】

一、应知(30 分)

填空题(每题 15 分,总 30 分)

(1)网络文件系统(NFS)服务为具有_____和_____混合环境的企业提供文件共享解决方案。

(2)NFS 服务的新增功能有_____、_____、_____、_____。

二、应会(70 分)

实操题

拓扑图如图 12.11 所示,配置 NFS 服务器并实现共享资源的互相访问。

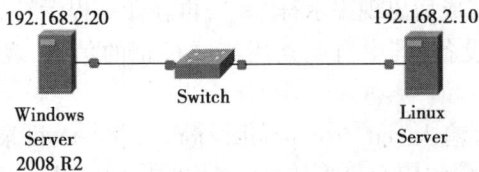

图 12.11 实训拓扑图

搭建 Windows Server 2008 基于 Web 服务器的网络负载平衡(NLB)

Windows Server 2008 R2 提供两种群集技术:故障转移群集和网络负载平衡(NLB)。故障转移群集主要提供高可用性;网络负载平衡提供可伸缩性,并同时帮助提高基于 Web 服务的可用性。网络负载平衡(Network Load Balancing,即 NLB)增强了 Web、FTP、防火墙、代理、VPN 和其他关键任务服务器的应用程序的可用性和可伸缩性。运行 Windows 的单个计算机可提供有限的服务器可靠性和可伸缩性。但是,通过将两个或多个运行一种 Windows Server 2008 家族产品的计算机资源组合为单个群集,网络负载平衡可以提供 Web 服务器和其他关键任务服务器所需的性能和可靠性。

具体学习目标如下:

- 了解 Web Farm 和网络负载平衡的概念;
- 了解 Web Farm 网络负载平衡的功能;
- 了解 Web Farm 架构模式;
- 了解 NLB 的操作模式;
- 掌握 Windows Server 2008 NLB 配置。

任务一　Web Farm 与网络负载平衡概述

1. Web Farm 与网络负载平衡概述

将企业内部多台 IIS Web 服务器组成 Web Farm 后,这些服务器将同时为用户提供一个不间断的、可靠的网站服务,当 Web Farm 接收到不同用户的连接网站请求时,这些请求会被分散给不同的 Web 服务器来处理,因此可以提高网页的访问效率。

Web Farm 的架构。由于 Windows Server 2008 系统已经内置了网络负载平衡功能 NLB(Network Load Balancing),因此如图 13.1 所示网络不用负载平衡器,改在前台 Web Farm 上启用 Windows NLB 功能,并利用它来提供负载平衡与容错功能。

还有因为 Microsoft ISA Server 防火墙可能通过发行规则来支持 Web Farm,因此可以如图 13.1 所示来搭建 Web Farm 环境,其中,ISA Server 接收到外部连接内部网站的请求时,它会根据发行规则的设置,将此请求转交给 Web Farm 中的一台 Web 服务器处理。ISA Server 也具备自动检测 Web 服务器是否停止服务的功能,因此它只会将请求转给仍然正常运行的 Web 服务器,不会转给已停止服务的 Web 服务器。

2. 网页内容的同步

网页内容同步的 3 种方式:

(1)如图 13.2 所示,可以将网页存储到每台 Web 服务器的本地磁盘中,必须让每台 Web 服务器中存储的网页内容相同,虽然可以利用手动复制的方式将网页文件复制到每台服务器,这种方式网络管理难度很大。可以采用 DFS(分布式文件系统)自动让每台 Web 服务器的网页内容相同,这样只需更新其中一台 Web 服务器的网页文件,它们就会通过 DFS 复制功能自动复制到其他 Web 服务器。

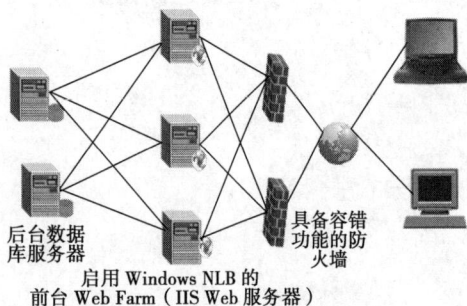

图 13.1　使用 Windows NLB 的 Web Farm

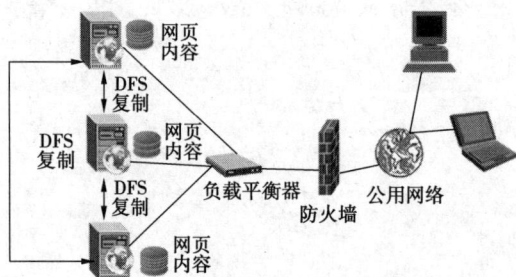

图 13.2　网页内容存储在每一台 Web 服务器的本地磁盘中

（2）如图 13.3 所示,将网页文件存储到 SAN(Storage Area Network)或 NAS(Network Attached Storage)存储装置中,并利用它们来提供网页的容错功能。

（3）如图 13.4 所示,将网页存储到文件服务器中,而为了提供容错功能,应该加设多台文件服务器,同时还必须确保所有服务器中的网页内容相同,可以采用 DFS 复制功能自动让每台文件服务器存储的网页相同。

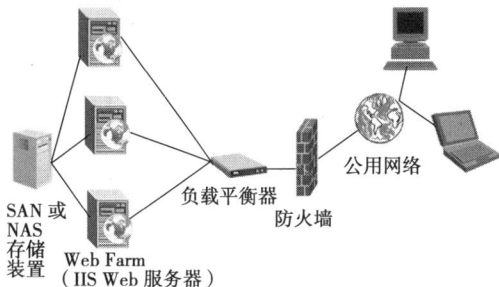

图 13.3　网页内容存储在 SAN 或
　　　　　NAS 存储装置中

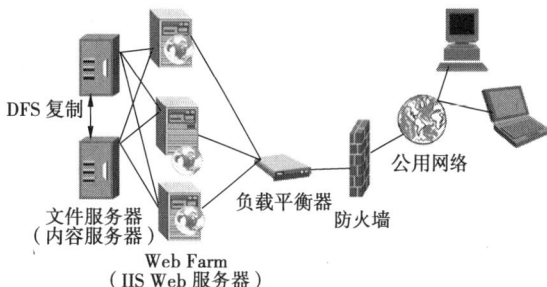

图 13.4　网页内容存储在文件服务器中

3. Windows Server 2008 的网络负载平衡概述

Windows Server 2008 系统已经内置了网络负载平衡功能(NLB),因此用户可以利用 Windows NLB 来搭建 Web Farm 环境。图 13.5 所示 Web Farm 内每一台 Web 服务器都有一个静态 IP 地址,这些服务器对外的流量是通过静态 IP 地址发出的。而在新建了 NLB 群集(NLB cluster),启用外网卡的 Windows NLB,将 Web 服务器加入 NLB 群集后,它们还会共享一个相同的群集 IP 地址(又称虚拟 IP 地址),并通过这个群集 IP 地址来接收外部的访问请求,NLB 群集接收到这些请求后,会将它们分散交给群集中的 Web 服务器来处理,因此可以达到负载平衡的目的,提高运行效率。网络负载平衡具有以下功能：

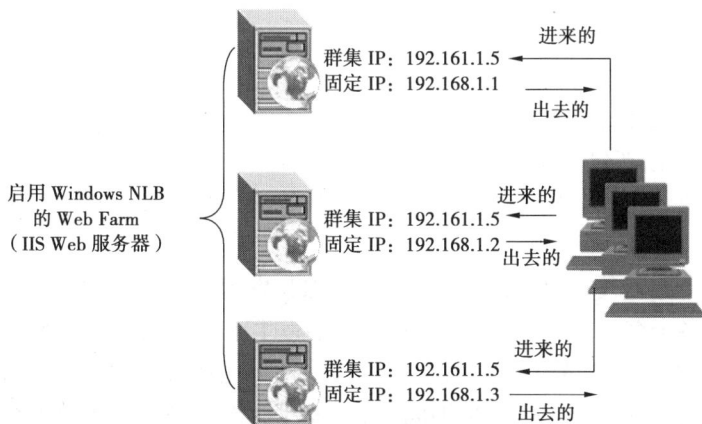

图 13.5　Windows NLB 提供网络负载平衡功能

（1）可伸缩性。可伸缩性是度量计算机、服务或应用程序如何更好地改进以满足持续增长的性能需求的标准。对于 NLB 群集而言,可伸缩性是指当群集的全部负载超过其能力时逐步将一个或多个系统添加到现有群集的功能。下面详细介绍了 NLB 的可伸缩功能：
- 平衡 NLB 群集上对各个 TCP/IP 服务的负载请求。
- 在一个群集中最多支持 32 台计算机。
- 平衡群集中多个主机之间的多个服务器负载请求。
- 支持在负载增加时，能够在不关闭群集的情况下向 NLB 群集中添加主机。
- 支持在负载降低时，能够从群集中删除主机。
- 通过全部实现管道化提高性能降低开销。

（2）高可靠性。通过最大程度地减少停机时间，高可用系统能够可靠地提供可接受级别的服务。NLB 包括一些内置功能，可以通过自动执行以下操作提高可用性。
- 检测发生故障或脱机的群集主机并对其进行恢复。
- 在添加或删除主机时平衡网络负载。
- 在十秒之内恢复并重新分发负载。

（3）可管理性。
- 使用 NLB 管理器，可以从单个计算机管理和配置多个 NLB 群集和群集主机。
- 使用端口管理规则，可以为单个 IP 端口或一组端口指定负载平衡行为。
- 可以为每个网站定义不同的端口规则。
- 使用可选的单主机规则，可以将所有客户端请求引导至单个主机。NLB 将客户端请求路由到运行特定应用程序的特定主机。
- 可以阻止对某些 IP 端口进行不需要的网络访问。
- 可以在群集主机上启用 Internet 组管理协议（IGMP）支持，以控制交换机广播。
- 使用 shell 命令或脚本，可以从运行 Windows 的任何联网计算机上远程启动、停止和控制 NLB 操作。
- 可以查看 Windows 事件日志以检查 NLB 事件。NLB 在事件日志中记录所有操作和群集更改。

（4）易用性。
- 可以作为标准的 Windows 网络驱动程序组件安装 NLB。
- NLB 不需要更改任何硬件即可启用和运行。
- 使用 NLB 可以新建 NLB 群集。
- 使用 NLB 管理器，可以从一台远程或本地计算机上配置和管理多个群集以及群集的所有主机。
- NLB 允许客户端使用单个逻辑 Internet 名称和虚拟 IP 地址（称为群集 IP 地址，它保留每台计算机的各个名称）访问群集。NLB 允许多宿主服务器具有多个虚拟 IP 地址。
- 可以将 NLB 绑定到多个网络适配器，这样你便可以在每个主机上配置多个独立的群集。支持多个网络适配器与虚拟群集不同，因为虚拟群集允许你在单个网络适配器上配置多个群集。
- 不需要修改服务器应用程序即可在 NLB 群集中运行。
- 如果群集主机出现故障并且后来恢复联机，则可将 NLB 配置为自动将该主机添加到群集。之后，添加的主机将能够开始处理来自客户端的新的服务器请求。

●可以在不打扰其他主机上群集操作的情况下使计算机脱机进行预防性的维护。

(5)NLB 的容错功能。如果 Windows NLB 群集中的服务器成员有变动,例如服务器故障、服务器脱离群集或增加新服务器,则 NLB 会启动一个称为聚合(convergence)程序,以便让 NLB 群集中的所有服务器保持一致的状态并重新分配工作任务。

例如:NLB 群集中的服务器会随时监听其他服务器的心跳状态,以便检测是否有其他服务器故障。若有服务器出现故障,检测到此情况的服务器便会启动聚合程序,在聚合程序运行时,现有正常的服务器仍然会继续服务,同时正在处理中的请求也不会受到影响,当完成聚合程序后,所有连接 Web Farm 网站的请求,会重新分配剩下仍正常的 Web 服务器来负责。

4.NLB 的相似性

相似性用于定义源主机与 NLB 群集成员之间的关系。例如,如果群集中有 3 台 Web 服务器,当外部主机(源主机)要连接 Web Farm 时,此请求应由 Web Farm 中的哪一台服务器来负责处理? 这是由 Windows NLB 提供的 3 种相似性来决定。

(1)无(None)。此时 NLB 是根据源主机的 IP 地址与端口,将请求分配给其中一台服务器处理。群集中每一台服务器都有一个主机 ID(Host ID),而 NLB 根据源主机的 IP 地址与连接端口计算出来的哈希值(Hash)与主机 ID 有关性。因此,NLB 群集会根据哈希值将此请求发给拥有主机 ID 的服务器负责处理。因为它同时根据源主机的 IP 地址下与端口将请求分配其中一台服务器处理,因此同一台外部主机提出的多个连接 Web Farm 请求(源主机的 IP 地址相同、TCP 端口不同),可能会分别由不同的 Web 服务器来负责。

(2)单一性(Singe)。此时 NLB 仅根据源主机的 IP 地址将请求分配给其中一台 Web 服务器处理,因此同一台外部主机提出的所有连接 Web Farm 请求,都会由同一台服务器来负责处理。

(3)Class C。它是根据源主机的 IP 地址中最高 3 个字节,将请求分配给其中一台服务器来负责处理,也就是 IP 地址中最高 3 个字节相同的所有外部主机,它所提出的连接 Web Farm 请求都会由同一台 Web 服务器负责。比如,192.168.1.1 ~ 192.168.1.254(它们最高 3 个字节都是 61.161.78)的外部主机的请求,都会由同一台 Web 服务器来负责处理。

虽然,Windows NLB 默认是通过相似性将客户端的请求分配其中一台服务器来负责处理,但可以另外通过端口规则来更改相似性。例如,可以在端口规则中将特定流量指定由优先级较高的一台服务器来负责处理,系统默认的端口规则包括所有流量。且会依照设置的相似性将客户端的请求分配给某台服务器来负责处理,也就是所有流量都具备负载平衡与容错功能。

5.NLB 操作模式

Windows NLB 的操作模式可分为单播模式与多播模式两种。

(1)单播模式(Unicast Mode)。单播模式下,Windows NLB 群集中每一台 Web 服务器的网卡的 MAC 地址都会被替换成一个相同的群集 MAC 地址,它们通过此群集 MAC 地址来接收外部的连接 Web Farm 请求,发送到此群集 MAC 地址的请求,会被送到群集中的每一台 Web 服务器。

（2）多播模式（Multicast Mode）。多播是指数据包会同时发送给多台计算机，这些计算机属于同一个多播组，它们拥有一个共同的多播 MAC 地址。

总之，如果 IIS Web 服务器只有一块网卡，则请选用多播模式。如果 Web 服务器拥有多块网卡，或网络设备（如二层交换机与路由器）不支持多播模式，则可以采用单播模式。

【小结】

本任务主要介绍了 Web Farm 与 NLB 的概念及功能。

任务二　Windows Server 2008 NLB 配置实例

1. 实验环境准备

利用图 13.6 来说明如何新建一个由 IIS 服务器组成的 Web Farm，网址为 www.gsxx.com。实验将在图中的 Web1 和 Web2 上启用 Windows NLB，且 NLB 操作模式为单播模式。

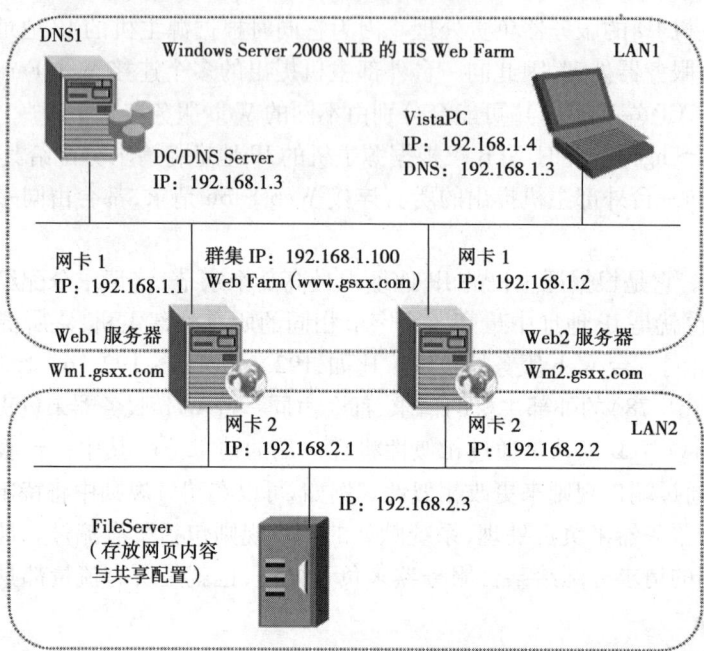

图 13.6　Windows Server NLB 实验图

（1）软硬件需求。

● 要创建图 13.6 所示的 Web Farm，利用 Orade VM VirtualBox 虚拟 4 台服务器，都安装操作系统 Windows Server 2008 R2 Enterprise。

● Web1 和 Web2 服务器。Web1 和 Web2 组成 Web Farm 服务器，均安装 IIS 角色。同时新建一个 Windows NLB 群集，并将这两台服务器加入到此群集中。这两台服务器有两块网卡,一块连接网络 1,一块连接网络 2,其中只有网卡 1 启动 Windows NLB。因此网卡 1 除了拥有原有的静态 IP 地址(192.168.1.1,192.168.8.2)之外,它们还有一个共同的群集 IP 地址 192.168.1.100,并通过这个群集 IP 地址来接收测试计算机 VistaPC 的连接请求。

- 文件服务器(FileServer)。这台 Windows Server 2008 服务器用来存储 Web 服务器的网页内容,也就是 Web1 和 Web2 服务器的主目录都是在这台文件服务器的相同文件夹。两台 Web 服务器也应该使用相同的配置,而这些共享配置也存储在文件服务器 File Server 中。
- DNS 服务器。用于解析 Web Farm 网址 www.gsxx.com 的 IP 地址。
- VistaPC。安装 Windows Vista 操作系统,用于测试 http://www.gsxx.com 能否正常连接 Web Farm 网站。

(2)实验网络环境准备。

- 将 DNS1 服务器与 VistaPC 的网卡连接到网络 1,Web1 与 Web2 的网卡 1 连接到网络 1,网卡 2 连接到网络 2。
- 在 4 台计算机上均安装 Windows Server 2008 R2 Enterprise 操作系统,计算机名分别为 "DNS1""Web1""Web2"与"FileServer"。一台计算机上安装 Windows Vista 系统,计算机名为"VistaPC"。
- 更改 Web1 和 Web2 服务器的两块网卡的名称,分别为"网络 1"和"网络 2"。
- 设置 5 台计算机的静态 IP 地址,子网掩码、首选 DNS 服务器(暂时不设置群集 IP 地址,等新建 NLB 群集时再设置)。
- 暂时关闭这 5 台计算机的 Windows 防火墙。
- 确保同一网络中的计算机之间可以正常通信。

在 DNS1 上分别利用 ping 192.168.1.1、ping 192.168.1.2 与 ping 192.168.1.4 来测试是否可以和 Web1、Web2 与 VistaPC 通信。

在 VistaPC 上分别利用 ping 192.168.1.1、ping 192.168.1.2 与 ping 192.168.1.3 来测试是否可以跟 Web1、Web2 与 DNS1 通信。

在 Web1 上分别利用 ping 192.168.1.2(与 ping 192.168.2.2)、ping 192.168.1.3、ping 192.168.1.4 与 ping 192.168.2.3 来测试是否可以跟 Web2、DNS1、VistaPC、FileServer 通信。

在 Web2 上分别利用 ping 192.168.1.1(与 ping 192.168.2.1)、ping 192.168.1.3、ping 192.168.1.4 与 ping 192.168.2.3 来测试是否可以跟 Web1、DNS1、VistaPC、FileServer 通信。

在 FileServer 上分别利用 ping 192.168.2.1 与 ping 192.168.2.2 来测试是否可以跟 Web1 与 Web2 通信。

2. Windows Server 2008 NLB 配置步骤

(1)配置 DNS 服务器。在 DNS1 服务器上安装 Active Directory 服务和 DNS 服务,域名为 gsxx.com,安装配置完成后,创建相应的主机记录及相关记录,确保以下解析成功。

gsxx.com　　　　　　192.168.1.3
www.gsxx.com　　　　192.168.1.100(群集 IP 地址)
win1.gsxx.com　　　　192.168.1.1
win2.gsxx.com　　　　192.168.1.2

提示:虽然在 VistaPC 机上能成功解析到 www.gsxx.com 的 IP 地址为 192.168.1.100,但是我们还没有新建群集,也还没有设置群集 IP 地址,因此用命令 ping www.gsxx.com 会出现"请求超时"的信息。即使群集与群集 IP 地址都设置好了,也可能出现"请求超时"的信息,因为 Windows Server 2008 计算机默认已经启用了 Windows 防火墙,它会阻挡 ping 命令的数据包。

(2)文件服务器的设置。这台文件服务器 File Server 用来存储 Web 服务器的共享配置与共享网页内容。

● 在文件服务器上创建一个本地用户账户,用户名为"webuser",并将用户加入到 IIS_IUSRS 组中,以便两台 Web 服务器可以利用这个账户来连接文件服务器。记住取消"用户下次登录时须更改密码"和选择"密码永不过期"。

● 在 FileServer 服务器的本地磁盘中创建共享文件夹"webroot",在该目录下建立两个子文件夹"configurations"和"contents",分别用于存储 IIS 共享配置和共享网页(网站主目录)。将"webroot"文件夹设置为共享文件夹,并将用户"webuser"具有"参与者"的权限。

(3)配置 Web 服务器 Web1。参见模块八。

友情提示

● 在添加必需的角色服务对话框中要选择"ASP. NET"。

● 新建一个用来测试的首页,假设其文件名为 index. aspx,具体内容如图 13.7 所示,并将此文件放在网站默认的主目录"%SystemDrive%\inetpub\wwwroot"中。"%SystemDrive%"一般是"C:"。单击"Default Web Site"下的"默认文档",添加 index. aspx 默认文档,并调整到列表的最上方。

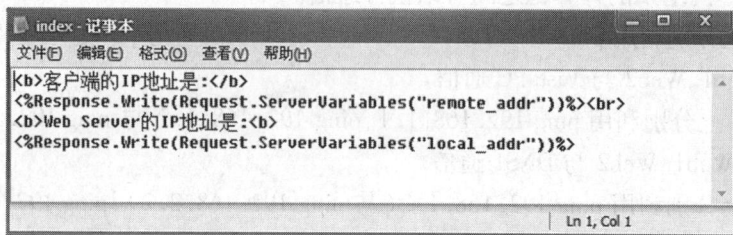

图 13.7　编辑测试页文档

● 在计算机 VistaPC 上利用浏览器来测试是否可以正常连接网站与显示默认网页。如图 13.8 所示是连接成功的界面,图中我们直接利用 Web1 的静态 IP 地址 192.168.1.1 来连接 Web1。

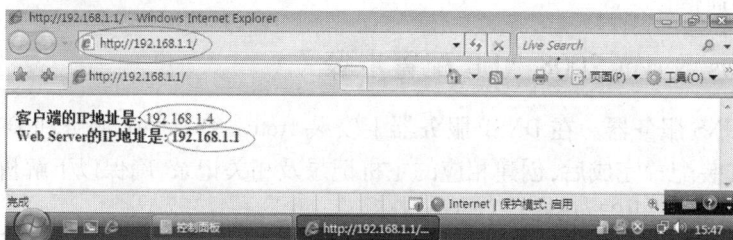

图 13.8　成功测试 Web1 服务器

Web 服务器 Web2 的配置方法及要求同 Web 服务器 Web1。

(4)共享网页与共享配置。让两个网站使用存储在文件服务器 FileServer 中的共享网页与共享配置,如图 13.9 所示。

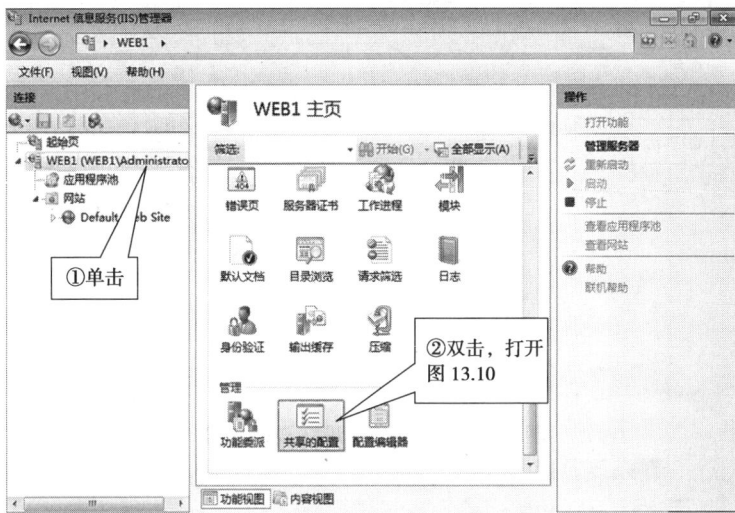

图 13.9　共享配置

①Web1 共享网页的设置。

第一步:将 Web1 主目录"C:\inetpub\wwwroot"中的测试首页 index. aspx,通过网络复制到文件服务器 FileServer 的共享文件"\\192.168.2.3\webroot\contents"。

第二步:设置 Web1 的主目录为"\\192.168.2.3\webroot\contents",利用文件服务器 Fileserver 中创建的本地用户账户 Webuser 来连接此共享文件夹。不过在 Web1 中也必须新建一个相同的名称与密码的用户账户,而且必须将其加入到 IIS_IUSRS 组。

完成后在 VistaPC 计算机上利用"http://192.168.1.1"测试,此时应该可以正常显示 index. aspx 的内容。

②Web1 的共享配置。以 Web1 的设置作为两个 Web 服务器的共享配置,因此请先将 Web1 的设置与密钥导出到"\\192.168.2.3\webroot\configurations",然后指定 Web1 使用位于"\\192.168.2.3\webroot\configurations 配置",如图 13.10 和图 13.11 所示。

③Web2 共享网页的设置。操作方法同 Web1 共享网页的设置。

④Web2 的共享配置。与 Web1 的共享配置相同。

(5)创建 Windows NLB 群集。由于要在 Web1 和 Web2 这两台服务器上直接启用 Windows NLB,因此必须在这两台服务器上安装"网络负载平衡"功能并进行相应配置。

①在 Web1、Web2 服务器上安装 NLB 组件。

在 Web1 服务器上单击"开始"→"管理工具"→"服务器管理器",打开"服务器管理器"窗口,在其中单击"功能"→"添加功能",在打开的"选择功能"对话框中勾选"网络负载平衡"复选框,然后按提示完成操作。

Web2 服务器上 NLB 组件的安装同 Web1。

②利用网络负载平衡管理器新建 NLB 群集。

在 Web1 服务器上单击"开始"→"管理工具"→"网络负载平衡管理器",打开"网络负载平衡管理器"窗口,如图 13.12 所示。

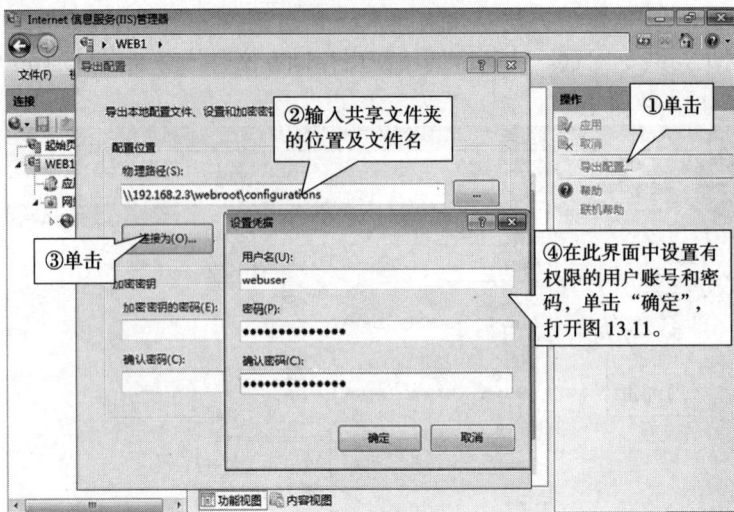

图 13.10　导出配置设置连接凭据

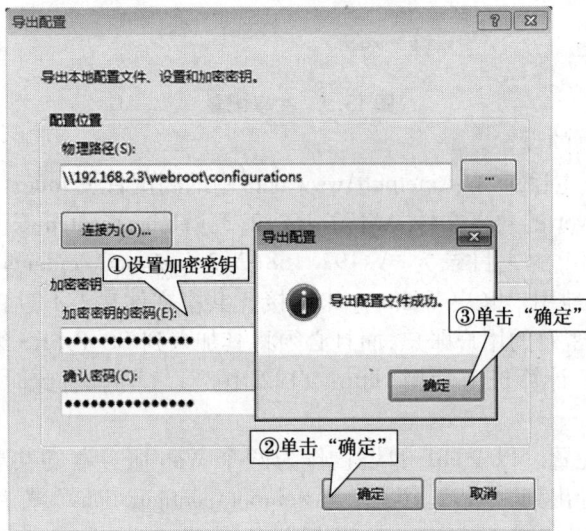

图 13.11　设置加密密钥

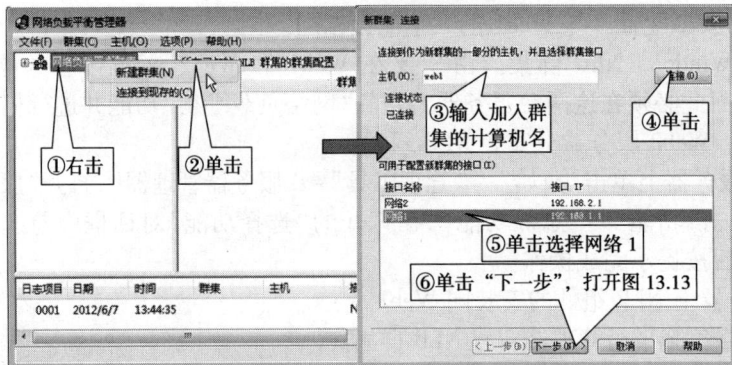

图 13.12　将 Web1 服务器加入群集

③在图 13.13 中直接单击"下一步"按钮进入添加群集静态 IP 的设置对话框,如图 13.14所示。

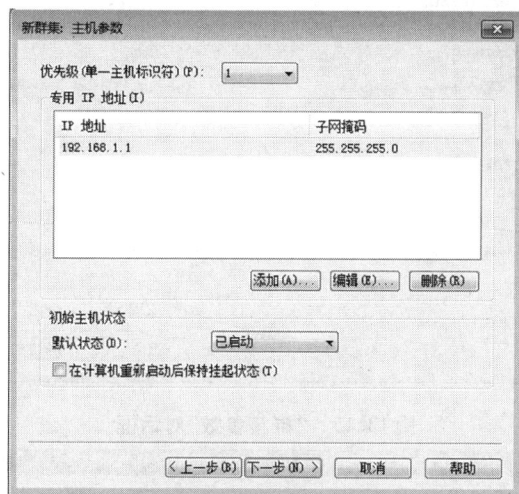

图 13.13　设置主机参数

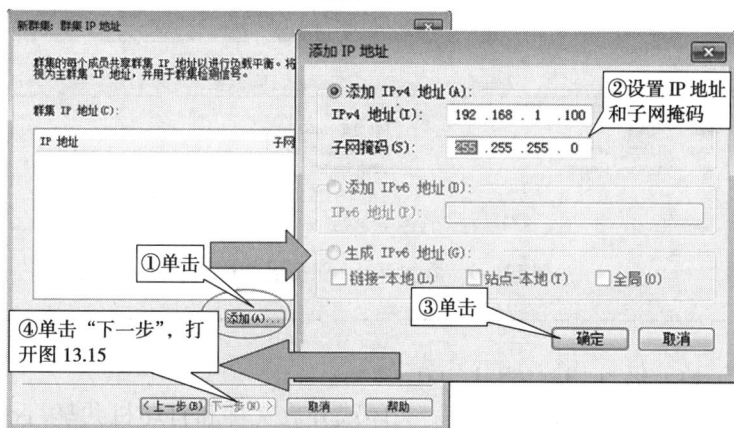

图 13.14　群集 IP 地址设置

友情提示

图 13.13 中的"优先级(单一主机标识符)"就是 Web1 的 Host ID(每一台服务器的 Host ID 必须是唯一的)。若群集接收到的数据包未定义在端口规则中,则会将此数据包交给优先级较高(Host ID 数字较小)的服务器来处理。可在此对话框中为此网卡添加多个静态 IP 地址。

在图 13.15 中设置后,单击"下一步"按钮,在打开的"端口规则"对话框中单击"完成"按钮,回到图 13.16 所示窗口。

采用上述方法将 Web2 服务器加入到 NLB 群集中。

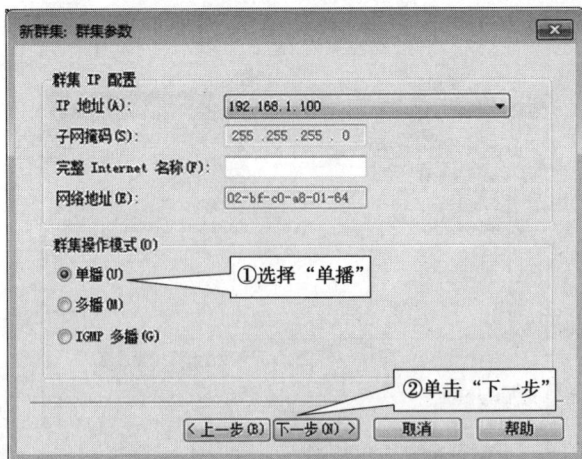

图 13.15　"群集参数"对话框

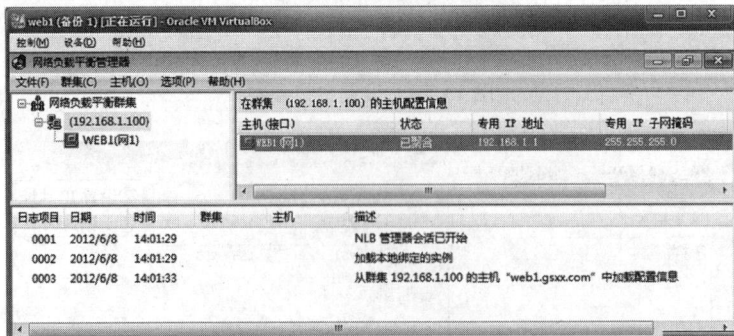

图 13.16　添加 Web1 服务器到群集

友情提示

- 群集 IP 地址仍为 192.168.1.100。
- 请先将 Web2 的 Windows 防火墙关闭或开放文件和打印机共享,否则会因为受到 Windows 防火墙的阻挡,而无法解析到 Web2 的 IP 地址。
- 优先级(单一主机标识符)为 2,也就是 Host ID 为 2。

完成以上设置后,接下来请在 VistaPC 测试机上利用浏览器测试是否可以连接到 Web Farm 网站。如图 13.17 所示,Web Server 的 IP 地址是 192.168.1.100,这就是群集 IP 地址。

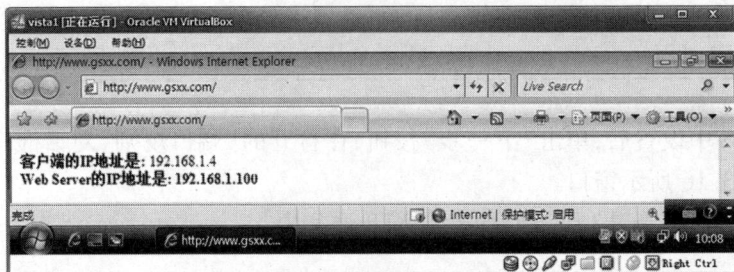

图 13.17　通过 NLB 群集连接 Web Farm

【小结】

本任务主要介绍了 Windows Server 2008 NLB 配置的准备工作以及方法和步骤。

【试一试】

通过分别关掉 Web1 和 Web2 服务器,保证其中一台运行,然后测试是否可连接 Web Farm。

【模块自测题】

一、应知(30 分)

填空题(每题 10 分,总 30 分)

(1)企业内部多台 IIS Web 服务器组成 Web Farm 后,这些服务器将同时为用户提供一个_____的、_____的网站服务。

(2)网页内容的 3 种存储方式:

① _____;

② _____;

③ _____。

(3)网络负载平衡具有_____性、_____性、_____性和_____性。

二、应会(70 分)

实操题

实验拓扑图如图 13.18 所示。

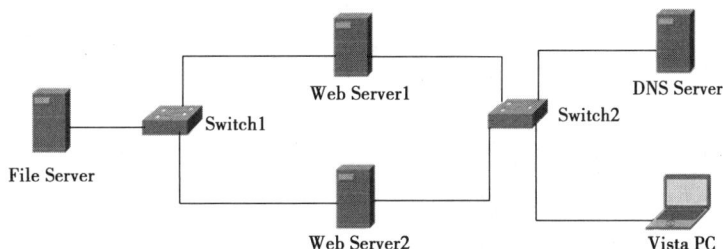

图 13.18　Windows Server NLB 实验拓扑图

(1)配置 DNS Server;

(2)配置 File Server;

(3)配置 Web Server1;

(4)配置 Web Server2;

(5)共享 Web Server1 网页;

(6)共享 Web Server2 网页;

(7)测试,并提供测试截图。

架设虚拟专用网(VPN)

虚拟专用网(Virtual Private Network,VPN)指的是在公用网络上建立专用网络的技术。其之所以称为虚拟网,主要是因为整个 VPN 网络的任意两个节点之间的连接并没有传统专网所需的端到端的物理链路,而是架构在公用网络服务商所提供的网络平台,如 Internet、ATM(异步传输模式)、Frame Relay(帧中继)等之上的逻辑网络,用户数据在逻辑链路中传输。它涵盖了跨共享网络或公共网络的封装、加密和身份验证链接的专用网络的扩展。

本模块将对基于 PPTP 的 VPN 服务器进行讲解,PPTP(点到点隧道协议)是一种用于让远程用户拨号连接到本地的 ISP,通过因特网安全远程访问公司资源的新型技术。它能将 PPP(点到点协议)帧封装成 IP 数据包,以便能够在基于 IP 的互联网上进行传输。PPTP 使用 TCP(传输控制协议)连接的创建、维护与终止隧道,并使用 GRE(通用路由封装)将 PPP 帧封装成隧道数据。被封装后的 PPP 帧的有效载荷可以被加密或者压缩,或者同时被加密与压缩。

通过本模块的学习,应达到以下的具体目标:

- 掌握 PPTP VPN 服务器的架设;
- 掌握 PPTP VPN 客户端的连接;
- 掌握 PPTP VPN 服务器的测试。

任务一　应用 PPTP VPN

1. VPN 概述

VPN 主要采用了隧道技术、加解密技术、密钥管理技术和使用者与设备身份认证技术。根据不同的划分标准,VPN 可以按几个标准进行分类划分。

(1)按 VPN 的协议分类。VPN 的隧道协议主要有 3 种,PPTP、L2TP 和 IPSec,其中 PPTP 和 L2TP 协议工作在 OSI 模型的第二层,又称为二层隧道协议;IPSec 是第三层隧道协议,也是最常见的协议。L2TP 和 IPSec 配合使用是目前网络性能最好、应用最广泛的一种方式。

(2)按 VPN 的应用分类。

Access VPN(远程接入 VPN):客户端到网关,使用公网作为骨干网在设备之间传输 VPN 的数据流量。

Internet VPN(内联网 VPN):网关到网关,通过公司的网络架构连接来自同公司的资源。

Extranet VPN(外联网 VPN):与合作伙伴企业网构成 Extranet,将一个公司与另一个公司的资源进行连接。

(3)按所用的设备类型进行分类。网络设备提供商针对不同客户的需求,开发出不同的 VPN 网络设备,主要为交换机、路由器和防火墙。

路由器式 VPN:路由器式 VPN 部署较容易,只要在路由器上添加 VPN 服务即可。

交换机式 VPN:主要应用于连接用户较少的 VPN 网络。

防火墙式 VPN:防火墙式 VPN 是最常见的一种 VPN 的实现方式,许多厂商都提供这种配置类型。

2. 准备测试环境

测试拓扑结构如图 14.1 所示。

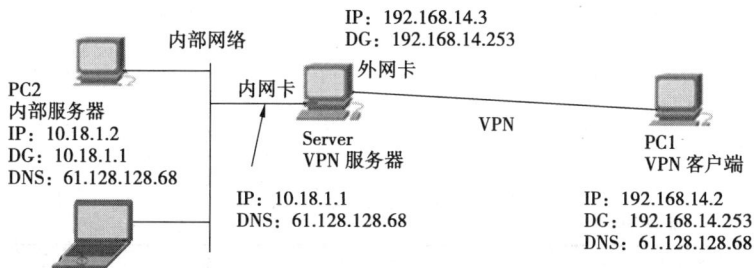

图 14.1　测试环境

PC1 操作系统为 Windows XP,PC2 为 Windows 2003,同时作为 DHCP 服务器,为 VPN 客户端分配 IP 地址。Server 为 Windows Server 2008,各计算机 IP 地址如图 14.1 所示,关闭 3 台计算机的 Windows 防火墙,然后用 ping 命令测试连通性。

3. 架设 PPTP VPN 服务器

(1)DHCP 服务器的安装。需要通过 DHCP 服务器来分配 IP 地址给 VPN 客户端,以便让 VPN 客户端可以通过此 IP 地址和内部网络通信,因为是由 VPN 服务器通过内网卡(IP 地址为 10.18.1.1)向 DHCP 服务器租用 IP 地址,再由 VPN 服务器将 IP 地址分配给 VPN 客户端使用,所以 DHCP 服务器租给 VPN 服务器的 IP 地址的网络 ID 必须和 VPN 服务器内网卡的 IP 地址的网络 ID 相同,所以 DHCP 服务器的 IP 作用域为 10.18.1.0。DHCP 服务器的具体配置请参考本书相关章节。

(2)VPN 服务器的架设。Windows Server 2008 是通过路由和远程访问服务(RRAS)来提供 VPN 服务器的功能。在路由和远程访问服务启动时,它会先向 DHCP 服务器租用 10 个 IP 地址,而当 VPN 客户端连上 VPN 服务器时,VPN 服务器便会从这些 IP 地址中选择一个给 VPN 客户端使用,这 10 个 IP 地址用完了,路由和远程访问服务会继续向 DHCP 服务器再租 10 个 IP 地址。IP 租用数量可以通过更改注册表来修改。

VPN 客户端的用户在连接 VPN 服务器时,可以使用 VPN 服务器的本地用户账户或 Active Directory 用户账户来连接。本模块将以使用本地用户账户的 VPN 进行讲解。

4. 添加 VPN 服务器

添加 VPN 服务器操作可根据向导提示进行,如图 14.2 至图 14.9 所示。

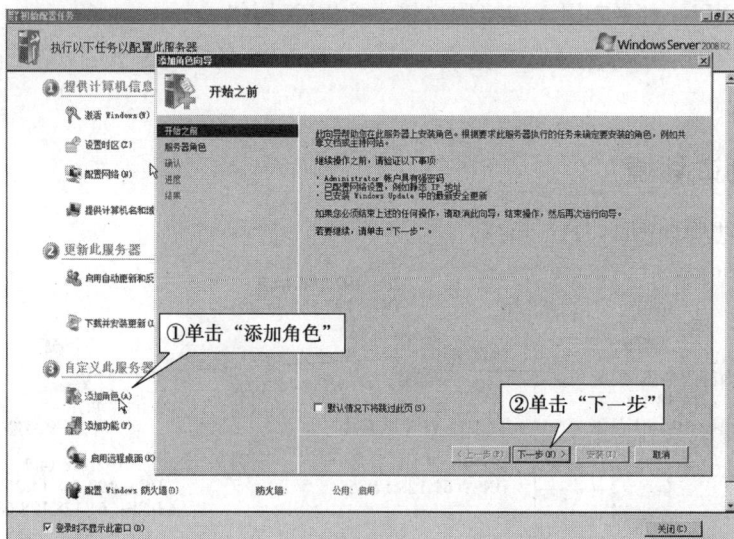

图 14.2　添加 VPN 向导

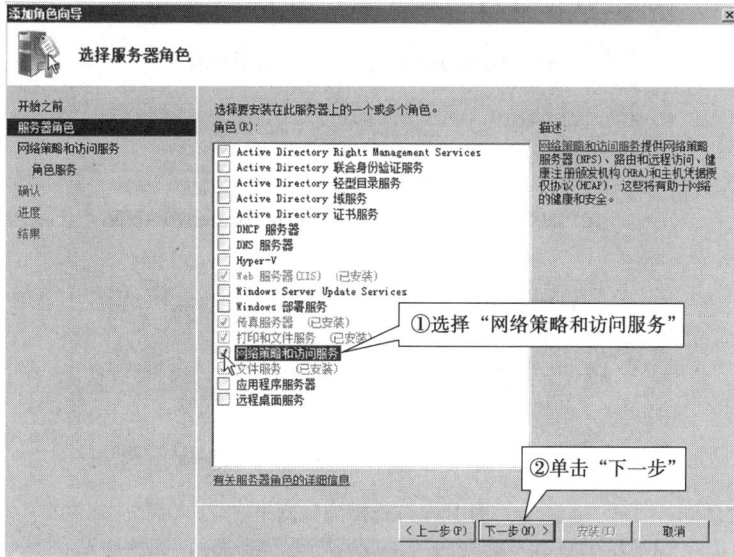

图 14.3　选择服务器角色

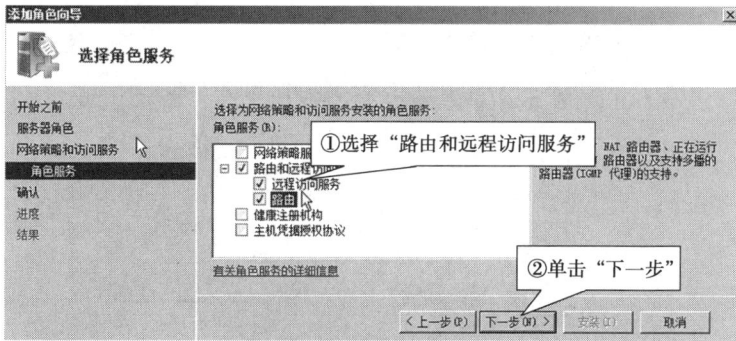

图 14.4　选择角色服务

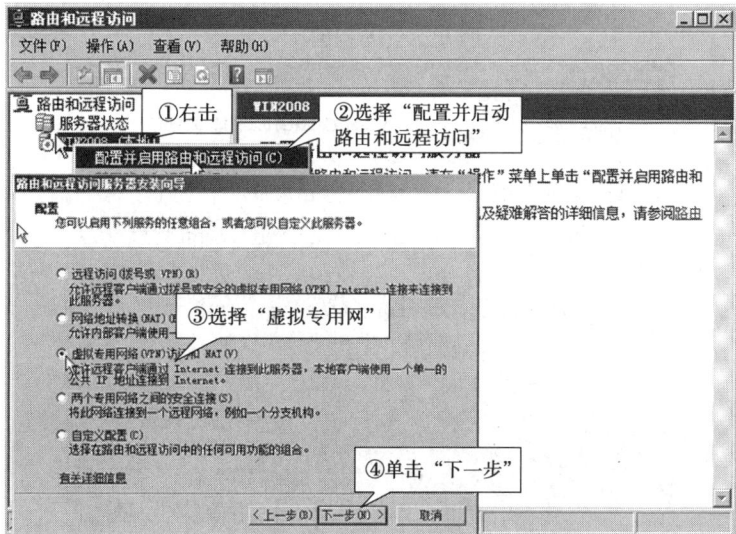

图 14.5　路由和远程访问服务安装向导

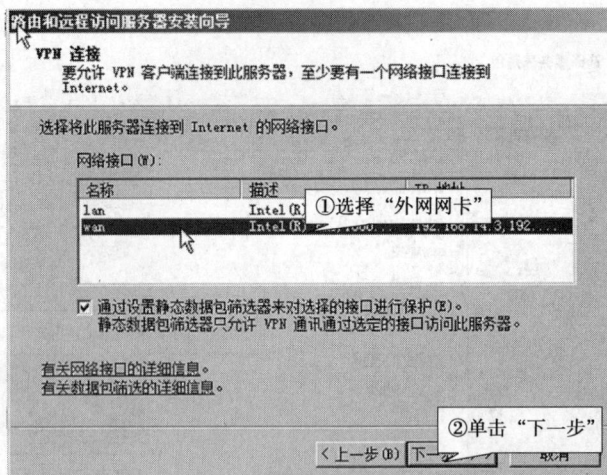

图 14.6　选择外网网卡

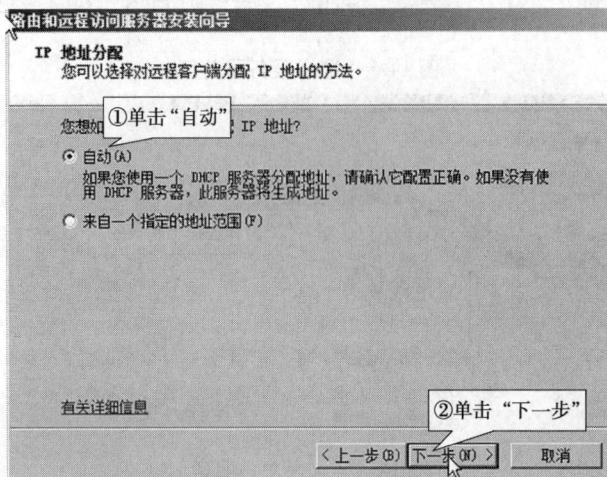

图 14.7　IP 地址分配

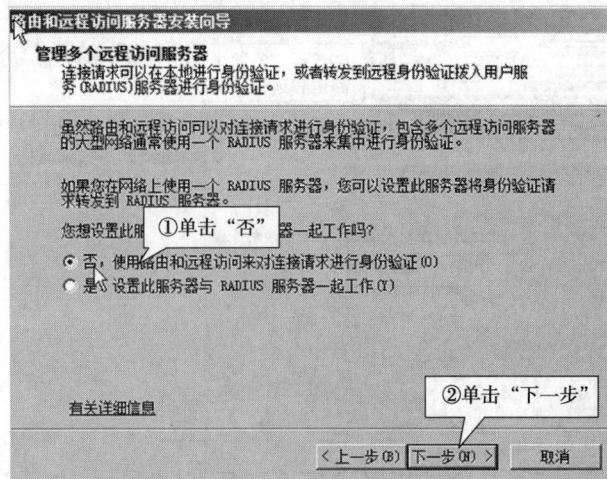

图 14.8　远程访问服务认证

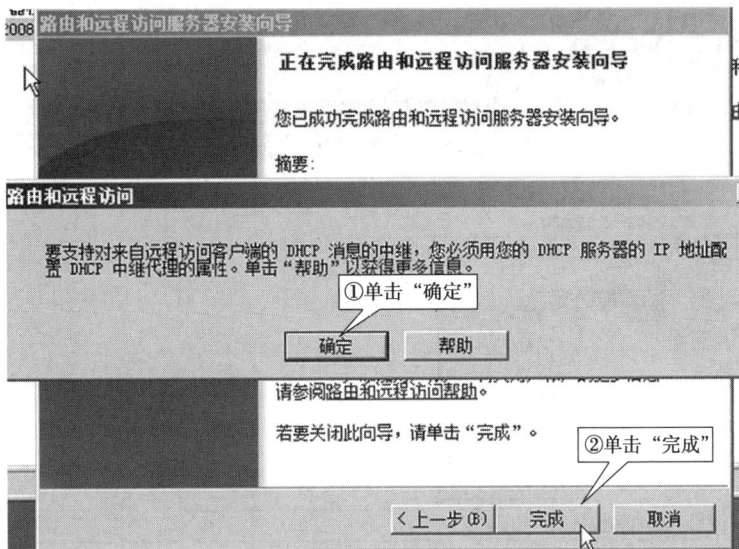

图 14.9　路由和远程访问安装完成

【知识链接】

　　自动:VPN 服务器会先向 DHCP 服务器租用 IP 地址,然后分配给客户端,本例中选择此项。

　　来自一个指定的地址范围:选择此项,在单击"下一步"后自行设置一个 IP 地址范围,VPN 服务器会从这个范围中选择 IP 地址给 VPN 客户端。

　　大型网络需要采用 RADIUS 认证方式,本例直接采用路由和远程访问方式进行身份认证。

　　安装程序会顺便将 VPN 服务器设置为 DHCP 中继代理程序,所以会出现图 14.9 对话框,用来提醒用户在 VPN 服务器设置完成后,还需要在 DHCP 中继代理程序处指定 DHCP 服务器的 IP 地址,以便将索取 DHCP 选项设置的请求转给 DHCP 服务器,直接单击"确定"按钮即可。

　　在"路由和远程访问"窗口中,展开到 IPv4 下的"DHCP 中继代理程序",右击选择"属性"命令,如图 14.10 所示。

　　在打开的图 14.11 所示对话框中输入 DHCP 服务器的地址,本例为 10.18.1.2,然后单击"添加"按钮,再单击"确定"按钮即可。

5. 赋予用户远程访问的权限

　　系统默认是所有用户账户都没有连接 VPN 服务器的权限,因此必须另外开放。

　　假设需要用 Administrator 来连接 VPN 服务器,就需要在 VPN 服务器上选择"开始"→"管理工具"→"计算机管理",打开"计算机管理"窗口,然后按图 14.12 所示操作。

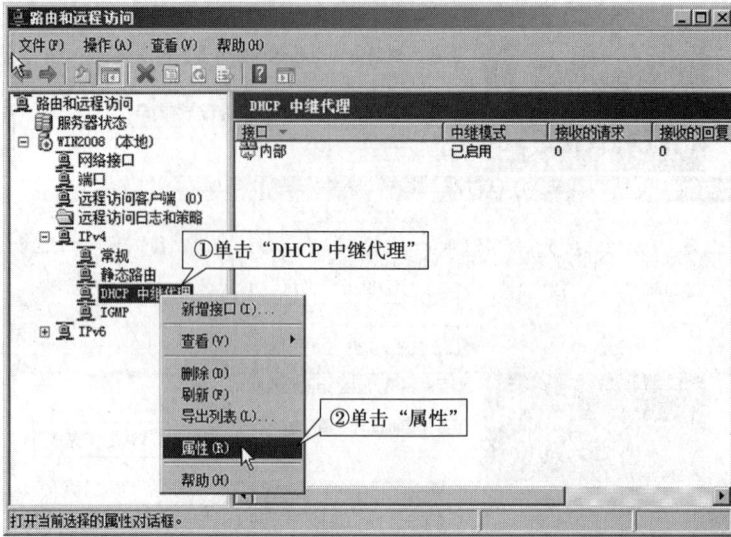

图 14.10　DHCP 中继

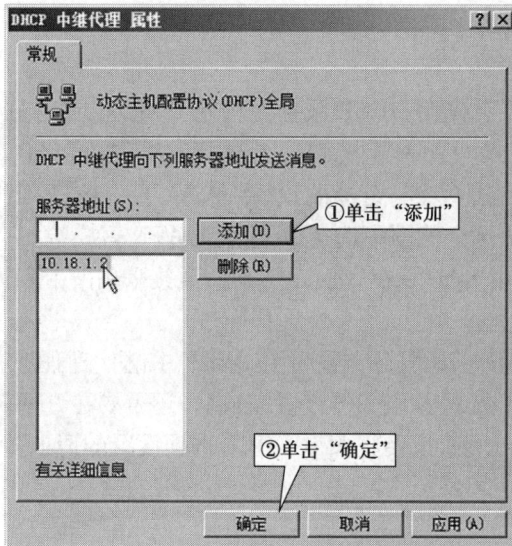

图 14.11　DHCP 中继服务器地址设置

图 14.12 远程用户访问权限

【小结】

本任务主要介绍了用 Windows Server 2008 建立一个 VPN 服务器的方法。

【练一练】

建立一个 VPN 服务器,赋予远程用户访问权限,并配置 DHCP 中继代理。

任务二 设置 VPN 客户端

VPN 客户端和 VPN 服务器都必须已经连接在 Interent 上,然后在 VPN 客户端上新建 VPN 服务器之间的连接,试验环境不需要连接 Interent,所以就将 VPN 客户端和 VPN 服务器连接在同一网段上。

在 VPN 客户端(本例为 Windows XP)的"网上邻居"上右击选择"属性"命令,打开"网络连接"窗口,单击"创建一个新的连接",如图 14.13 所示。

创建网络连接可接向导操作,如图 14.14 至图 14.18 所示。

用 ping 命令可以测试 VPN 客户端 PC1 和内网计算机 PC2 的连通性,如图 14.19 所示,表示 VPN 客户端已经和内部计算机通信成功。

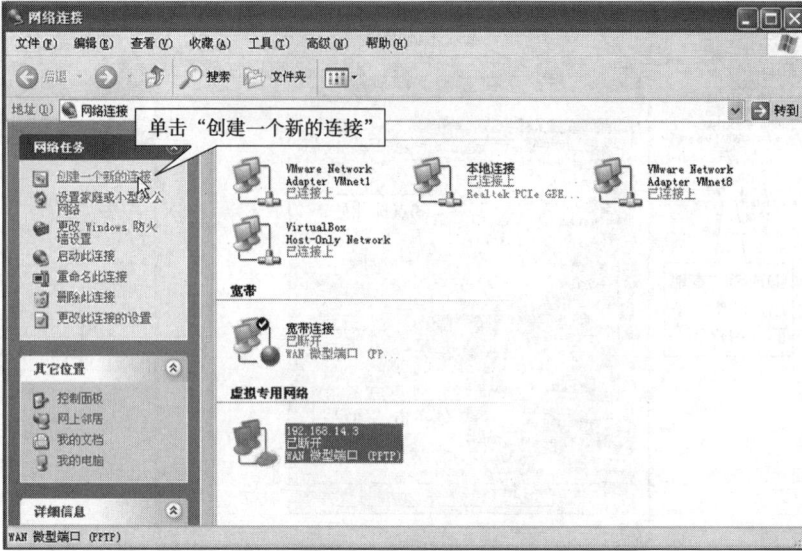

图 14.13　客户端配置

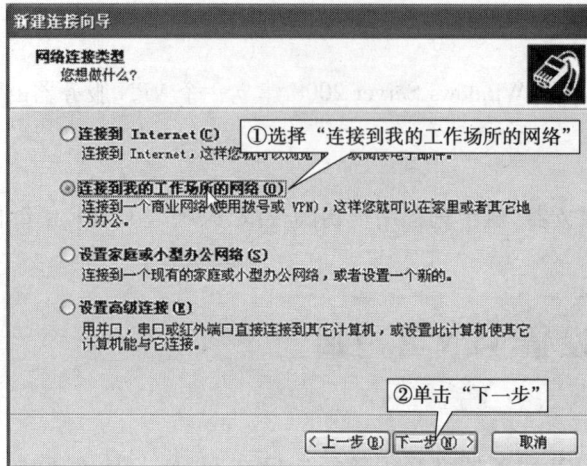

图 14.14　客户端设置向导

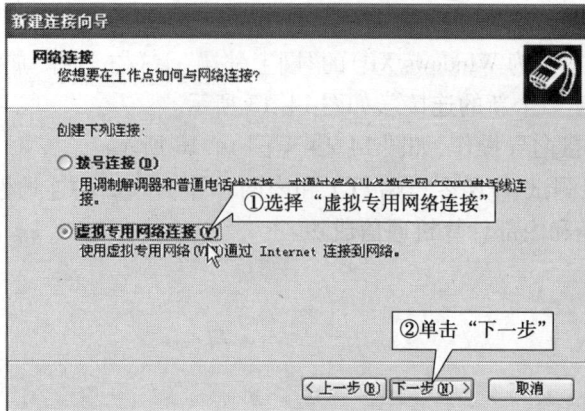

图 14.15　网络连接设置

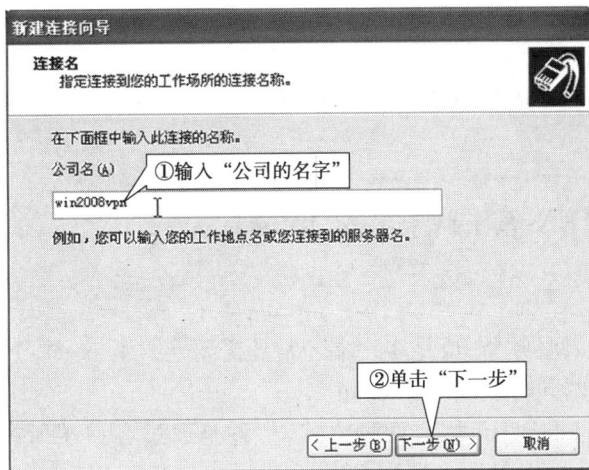

图 14.16　设置连接名

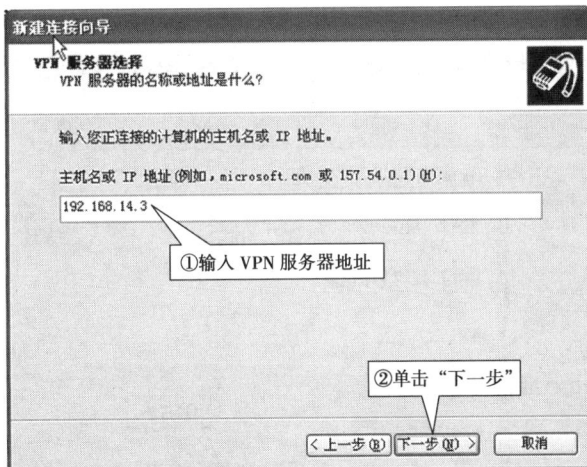

图 14.17　VPN 服务器地址

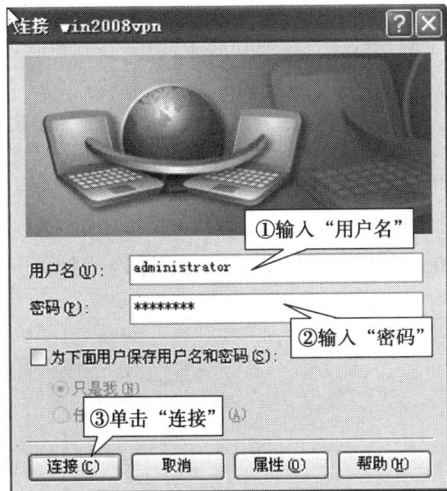

图 14.18　拨号连接

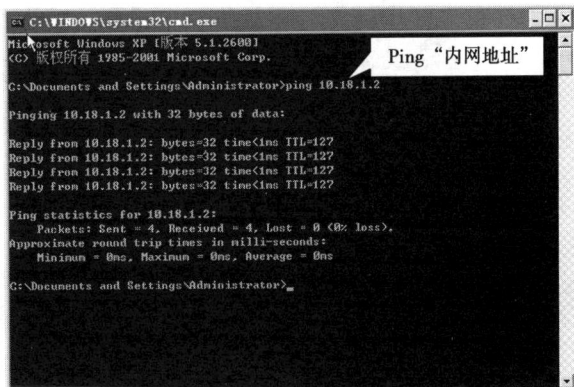

图 14.19　VPN 测试

【小结】

本任务主要介绍了建立 VPN 客户端的方法。

任务三　VPN 客户端连入 Internet

VPN 用户已经连入服务器,可是客户端经常还需要连入 Interent,下面通过一些设置,让VPN 用户连入服务器的同时能使用 Interent。

VPN 客户端连入 Internet 可以有两种方式,一种是通过客户端所在的局域网网关连入Internet,另外一种是通过 VPN 服务器连入 Internet。

在 VPN 客户端上,右击"网上邻居"选择"属性"命令,打开"网络连接"窗口,然后按图14.20 所示操作。

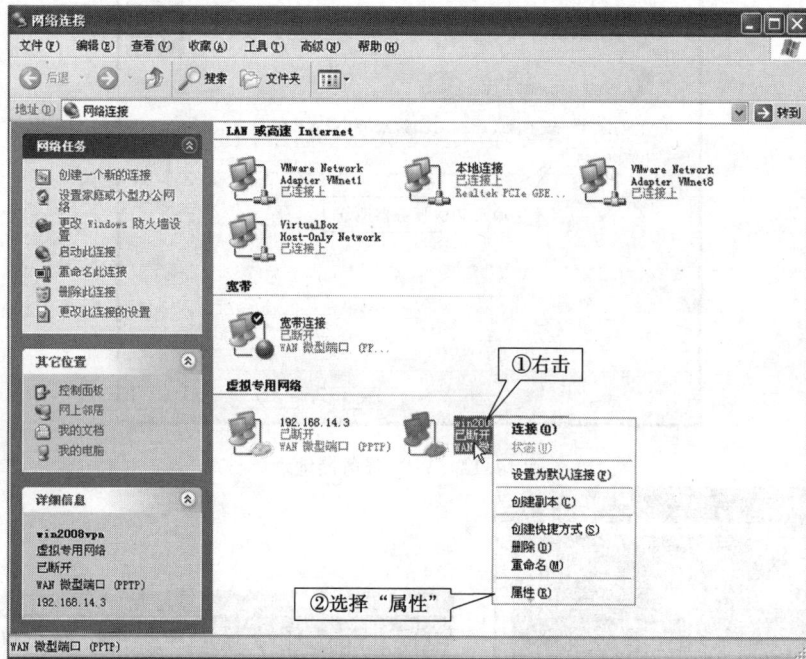

图 14.20　网络连接属性设置

在打开的"Win 2008 VPN 属性"对话框中双击"Internet 协议(TCP/IP)",按图 14.21 和图14.22所示操作。

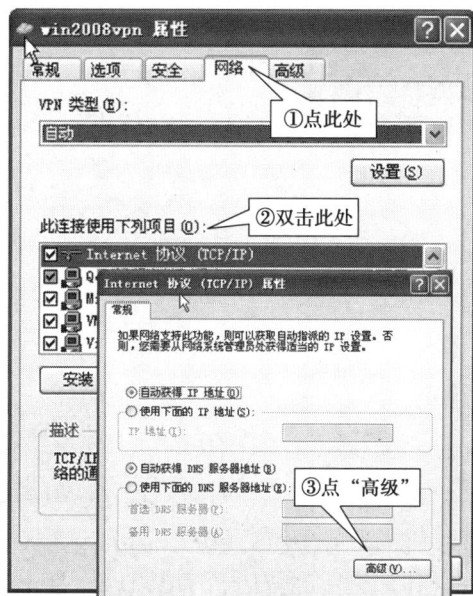

图 14.21　VPN 属性设置

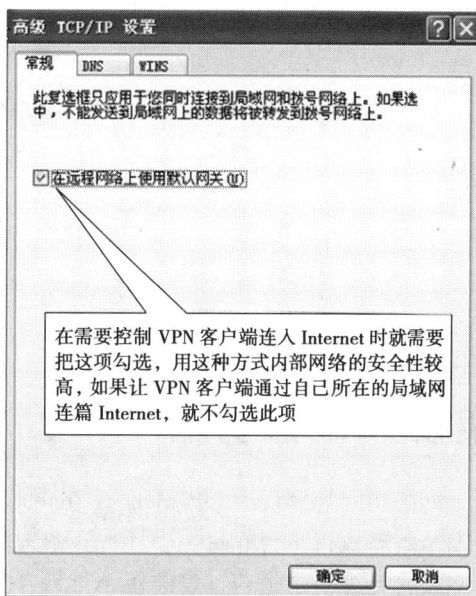

图 14.22　使用 VPN 服务器作为默认网关

【小结】

本任务主要介绍了将两个局域网通过 VPN 远程连接成一个局域网的操作方法,以及远程用户通过 VPN 连入内部局域网的方法。

【模块自测题】

一、应知(30 分)

　　1. 填空题(每题 6 分,总 12 分)

　　(1)VPN 按照协议分为＿＿＿＿＿＿、＿＿＿＿＿＿、＿＿＿＿＿＿3 种。

　　(2)VPN 按照应用分为＿＿＿＿＿＿、＿＿＿＿＿＿、＿＿＿＿＿＿3 种。

　　2. 问答题(每题 9 分,总 18 分)

　　(1)什么是 VPN?

　　(2)出差在外,有哪些方法可以访问单位计算机网络?

二、应会(70 分)

　　实操题

　　架设一台 PPTP VPN 服务器并赋予用户远程访问的权限。建立 user1 用户,设置好客户端,客户端通过 user1 用户远程登入 VPN 服务器,通过 DHCP 中继的方式向客户端分配 IP 地址;让 VPN 客户端通过 VPN 服务器连入 Interent。

架设 NAP 服务器

网络访问控制(Network Access Protection,NAP)是 Windows Server 2008 操作系统中内置的安全策略执行平台。每一个连接到本地网络的计算机都具有潜在的威胁。因为用户无法得知每台计算机中是否都安装了 Windows 最新的安全补丁、是否被安装了间谍软件、是否设置了适当的防火墙。所以一台计算机出现了问题,整个网络都将处于危险之中。为了保护网络的安全,就必须制定一个安全策略,让计算机要连接本地网络的时候得到策略的允许。

具体学习目标如下:

- 理解 NAP 服务的概念;
- 理解 NAP 服务器的基本架构;
- 掌握 NAP 健康服务器的架设;
- 掌握 DHCP 作用域的 NAP 设置;
- 掌握 NAP 客户端的 DHCP 功能测试;
- 会将域控制器指定为 NAP 更新服务器;
- 会验证健康策略服务器功能是否正常。

任务一　NAP 服务器概述

1. 网络访问保护的概念

网络访问保护(NAP)是 Windows Vista、Windows XP 和 Windows Server 2008 操作系统中内置的策略执行平台,它通过强制计算机符合系统健康要求来更好地保护网络资产。借助网络访问保护,用户可以创建自定义的健康策略在允许访问或通信之前验证计算机的健康状况、自动更新符合要求的计算机以确保持续的符合性,也可以将不符合要求的计算机限制到受限网络,直到它们变为符合为止。

客户端必须是 Windows Vista、Windows Server 2008 或 Windows XP SP3 操作系统才能支持 NAP 功能。NAP 可以通过以下几个条件来判断客户端是否为健康的计算机:

- 客户端是否安装防火墙。
- 客户端是否安装防病毒软件并运行该软件。
- 客户端的防病毒软件是否已安装最新的更新。
- 客户端是否安装反木马软件并运行该软件。
- 客户端的自动更新是否启动。

2. NAP 的基本架构

NAP 系统主要由 NAP 客户端、NAP 强制执行点与 NAP 健康策略服务器 3 个部分组成,如图 15.1 所示。

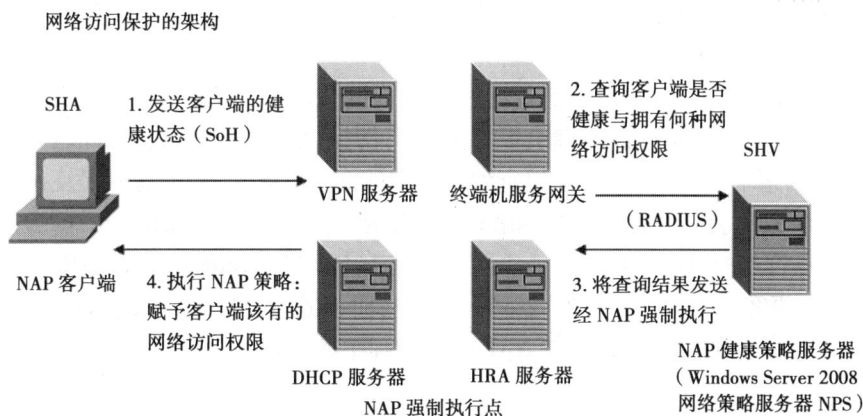

图 15.1　NAP 的基本架构

(1)NAP 客户端。NAP 客户端必须启用系统健康代理程序(System Health Agent,SHA),它会负责监控客户端健康状态,并将健康状态(Statement of Health,SoH)发送给扮演 NAP 强制执行点角色的服务器或设备。

（2）NAP 强制执行点。它可以是 DHCP 服务器、VPN 服务器、终端机网关、支持 802.1X 的交换机或无线基地台（AP）。NAP 强制执行点接收到客户端的 SoH 后，会将其发送给 NAP 健康策略服务器，以便通过 NAP 健康策略服务器来检查客户端是否符合健康策略的要求与拥有何种网络访问权限，并根据 NAP 健康策略服务器的响应来强制执行 NAP 策略，也就是赋予客户端该有的网络访问权限。

NAP 强制执行点利用 RADIUS 协议将 SoH 发送给 NAP 健康策略服务器，因此 NAP 强制执行点中的服务器或设备应该是 RADIUS 客户端或 RADIUS 代理服务器。

（3）NAP 健康策略服务器。它是通过 Windows Server 2008 的网络策略服务器（NPS）来架设 NAP 健康策略服务器，且需启用 System Heath Validator（SHV），并通过 SHV 来检查 NAP 客户端的 SoH，以便决定客户端是否符合健康策略的要求。

NAP 健康策略服务器应该是 RADIUS 服务器，以便接收 NAP 强制执行点通过 RADIUS 协议传来的 NAP 客户端 SoH，并通过 RADIUS 将检查结果与客户端所拥有的网络访问权限传给 NAP 强制执行点。

在 Windows Server 2008 中是通过 Windows Security Health Agent（WSHA）与 Windows Security Health Validator（WSHV）来提供 SHA 与 SHV 的服务。

3. NAP 服务器措施

（1）将不健康客户端矫正为健康客户端。不符合健康策略要求的 NAP 客户端只能访问受限制网络中的资源，而用户可以在此受限制网络中架设更新服务器，让不健康的客户端可以通过更新服务器来安装所需的组件，以便符合健康策略的要求。例如，NAP 客户端没有安装防病毒软件，可以将防病毒软件程序存放在更新服务器中，让不健康的 NAP 客户端来连接更新服务器与安装防病毒软件。

用户也可以通过 NPS 网络策略的 NAP 设置来自动更新 NAP 客户端的不健康状态。例如，若 NAP 客户端未启用 Windows 防火墙，则自动更新功能可以自动重新启用客户端的 Windows 防火墙，让其成为健康的 NAP 客户端。

（2）监控 NAP 客户端的健康状态。已经连接到网络的健康客户端，如果因为健康策略有变动，造成该客户端不符合最新健康策略的要求，也就是变成了健康的，此时只要客户端提出资源访问的请求，NAP 便能自动检查到客户端的健康状态有变动，也就是变成了不健康的客户端，此时 NAP 会限制客户端的网络访问权限或执行自动更新操作。

（3）健康执行点的运行。DHCP 服务器会根据 DHCP 客户端的健康状态给予不同的 IP 配置设置，让健康客户端拥有完整的网络访问权限，而不健康客户端将只能够访问受限制的网络资源。关于其他的健康执行点在 NAP 运行过程中的运行方式不再累述。

【小结】

本任务主要介绍了 NAP 服务的基本概念和架构。

任务二　架设 DHCP NAP 服务器

1. 准备 DHCP NAP 服务器架设环境

为了更好地掌握 DHCP NAP 服务器架设技术,首先利用 Oracle VM VirtualBOX Manager 软件虚拟 4 台计算机,分别取名为 DC1、DHCP、NPS1 和 VistaPC1。DC1(主域控制器,域名为 gsxx.com)、DHCP(DHCP 服务器)和 NPS1(NAP 健康策略服务器)作为服务器,分别安装 Windows Server 2008 R2,而 NAP 客户端安装 Windows Vista SP2。Oracle VM VirtualBOX Manager 软件的使用请参考相关资料,本处略。

(1)DC1 作为主域控制器,IP 地址为 192.168.1.4,子网掩码为 255.255.255.0,DNS 为 192.168.1.4,安装 Active Directory 服务和 DNS 服务,域名为 gsxx.com。

(2)DHCP 作为 DHCP 服务器,IP 地址为 192.168.1.6,子网掩码为 255.255.255.0,DNS 为 192.168.1.4,作为 NAP 强制执行点,它是 gsxx.com 域控制器的成员服务器,用于给 NAP 客户端分配 IP 地址。此 DHCP 服务器同时也是 RADIUS 代理服务器,它会通过 RADIUS 协议将 NAP 客户端的健康状态(SoH),发送给 NAP 健康策略服务器。

(3)NPS1 作为 NAP 健康策略服务器,IP 地址为 192.168.1.8,子网掩码为 255.255.255.0,DNS 为 192.168.1.4,它是 gsxx.com 域控制器的成员服务器,同时也是 RADIUS 服务器,用来接收 DHCP 服务器传来的 NAP 客户端健康状态(SoH)。

(4)Vista PC1 作为 NAP 客户端,IP 地址由 DHCP 服务器动态分配,将用来测试 DHCP NAP 功能是否正常。

2. 域控制器 DC1 的安装

在计算机 DC1 上单击"开始"→"运行",键入"DCPROMO"将此计算机升级为域控制器与创建 Active Directory 域,同时安装 DNS 服务器,域名为 gsxx.com,完成后重新启动 DC1,利用 Administrator 账户登录。(具体安装操作步骤参见模块三)

3. 架设 NAP 健康策略服务器

NAP 健康策略服务器安装在服务器 NPS1 上。

将 NPS1 加入到域 gsxx.com,使其成为 DC1 成员服务器。完成后重新启动计算机,利用域系统管理员(Gsxx/Administrator)身份登录。(具体操作步骤参见模块三)

单击"开始"→"管理工具"→"服务器管理",打开"服务器管理器"窗口,单击"角色"→"添加角色"链接→"下一步"按钮→勾选"网络策略和访问服务"复选框,然后按图 15.2 所示操作。

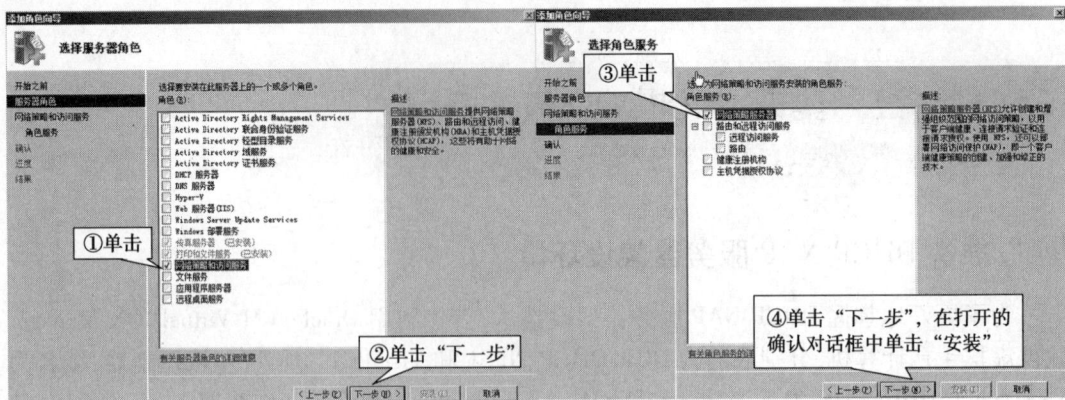

图 15.2　安装 NAP 服务器

4. 将 NPS1 设置为 NAP 健康策略服务器

单击"开始"→"管理工具"→"网络策略服务器",打开"网络策略服务器"窗口,按图

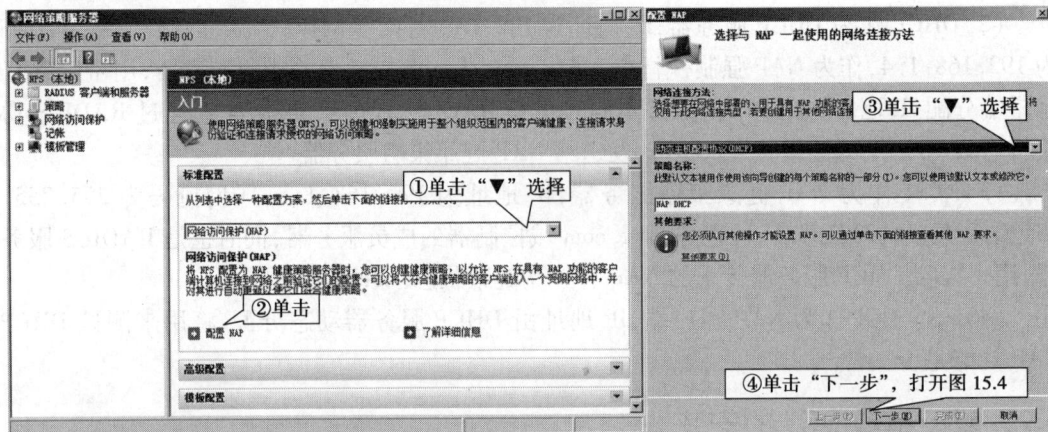

图 15.3　配置健康策略服务器(1)

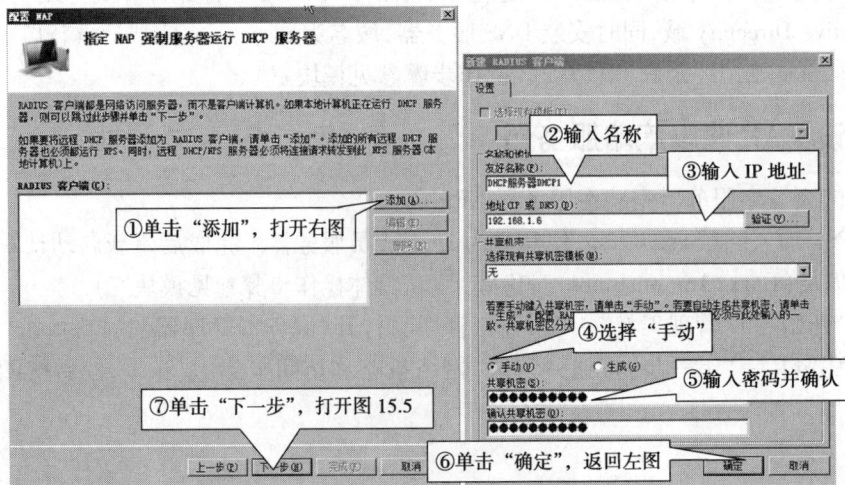

图 15.4　配置健康策略服务器(2)

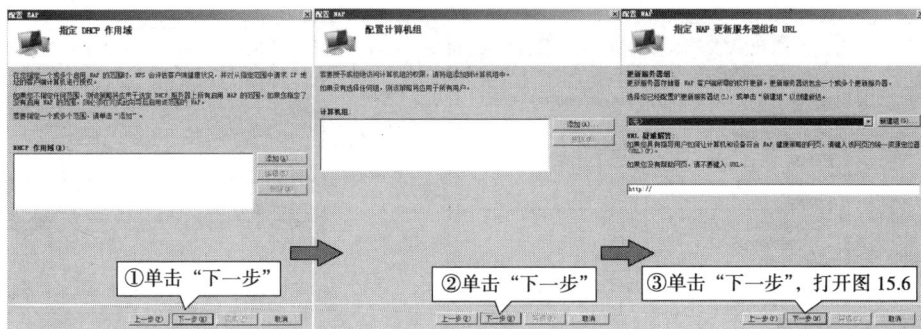

图 15.5　配置健康策略服务器(3)

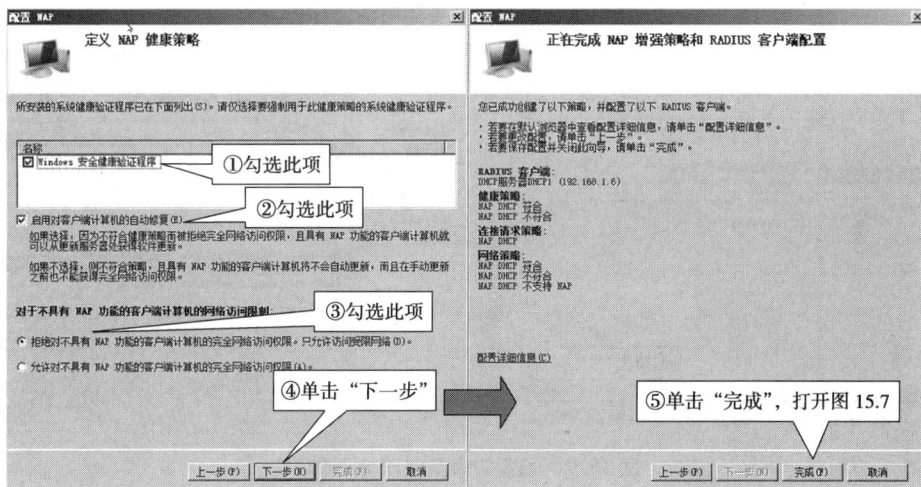

图 15.6　配置健康策略服务器(4)

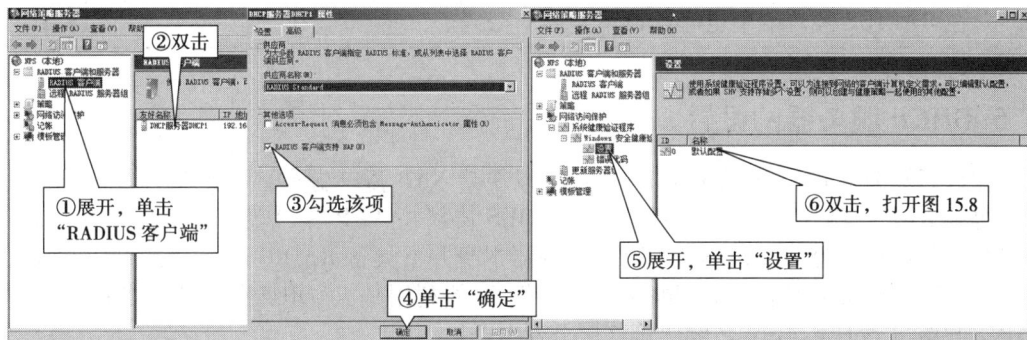

图 15.7　配置健康策略服务器(5)

15.3 至图 15.9 所示操作。

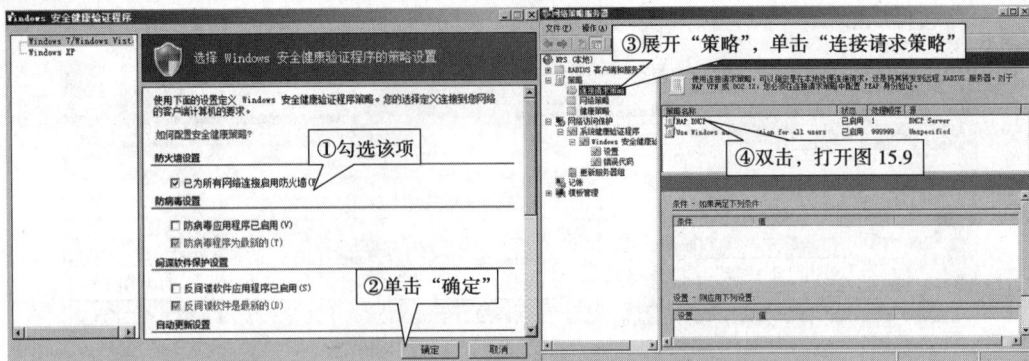

图 15.8　配置健康策略服务器(6)

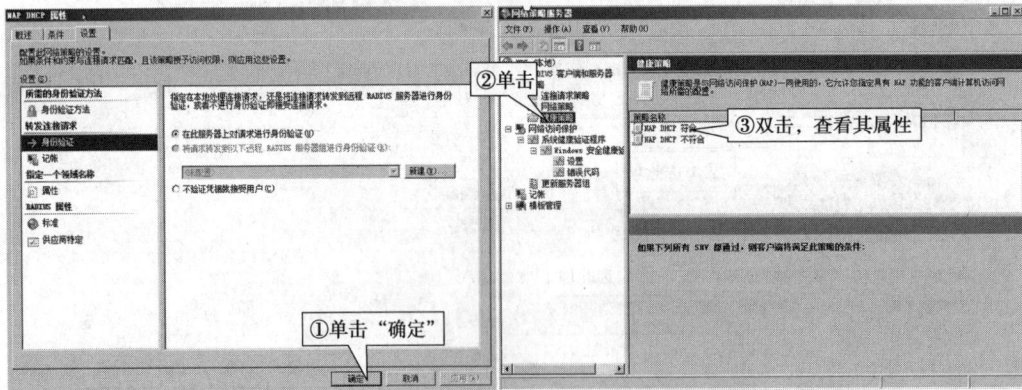

图 15.9　配置健康策略服务器(7)

友情提示

在 RADIUS 客户端中也必须设置相同的密码。

5.DHCP 服务器的设置

在计算机 DHCP1 上安装 DHCP 服务器,以便给 NAP 客户端分配 IP 地址,同时 DHCP 服务器也是 NAP 强制执行点,它需要通过 RADIUS 协议将 NAP 客户端的健康状态 SoH 传给 NAP 健康策略服务器 NPS1,不过 DHCP 服务器本身并不具备 RADIUS 客户端的功能。因此需要在这台计算机上安装网络策略服务器角色,以便利用其 RADIUS 代理服务器的功能,将 NAP 客户端的 SoH 传给 NAP 健康策略服务器 NPS1。

(1)将 DHCP1 加入到域 gsxx.com。

DHCP 服务器 DHCP1 是 gsxx.com 域的成员服务器,因此要将 DHCP1 加入到域 gsxx.com,并以域系统管理员(Gsxx\Administrator)登录。具体操作步骤请参见模块三。

(2)安装 DHCP 服务器与网络策略服务器。

单击"开始"→"管理工具"→"服务器管理器",打开"服务器管理器"窗口,单击"角色"→"添加角色",单击"下一步"按钮,同时勾选"DHCP 服务器"与"网络策略与访问服务",单击两次"下一步"按钮,选择"网络策略服务器",然后按提示操作。(具体安装步骤可参见本节前面第 4 点)

在安装过程中顺便设置 DHCP 选项,父域名为 gsxx.com,首选 DNS 服务器的 IP 地址为 192.168.1.4,不需要 WINS 服务。

单击"添加或编辑 DHCP 作用域"对话框中的"添加"按钮,打开"添加作用域"对话框,如图 15.10 所示。在"作用域名称"文本框中输入"NAP 客户端",在"起始 IP 地址"文本框中输入"192.168.1.50",在"结束 IP 地址"文本框中输入"192.168.1.150",在"子网掩码"文本框中输入"255.255.255.0",单击"确定"按钮,单击"下一步"按钮,勾选"对此服务器禁用 DHCPv6 无状态模式"复选框,单击"下一步"按钮,打开"授权 DHCP 服务器"对话框,如图 15.11 所示。

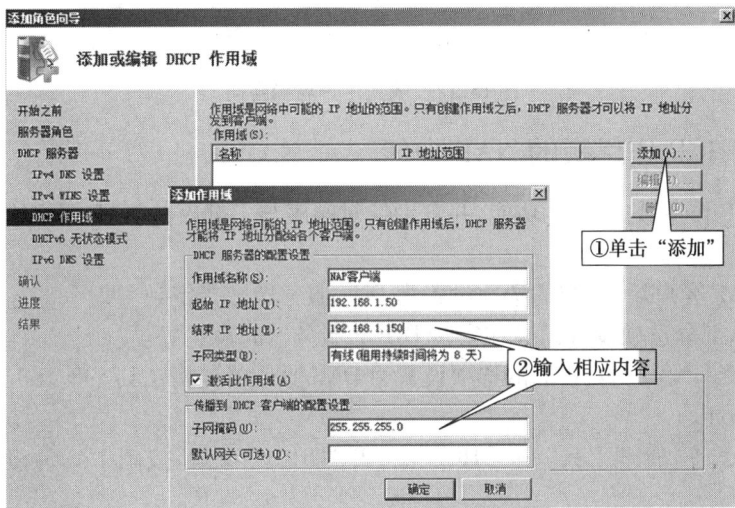

图 15.10　添加 DHCP 作用域

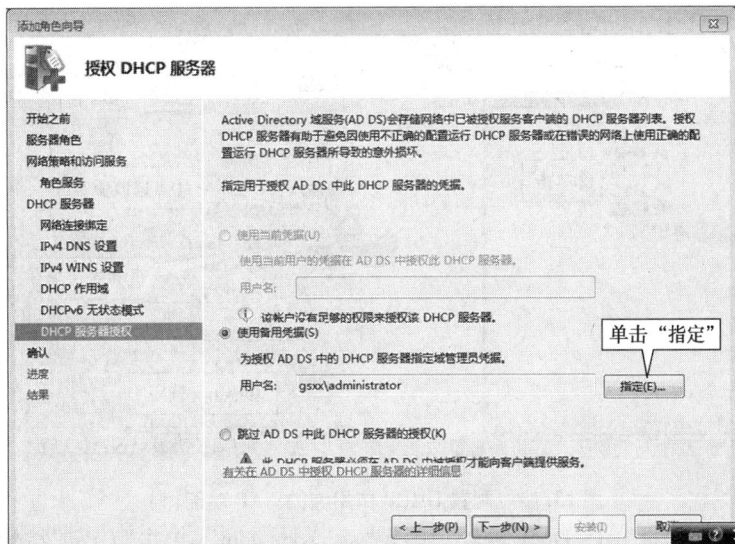

图 15.11　授权 DHCP 服务器

在"授权 DHCP 服务器"对话框中单击"指定"按钮,打开图 15.12 所示对话框,输入用户名和密码,单击"确定"按钮,返回"授权 DHCP 服务器"对话框。单击"下一步"按钮,单击"安装"按钮,开始相应安装。

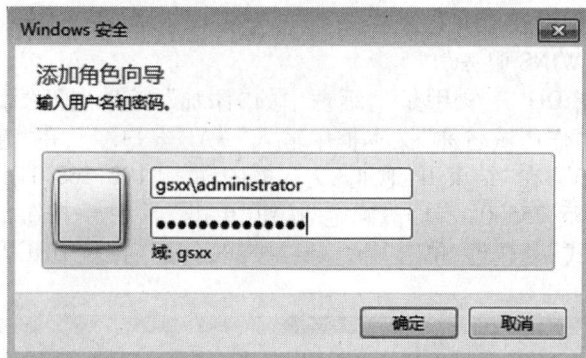

图 15.12　输入用户名和密码

6. 设置 DHCP 作用域的 NAP 功能

启用 DHCP 作用域的 NAP 功能,并分别针对健康与不健康的 NAP 用户给予不同的作用域选项设置。

健康的 NAP 客户端:它们的选项设置为 DNS 服务器被指定到 192.168.1.4,域名被设置为 gsxx.com,这部分选项设置已经在安装 DHCP 服务器时设置好了。

不健康的 NAP 客户端:它们的选项设置为 DNS 服务器被指定到 192.168.1.4,域名被设置为 aa.gsxx.com。

单击"开始"→"管理工具"→"DHCP",打开"DHCP"窗口,按图 15.13 和图 15.14 所示操作。

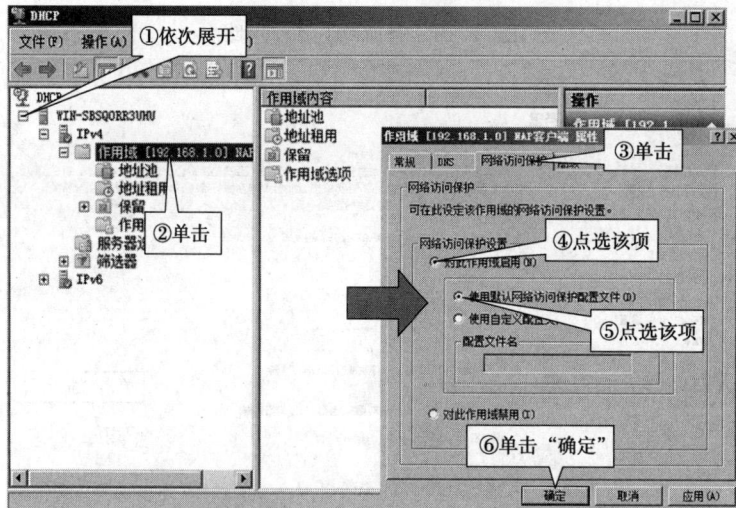

图 15.13　配置 DHCP 作用域的 NAP 功能(1)

在图 15.15 中选择"015 DNS 域名",输入"aa.gsxx.com",单击"确定"按钮。

将 DHCP 服务器设置为 RADIUS 代理服务器。具体操作步骤如下:

单击"开始"→"管理工具"→"网络策略服务器",打开"网络策略服务器"窗口,右击"远程 RADIUS 服务器组",选择"新建"命令,按图 15.16 所示操作。

单击"身份验证/记账"选项卡,输入 NAP 健康服务器相同的密码,两次单击"确定"按钮,如图 15.17 所示。

单击"连接请求策略"选项,双击右边的"Use Windows authentication for all users",如图 15.18 所示。

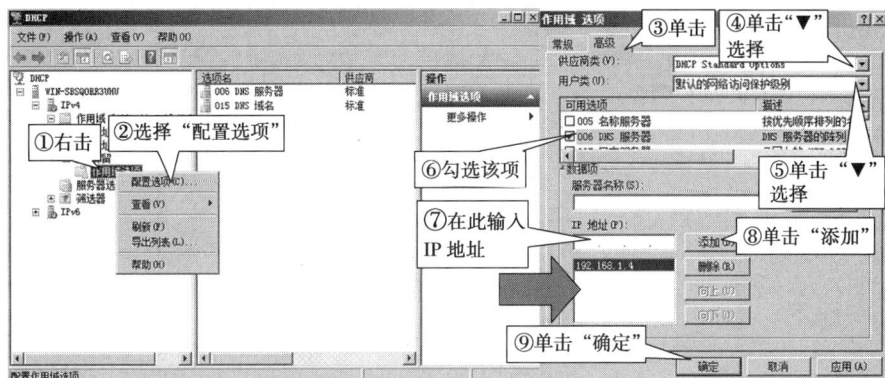

图 15.14 配置 DHCP 作用域的 NAP 功能(2)

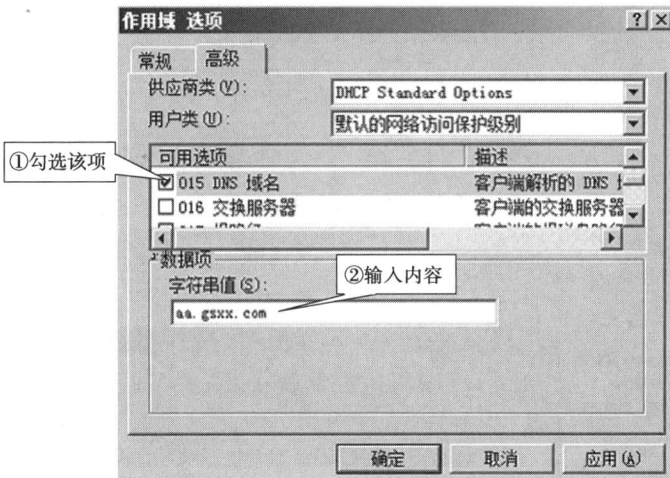

图 15.15 015 DNS 域名

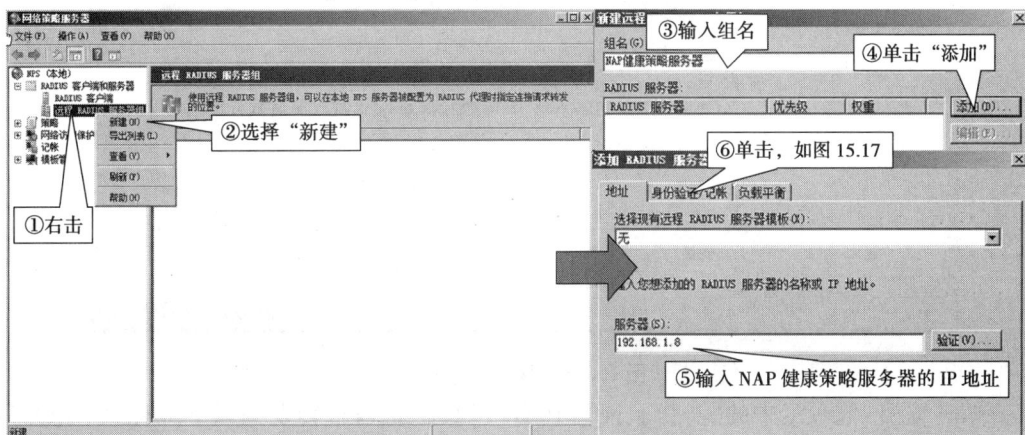

图 15.16 设置 RADIUS 代理服务器

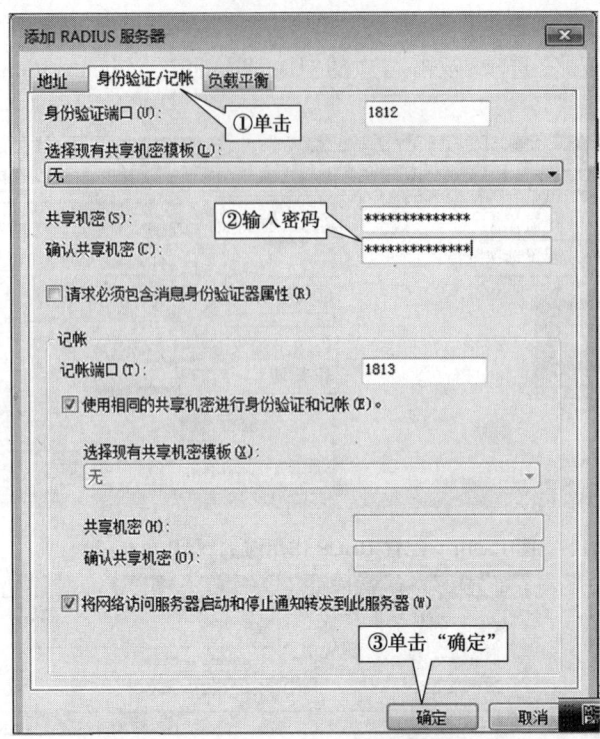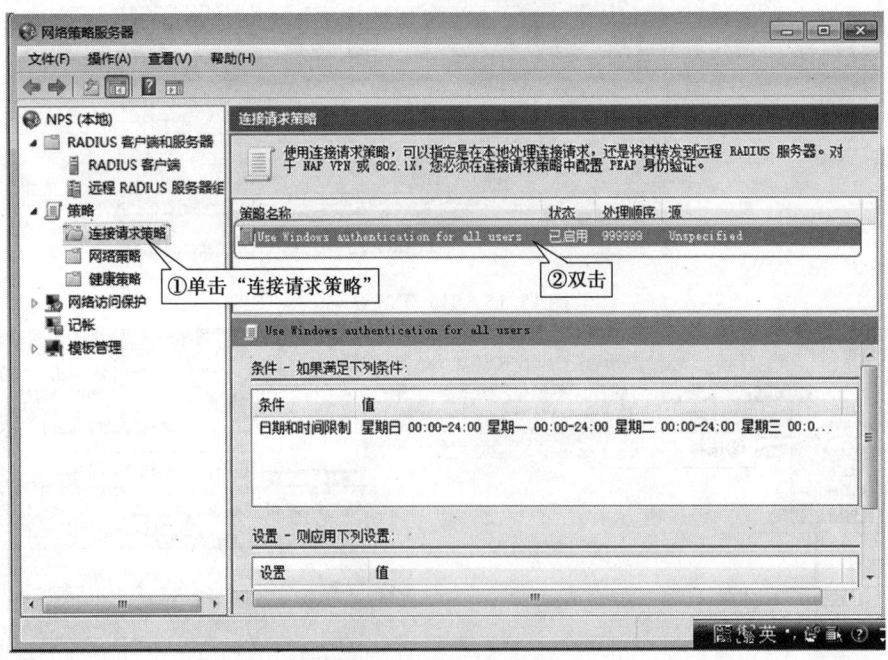

图 15.17 输入共享机密

图 15.18 连接请求策略

单击"设置"选项卡中的"身份验证",在右边勾选"将请求转发到以下远程 RADIUS 服务器组进行身份验证",选择刚才新建的远程 RADIUS 服务器组"NAP 健康策略服务器",单击"确定"按钮。这就让此计算机扮演了 RADIUS 代理服务器的角色,如图 15.19 所示。

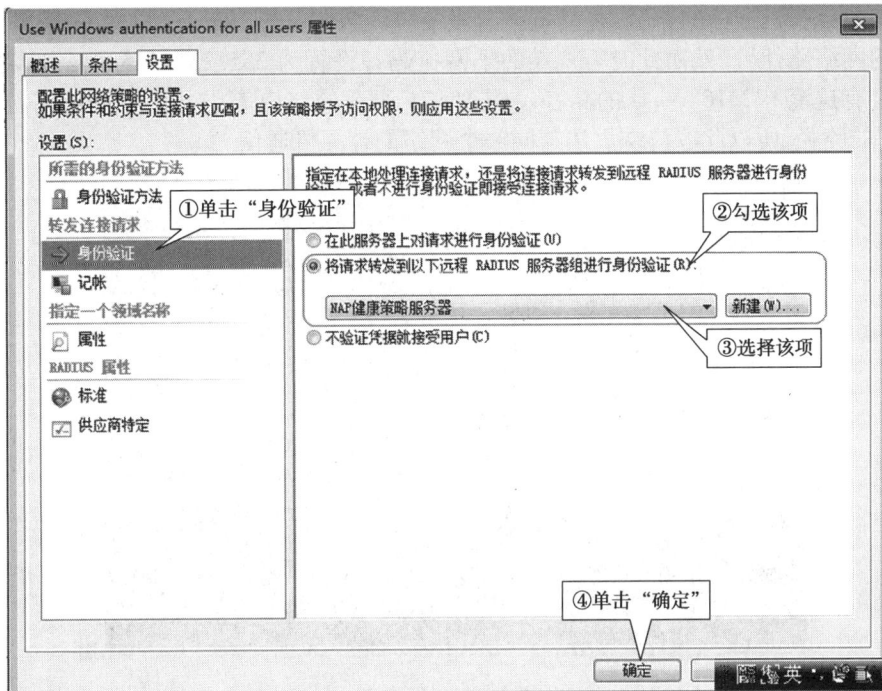

图 15.19　指定 RADIUS 代理服务器

7. NAP 客户端的 DHCP 功能测试

在 Windows XP 客户机计算机,单击"开始"→"运行",键入"cmd",单击"确定"按钮,打开命令提示符窗口,输入命令"ipconfig",回车,如图 15.20 所示。

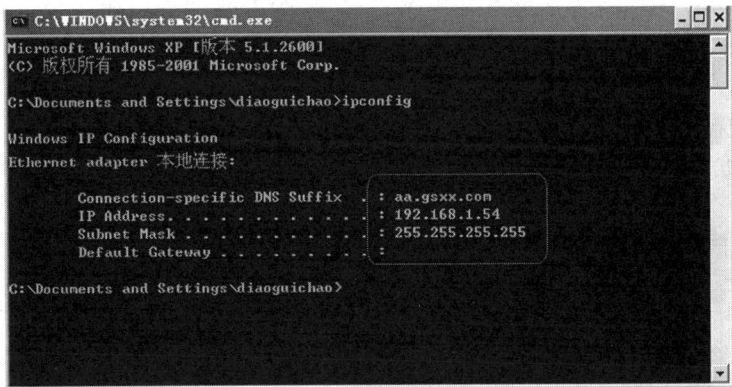

图 15.20　ipconfig 命令输出结果

由于此计算机目前尚未启用与 NAP 有关的功能,因此属于不支持 NAP 的客户端,故当它向 DHCP 服务器获取 IP 地址等设置时,作为 NAP 强制执行点的 DHCP 后缀服务器虽然会分派 IP 地址给此客户端,但是它获得的 DHCP 选项设置的 DNS 后缀是 aa.gsxx.com。

从图 15.20 中的子网掩码 255.255.255.255 可知,此客户端无法与同一个网络中的计算机通信。因为,正常情况下,其子网掩码应该是 255.255.255.0,而客户端可通过其子网掩码来判断它所属网络的网络 ID 为 192.168.1.0,因此在路由表中会自动新建一条能够与同一个网络的计算机通信的路径,也就是路由表中应该会有一笔 192.168.1.0 的路径(称为直接连接的网络路径)。然而此时客户端的子网掩码却设置为 255.255.255.255,这将使路由表中不会有这笔 192.168.1.0 的路径。图 15.21 所示的路由表中并没有网络目标为 192.168.1.0 的路径,所以此客户端无法与同一个网络的计算机通信。

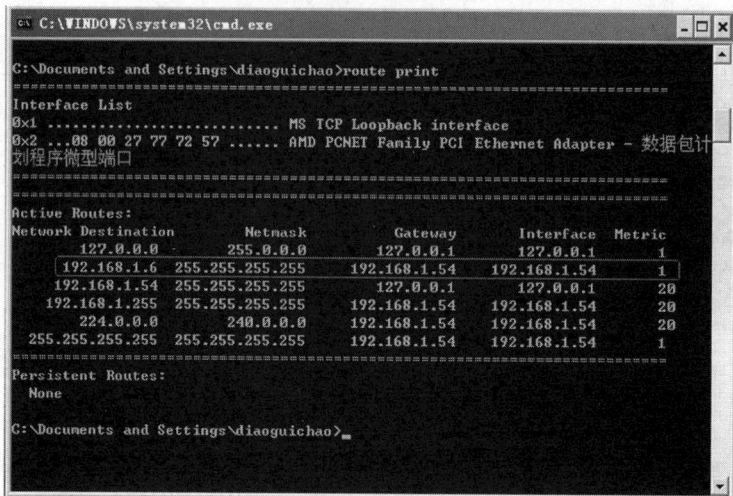

图 15.21　路由表

即使将域控制器 DC1 和 NAP 健康策略服务器 NPS1 的 Windows 防火墙关闭,也无法在 VistaPC1 上利用 ping 命令与这两台服务器通信。

8. 将域控制器 DC1 指定为 NAP 更新服务器

将域控制器 DC1 作为 NAP 更新服务器,以便让不健康的客户端与不支持 NAP 的客户端都可以连接域控制器 DC1,之后便可以加入域,并通过域的组策略自动设置客户端的 NAP 设置值,让这些客户端变成健康的客户端。

(1)设置域控制器 DC1 为更新服务器。请在 NAP 健康策略服务器 NPS1 上执行以下步骤。

双击网络策略的"NAP DHCP 不符合",打开"NAP DHCP 不符合　属性"对话框,如图 15.22 所示。

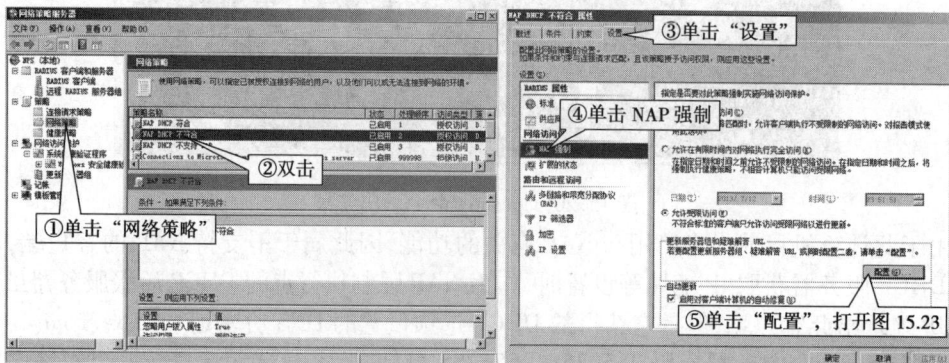

图 15.22　设置更新服务器(1)

按图 15.23 所示进行下一步操作。

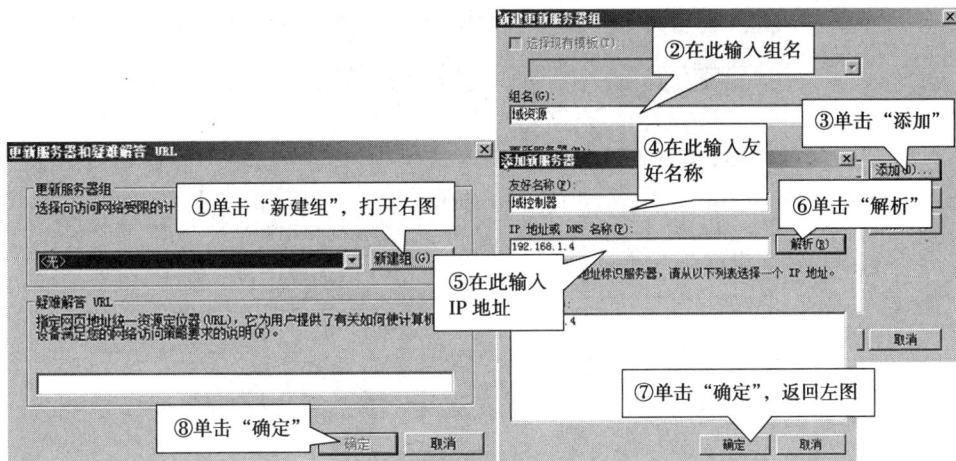

图 15.23　设置更新服务器(2)

在"网络策略服务器"对话框中,双击"NAP DHCP 不支持 NAP",打开"NAP DHCP 不支持 NAP 属性"对话框,按图 15.24 所示操作。单击"设置"选项卡,单击"NAP 强制",单击"配置"按钮,打开"更新服务器和疑难解答 URL"对话框,在更新服务器组列表框中选择"域资源",单击"确定"按钮,如图 15.25 所示。

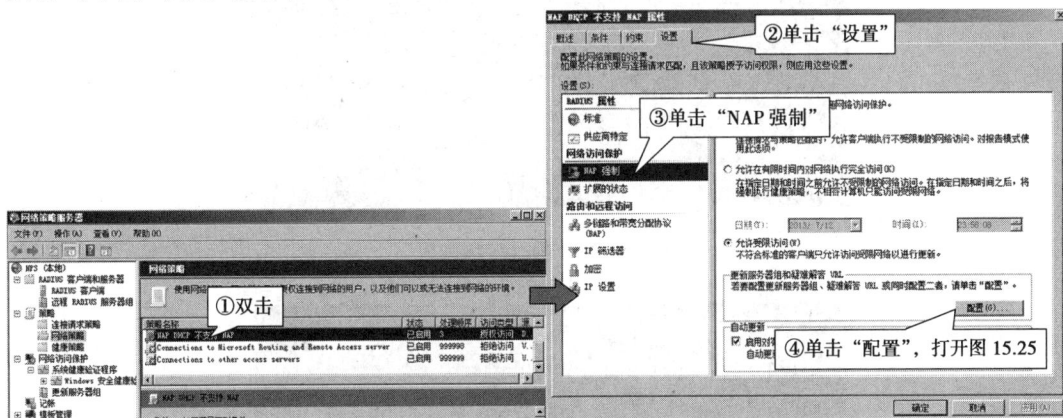

图 15.24　设置更新服务器(3)

(2)测试客户端是否可以连接到更新服务器 DC1。

当 DHCP NAP 客户端的健康状态有异动时或它要与 DHCP 服务器通信时,便会通过 DHCP 服务器(NAP 强制执行点)取得最新的 IP 设置。利用更新 IP 地址的方式向 DHCP 服务器取得最新的设置,其中包括与更新服务器有关的设置。

在 VistaPC1 中打开"命令提示符"窗口,输入"ipconfig /renew"命令,由于 NAP 客户端目前仍然属于不支持 NAP 的客户端,故它获得的 DHCP 选项设置仍然是"aa. gsxx. com",而且子网掩码仍然是 255.255.255.255,如图 15.26 所示。

由于已经设置了更新服务器,故客户可以与更新服务器通信,通过路由器表可以验证。在命令提示符窗口中输入"route print-4"命令,从图中可以看到其中添加了一条192.168.1.4的路径,它是更新服务器 DC1 的 IP 地址,因此客户端可以与域控制器 DC1 通信,如图15.27所示。

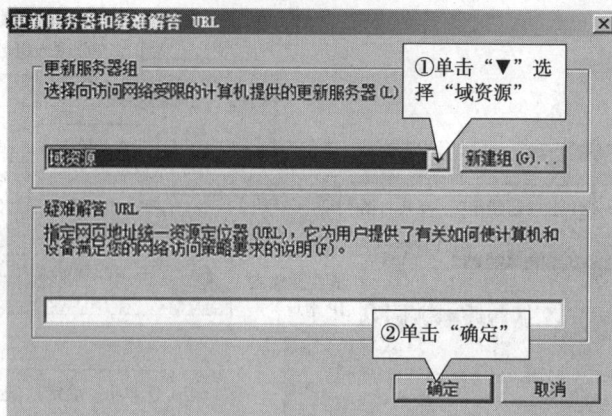

图 15.25　设置更新服务器(4)

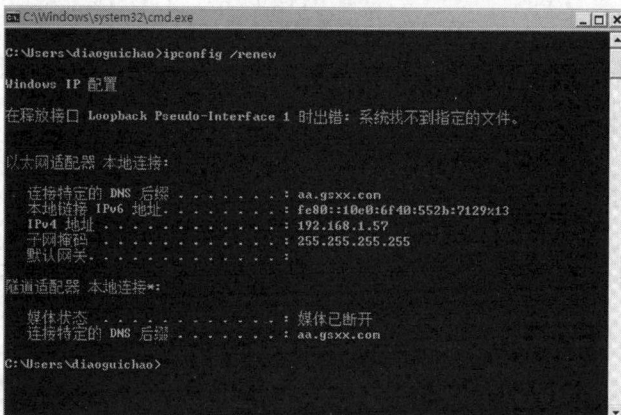

图 15.26　测试网络配置

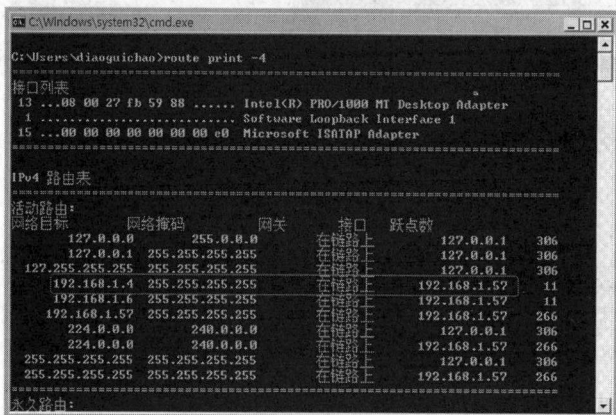

图 15.27　连接到更新服务器后的路由表

在命令提示符窗口输入"ping 192.168.1.4",结果如图 15.28 所示。从图中可以看出,客户端与 DC1 通信成功。

提示:域控制器 DC1 的 Windows 防火墙必须开放 ICMP 流量,否则通信会失败。

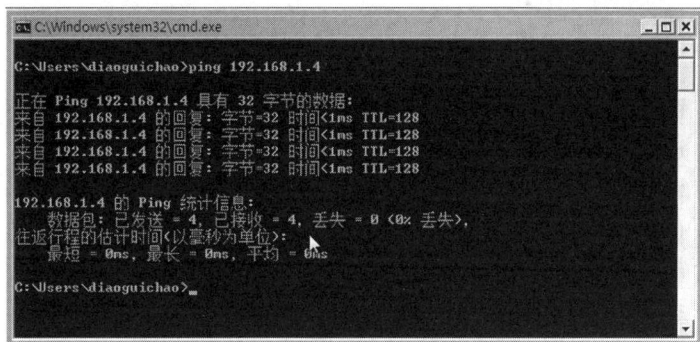

图 15.28　客户端与更新服务器连接成功

9. 将 NAP 客户端加入域后的 DHCP 测试

在 DC1 的 Active Directory 数据库中新建一个安全组,然后新建一个组策略对象 GPO,并通过这个 GPO 来设置 NAP 客户端的 NAP 设置值,例如启用客户端的 Network Access Protection Agent 服务,启用客户端的 DHCP 隔离强制客户端(DHCP Quarantine Enforcement)等。

这个 GPO 将应用到新建的安全组,也就是此 GPO 的设置仅对该组中的客户有作用,将 NAP 客户端 VistaPC1 加入域,然后将 VistaPC1 计算机账户加入到此组中,最后检查该客户端是否会正常地通过 GPO 来设置与 NAP 有关的设置值,并验证它是否变成了健康的 NAP 客户端。

(1)在 DC1 控制器上新建安全组。

单击"开始"→"管理工具"→"Active Directory 用户与计算机",打开"Active Directory 用户和计算机"窗口,然后按图 15.29 所示操作。

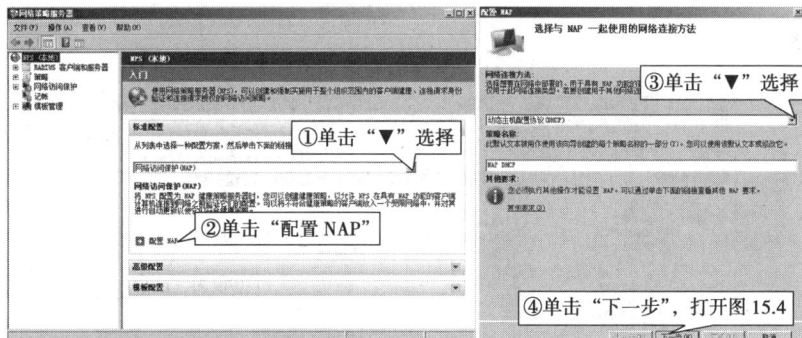

图 15.29　新建安全组

(2)在 DC1 上创建组策略对象(GPO)。

单击"开始"→"管理工具"→"组策略管理",打开"组策略管理"窗口,然后按图 15.30 所示操作。

在"组策略管理"窗口中右击"NAP 客户端设置",选择"编辑"命令,打开"组策略管理编辑器"窗口,按图 15.31 所示操作。

在"组策略管理"窗口依次展开"计算机配置"→"策略"→"Windows 设置"→"安全设置"→"网络访问保护"→"NAP 客户端配置"→"强制客户端",将右边窗口中的"DHCP 隔离强制客户端"的状态设置为已启用,如图 15.32 所示。

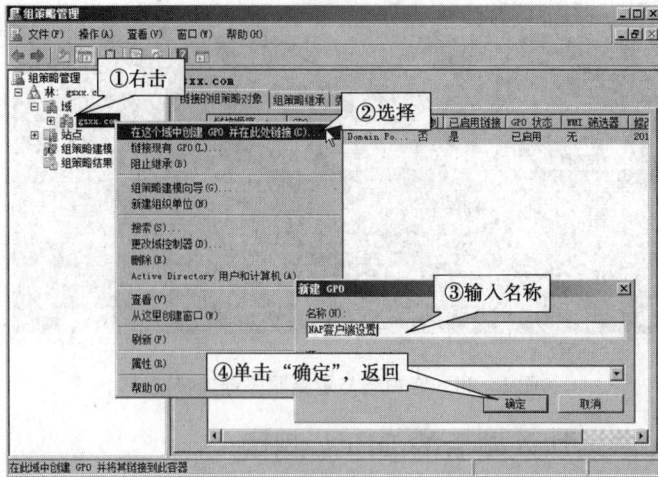

图 15.30　创建组策略对象(1)

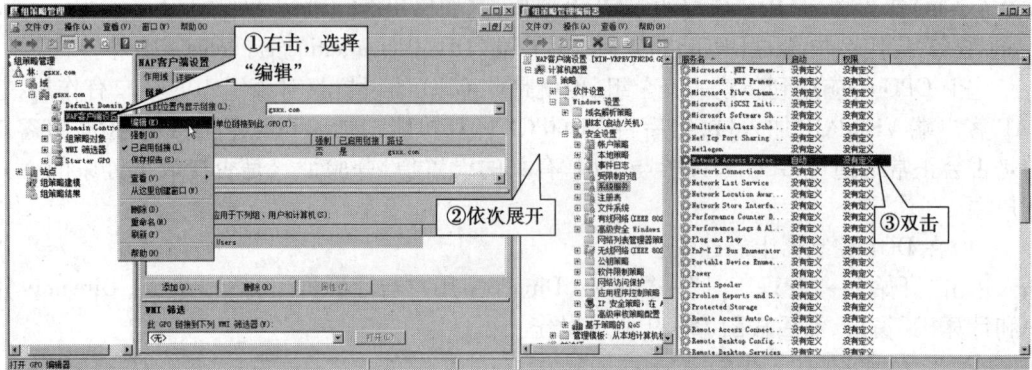

图 15.31　创建组策略对象(2)

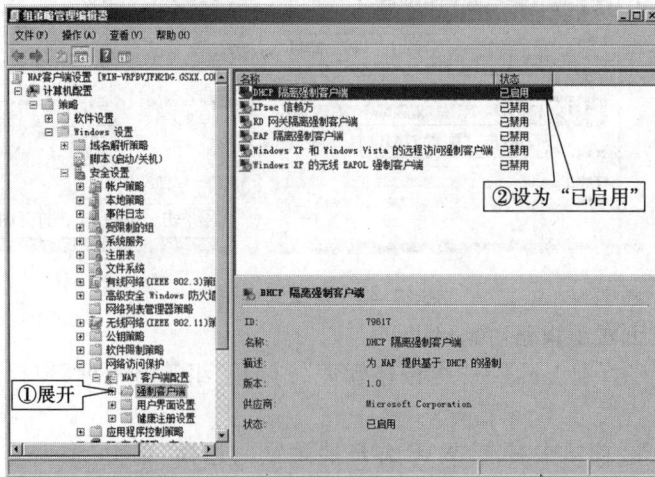

图 15.32　启用 DHCP 隔离强制客户端

在"组策略管理"窗口依次展开"计算机配置"→"策略"→"管理模板"→"Windows 组件"→"安全中心",将右边窗口中的"启用安全中主(仅限域 PC)"的状态设置为启用。客户端可通过安全中心监控与显示客户端的安全状态,必要时还会通知用户可能遇到的风险,如图 15.33 所示。

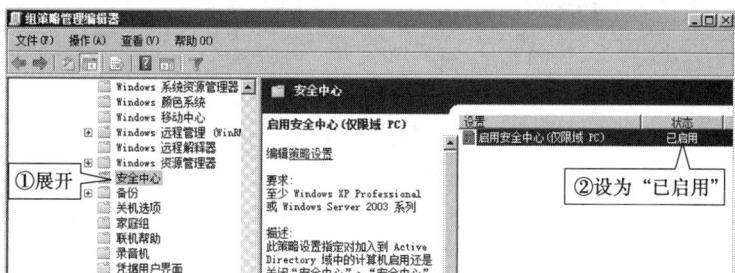

图 15.33　启用安全中心

接下来将此 GPO NAP 客户端设置为仅应用到之前所新建的组 NAP 客户端,如图 15.34 所示,单击"NAP 客户端设置",选择 Authenticated Users,单击"删除"按钮,单击"确定"按钮。

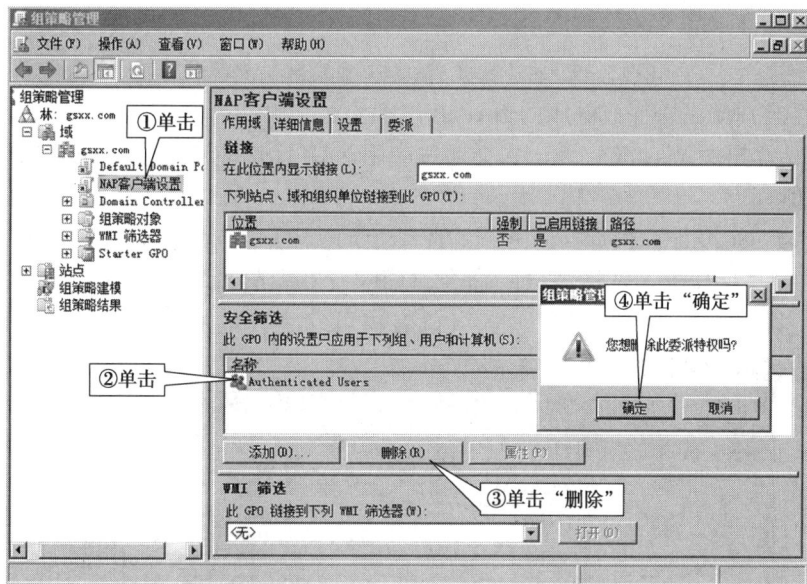

图 15.34　删除 Authenticated Users

按图 15.35 所示操作将计算机 VistaPC1 加入到 NAP 客户端。

(3)将 NAP 客户端加入域。

将 NAP 客户端加入 Active Directory 域,然后将其计算机账户加入到 NAP 客户端组中,以便能够应用 GPO NAP 客户端设置的配置。

在客户端 VistaPC1 上,单击"开始",右击"计算机",选择"属性"命令,打开"属性"窗口,单击"改变设置",单击"更改"按钮,选择"域",输入域名 gsxx.com 后单击"确定"按钮,输入域账户 Administrator 与密码后单击"确定"按钮,然后按提示操作。完成后重新启动计算机,在将计算机账户加入到 NAP 客户端组后再重新启动计算机,以便在启动时应用到 GPO 的设置。

在域控制器 DC1 上单击"开始"→"管理工具"→"Active Directory 域和计算机",打开"Active Directory 域和计算机"窗口,单击"Users",双击创建的"NAP 客户端",单击"添加"按钮,通过查找选择"VistaPC1",两次单击"确定"按钮。

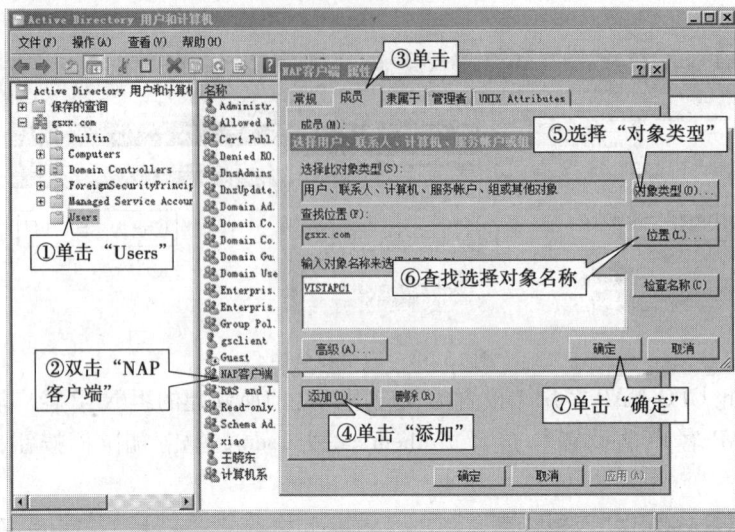

图 15.35　将计算机 VistaPC1 加入到 NAP 客户端

(4)查看客户端是否变成健康的 NAP 客户端。

重新启动客户端 VistaPC1,此时它会通过应用 NAP 客户端设置这个 GPO 来设置与 NAP 有关的设置值。

查看"Network Access Protection Agent 的启动状态"的工作状态:在计算机 VistaPC1 上单击"开始",右击"计算机",选择"管理"命令,打开"计算机管理"窗口,如图 15.36 所示。展开"服务和应用程序",单击"服务",从窗口右边可知客户端的"Network Access Protection Agent 的启动状态"为自动,而且已经启动。

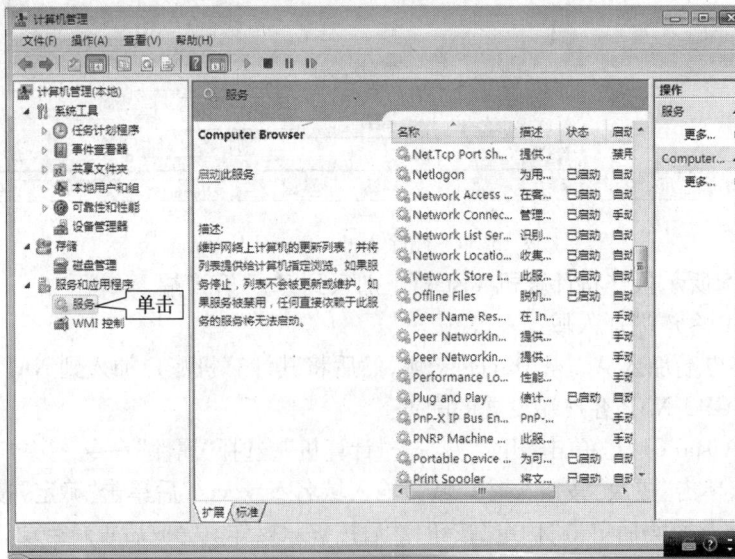

图 15.36　Network Access Protection Agent 服务启动

查看 DHCP 隔离强制客户端的状态：打开"命令提示符"窗口，输入命令"netsh nap client show grouppolicy"，显示客户端 DHCP 隔离强制客户端的状态已启用，如图 15.37 所示；输入"netsh nap client show state"命令来检查客户端的 DHCP 隔离强制客户端的状态是否为"是"，如图 15.38 所示。从图 15.38 的上半部也可看到客户端 Network Access protection Agent 服务已启动；而且从"限制状态"的"未限制"可知，客户端有完整的网络访问权限。

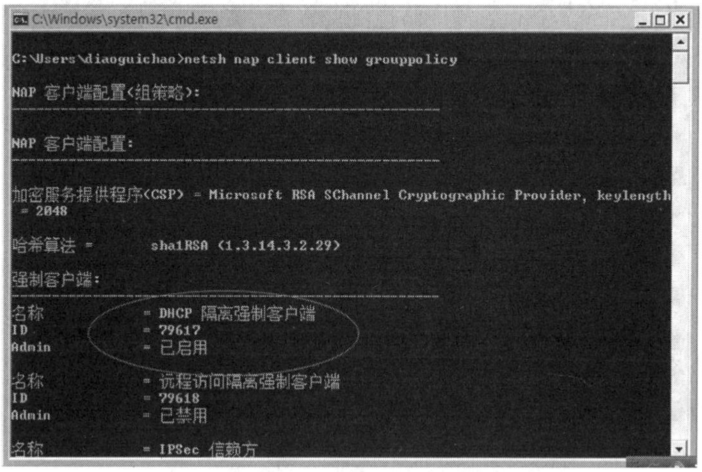

图 15.37　DHCP 隔离强制客户端已启用

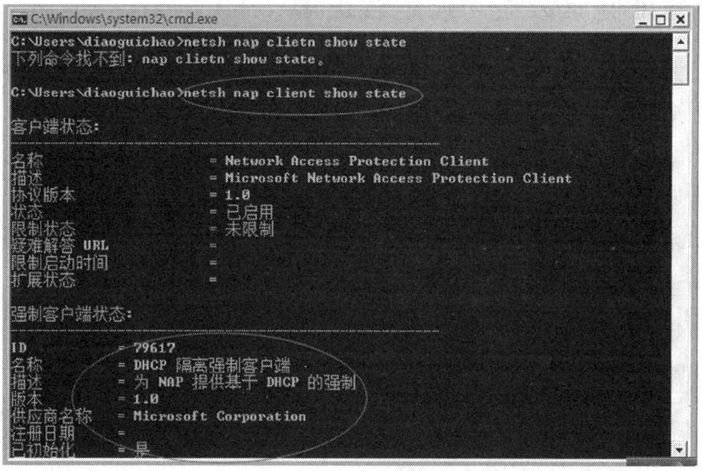

图 15.38　DHCP 隔离强制客户端已初始化

查看客户端的路由表：确认以上的状态都正确后，在"命令提示符"窗口中输入"route print-4"命令来查看客户端的路由表。由图 15.39 中可知，其中有一条网络目标为 192.168.1.0 的直接连接的网络路径，因此，NAP 客户端可以与此网络中的计算机正常通信。

10. 验证自动更新功能是否正常

由于 NAP DHCP 符合这个网络策略中已经启用了自动更新功能，因此如果客户端将 Windows 防火墙关闭，NAP 会自动重新启用客户端的 Windows 防火墙。

在计算机 VistaPC1 上，单击"开始"→"控制面板"，打开"控制面板"对话框，单击"安全"→"Windows 防火墙"→"更改设置"→勾选"关闭"单选按钮→单击"确定"按钮。此时 Windows 防火墙的状态虽然会变成"Windows 防火墙已关闭",可是应该立刻又会变回 "Windows 防火墙已启用"的状态,因为客户端的"Windows Security Health Agent(WSHA)"会 自动开启 Windows 防火墙。

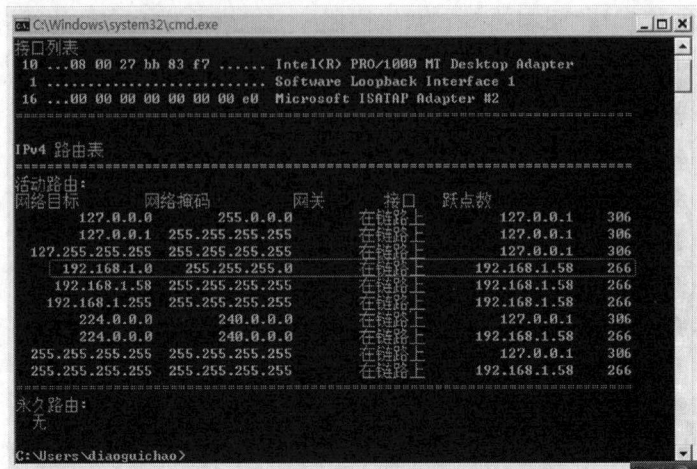

图 15.39　客户端路由表

11. 进一步验证健康策略功能是否正常

之前在 NAP 健康策略服务器 NPS1 的 SHV 中设置客户端必须启用 Windows 防火墙,否 则将被视为不健康的 NAP 客户端。这里增加要求客户端必须启用防病毒软件,否则即被视 为不健康的客户端。

(1)在 NPS1 服务器上更改 SHV 的设置。

在 NAP 健康策略服务器 NPS1 上单击"开始"→"管理工具"→"网络策略服务器",打开 "网络策略服务器"窗口。按图 15.40 操作。

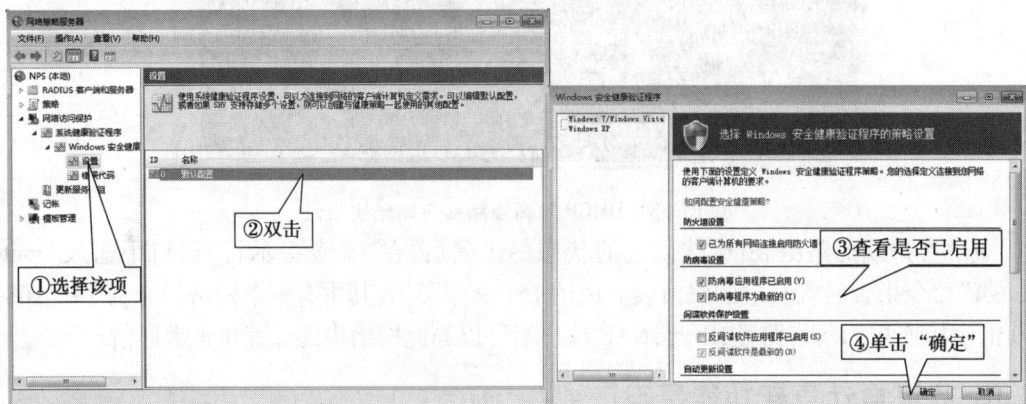

图 15.40　"Windows 安全健康验证程序"对话框

(2)在 NAP 客户端上测试。当 NAP 客户端的健康状态有变动时或它要与 NAP 强制执 行点 DHCP1 服务器通信时,便会将客户端的健康状态 SoH 发送给 NAP 强制执行点,这样便可以得知客户端是否仍然处于健康状态。在 SHV 中要求必须启用防病毒软件,而 NAP 客户端并没有安装防病毒软件,故客户端会被设置为不健康状态。

由于 NAP 客户端 VistaPC1 没有安装防病毒软件,故客户端的 WSHA 无法自动启动防病毒软件,因而客户端会变成不健康状态,此时客户端右下角会显示"您的计算机不符合该网络的要求-已限制访问"的警告信息。单击此信息后,便可看到图 15.41 所示的详细信息。

图 15.41　"网络访问保护"对话框

友情提示

防病毒软件需与 Windows 安全中心兼容才具备自动更新功能。

在 NAP 客户端的"命令提示符"窗口中输入"netsh nap cliet show state"命令,如图 15.42 所示"限制状态"变为"受限的",客户端仅具备受限制的网络访问权限。此时通过命令"ipconfig"和"route print-4"命令查看其相关信息都已经变成不健康客户端的设置值。

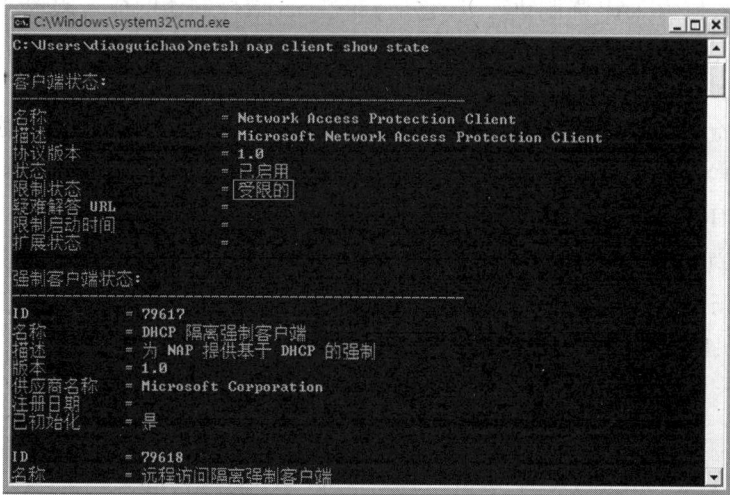

图 15.42　受限制状态

【小结】

本任务主要介绍了 DHCP NAP 服务器的架设及验证方法。

【模块自测题】

应会(100 分)

实操题

实验拓扑如图 15.43 所示。

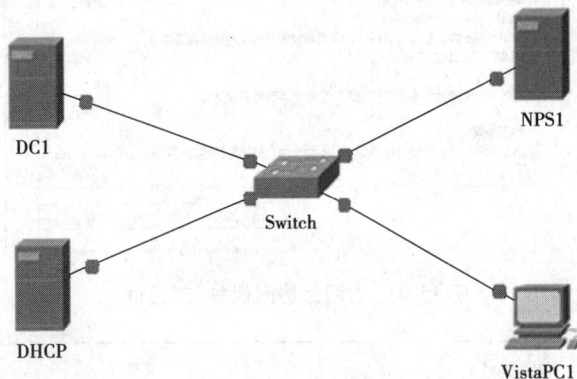

图 15.43　实验拓扑图

(1)DC1 作为主域控制器,IP 地址为 192.168.1.4,子网掩码为 255.255.255.0,DNS 为 192.168.1.4,安装 Active Directory 服务和 DNS 服务,域名为 gsxx.com。

(2)DHCP 作为 DHCP 服务器,IP 地址为 192.168.1.6,子网掩码为 255.255.255.0,DNS 为 192.168.1.4,作为 NAP 强制执行点,它是 gsxx.com 域控制器的成员服务器,用于给 NAP 客户端分配 IP 地址。此 DHCP 服务器同时也是 RADIUS 代理服务器,它会通过 RADIUS 协议将 NAP 客户端的健康状态(SoH),发送给 NAP 健康策略服务器。

(3)NPS1 作为 NAP 健康策略服务器,IP 地址为 192.168.1.8,子网掩码为 255.255.255.0,DNS 为 192.168.1.4,它是 gsxx.com 域控制器的成员服务器,同时也是 RADIUS 服务器,用来接收 DHCP 服务器传来的 NAP 客户端健康状态(SoH)。

(4)VistaPC1 作为 NAP 客户端,IP 地址由 DHCP 服务器动态分配,将用来测试 DHCP NAP 功能是否正常。

所有计算机的密码设置为强密码:6#Gsxx.COM。

以 4 人为一个小组完成各服务器的配置与测试,并提交操作步骤与截图。